JN303079

比較安全保障

主要国の防衛戦略とテロ対策

梅川正美 編著

成文堂

はしがき

　現代の安全保障はどのように構築されるべきか。この点を考えるために本書では主要な国の安全保障の戦略と体制を分析する。21世紀における防衛の目的と方法について、まずデリダ等を通じて哲学的な考察を行い、次に欧米のアメリカ合衆国、イギリス、フランス、ドイツ、イタリアについて論じ、アジアについては中国、韓国、日本について検討する。

　安全保障については、これまで国際政治学において豊富な研究が蓄積されてきている。しかし本書は国際政治そのものを研究課題とするわけではない。国際政治を国内から見たときどのように見えるか、この点に焦点をしぼる。特に冷戦構造が崩壊したのちの世界構造について欧米とアジアの主要国はどう考えているのか。これを明らかにすることが本書の第1の課題である。

　世界構造を把握することは世界構造をつくりだすことであり、日本は自らがつくりだそうとする世界のすがたを明確にして、あらたな構造を創造するために貢献しなければならない。本書は、その方法を考えるための素材を提供しようとするものである。

　しかし、アメリカ合衆国やイギリスの政府見解も示しているように、現代の世界構造は「不確か」であり、安定した構造が発見できない。その「不確か」な危険性のなかには、従来のような国民国家間の紛争も含まれるが、テロリズムや巨大な自然災害の危機もある。われわれが、いつ何と直面するか、これを予見することは困難である。

　この「不確か」な危険性のなかで、欧米諸国では特にテロリズムに対する戦いが大きな課題となってきた。ところがテロリストは、従来の国民国家のように特定の地域に付着した団体ではなく、世界中を移動する集団である。そこで国家同士の紛争を戦争の主要なイメージとしてきた欧米諸国は、戦争についての考え方を根本から変えることを迫られた。ではその考え方はどのように変わったのか。この点の考察が第2の課題である。

2013年1月にテロリストはアルジェリアにおける多国籍・天然ガス関連施設を襲撃した。日本人10人を含む39人の命が奪われた。日本人犠牲者は同月25日に静かに帰国する。本書の表紙写真はその様子である。

この事件は、日本もまた欧米と同じようにテロの標的であることを明確に示した。欧米諸国におけるテロとの戦いの戦略と戦術についての本書での解明は、日本の対テロ対策にとっての重要な資料を提供するものである。

テロとの戦いにはさらに困難な問題がある。テロリストは2001年のアメリカ合衆国の同時多発テロや2005年の英国ロンドン・テロがしめすように、一般市民を無差別に攻撃することがある。そこでテロリストと国際的にたたかうための安全保障と、国内の治安活動は表裏一体の関係を持っている。現代では国内治安を担保するためには、国際社会の安定をつくりださなければならない。これが主要な欧米諸国に共通した問題意識である。そのあり方を見るのが本書の第3の課題である。

安全保障を国際的な活動と理解し治安維持を国内の活動として、両者を区別する考え方はもはや通用しないのだが、これは国内の法秩序にたいして新しい課題を提起している。特に国内におけるテロリストは一般市民にまぎれて活動するので、テロリストを規制しようとすると、これは一般市民の人権を侵害する危険性をもっている。

テロリストとのたたかいの目的は市民社会の自由と安全をまもることなのだから、治安活動は市民の自由を保持しながら行う必要がある。しかしこれは非常にむつかしい。欧米諸国ではこの点をどのように切り抜けようとしているのか、これが第4の課題である。

特にこの課題のために、われわれの共同研究に対して、倉持孝司教授のご尽力で、イギリスから英国公法に関する指導的研究者であるジョン・マッケルダウニー John McEldowney 教授に参加していただいた。彼が書き下ろした第4章には、一方で安全保障を確保し、他方で人権および法の支配を維持するための、鋭い緊張感と臨場感がみなぎっている。

アジア諸国も、冷戦時代には、世界の構造を冷戦構造とする一定の共通認識をもっていた。東西にわかれた非難の応酬においても社会主義と資本主義という共通用語を使いながら、その意味の争いをくりかえした。ところが現

代では、冷戦構造の共通認識も、社会主義や資本主義という共通用語も融解してしまった。

結果として、みずからの国家利害についての関心が前面にでてきており、国家領域の維持や膨張をさけぶ傾向が強くなっている。このようなアジア諸国の状況について、とくに中国と韓国をとりあげて考察する。これが第5の課題である。

最後の課題が日本についての考察である。日本は、欧米とアジアの両方の課題に直面している。世界の構造がきわめて不確定なものとなり、日本もまた、テロリズムや国家間の対立あるいは巨大自然災害などの複数の脅威に同時にたちむかう必要に迫られている。その日本において安全保障はどのように考えられているか、この点を考察する。

現代日本においてもテロリズムとの戦いは不可避の課題である。しかし現実には、外国での邦人保護の体制も未整備であり、テロを防止するための総合的で統一した法律も存在しない。そのような状態でテロ対策の法制はどうなっているのか、この点についても述べる。

本書は、現代の安全保障のありかたについて具体的に提案するものではないが、その点について読者の皆さんが考察される際の1つの素材を提供しようとしている。

この研究は日本学術振興会より基盤研究(C)(2008～2011年・20604006)の科学研究費補助金を受けている。本書の出版にあたっては成文堂の阿部耕一社長に特段のご高配を賜り、編集部の篠崎雄彦氏にきわめて高度なご指導を頂いた。深く感謝申し上げるものである。

2013年7月

編　者

目　次

はしがき

第1部　欧米の安全保障とテロ対策

第1章　グローバル化する世界における法の意味
　　　　　――マルチチュードと脱構築―― ………………堅田研一　3

はじめに ……………………………………………………………………… 4
1　ネグリとハートによる現代世界とテロリズムの理解 …………… 4
2　デリダによる現代世界の理解 …………………………………………… 7
3　テロリズムに対するデリダの立場
　　――自己免疫、法／権利と正義による他者の歓待 ……………… 10
　　　歓待について（10）
　　　法／権利と正義（12）
　　　民主主義と自己免疫（13）
　　　デリダによる現代世界の把握とその処方箋（14）
4　地平と法／権利 ………………………………………………………… 21

第2章　アメリカの国家安全保障とテロとの戦い
　　　　　――グローバル・リーダーシップの行方―― ………佐藤信一　27

はじめに ……………………………………………………………………… 28
1　冷戦終結とクリントン政権の国防政策 ………………………………… 28
　　　「基盤戦力」Base Force から「ボトムアップ・レビュー」Bottom-Up Review へ（28）
　　　1997年版「4年ごとの国防政策見直し」Quadrennial Defense Review, QDR 1997（30）
2　テロ事件の頻発とテロ対策への着手 ………………………………… 33
　　　テロに対する危機感の高まり（33）

テロ対策法の制定とテロ事件への対応（34）
3 9.11同時テロとブッシュ大統領の「テロとの戦い」……………… 35
  9.11同時テロはなぜ防止できなかったか（35）
  国内における「テロとの戦い」（35）
  先制攻撃戦略（36）
4 「脅威に基づくアプローチ」から「能力に基づくアプローチ」へ … 38
  2001年版「4年ごとの国防政策見直し」QDR2001とその特徴（38）
5 イラク戦争の行き詰まりと「対反乱」counterinsurgency, COIN 作戦
  ……………………………………………………………………… 40
  安定化作戦の失敗と2006年版「4年ごとの国防計画見直し」
  QDR2006（40）
  ペトレイアスの「対反乱」ドクトリンとイラクへの米軍増派（42）
6 オバマ大統領のアフガニスタン新戦略 ……………………………… 45
  イラク撤退とアフガニスタン増派（45）
  アフガニスタン新戦略をめぐる議論（46）
  オバマ大統領の新政策演説（47）
7 国防政策におけるバランスの改善 …………………………………… 48
  2010年版「4年ごとの国防政策見直し」QDR2010（48）
  オサマ・ビン・ラディン殺害と2011年「対テロ国家戦略」（50）
8 国防予算削減とアメリカのグローバル・リーダーシップ ………… 51
  アフガニスタンからの撤退と2011年予算管理法の成立（51）
  グローバル・リーダーシップと21世紀の国防政策（52）
おわりに ……………………………………………………………………… 54

第3章　イギリスにおける安全保障とテロ対策
　　　　　………………………………………… 梅川正美／倉持孝司　61

はじめに ……………………………………………………………………… 62
1 不確かな時代の防衛戦略 ……………………………………………… 62
  不確かな時代（62）
  複数の地域への派遣能力を持つ軍の編成（63）

ネットワーク中心の軍事能力（65）
　　　軍の再編実績（67）
　2　イギリスでのテロリズム ……………………………………………… 69
　　　ロンドン同時爆破テロ事件（69）
　　　国内のテロリズム（69）
　　　国際的なテロリスト（70）
　3　防衛省警察 ……………………………………………………………… 72
　　　警察と軍の融合（72）
　　　防衛省警察（72）
　4　イギリスにおける反テロ法制の展開 ………………………………… 75
　5　2010年政権交代後における反テロ法制の「再検討」 ……………… 80
　　　起訴前拘禁期間（81）
　　　規制命令（82）

第4章　イギリスの非常事態対処権限における人権と法の支配
UK Human Rights and the Rule of Law in Emergency Powers
　　　　　…………John McEldowney（訳者：梅川正美／倉持孝司）　93

　はじめに ……………………………………………………………………… 94
　1　人権─歴史的オデッセイ ……………………………………………… 95
　2　人権と法の支配 ………………………………………………………… 99
　3　テロリズムと人権 ……………………………………………………… 101
　4　海外で得られた情報に関する司法による審査と
　　　ノリッジ・ファーマカル事件の原則 ………………………………… 103
　5　「非公開資料手続」と2012年「正義および安全保障法案」 ………… 105
　結　論 ……………………………………………………………………… 113

第5章　フランスの安全保障とテロ対策
　　　　　─近年の組織再編とその背景─ ………………西村　茂　119

　はじめに ……………………………………………………………………… 120

1　国防 défense から国家安全保障 sécurité nationale へ ……………… *120*
2　国家安全保障の権限配分と組織 ……………………………………… *122*
　　大統領（*122*）
　　首　相（*123*）
　　国防省（*125*）
3　国家安全保障の基本方針と軍備計画の変遷 ………………………… *126*
　　『国防白書1994』：冷戦終結による変化（*126*）
　　『国防・国家安全保障白書2008』：「9.11テロ」の影響（*129*）
4　テロ対策 ………………………………………………………………… *133*
　　テロ対策法の特徴（*133*）
　　諜報組織の再編：2008-09年（*135*）
　　内務省の組織再編（*136*）
おわりに ……………………………………………………………………… *137*

第6章　ドイツの安全保障とテロ対策
―安全保障・連邦軍・テロ対策の変容との関連で―
　　　　　　　　　　　　　　　　　　　　　　　　　　　中谷　　毅　*147*

はじめに―本章の課題 ……………………………………………………… *148*
1　ドイツにおけるテロリズムとその対策の歩み ……………………… *148*
　　治安としてのテロリズム対策（*148*）
　　9.11テロ事件とドイツの対応（*150*）
2　変容する安全保障 ……………………………………………………… *152*
　　安全保障概念および連邦軍の変容（*152*）
　　リスクおよび脅威の源泉としてのテロリズム（*154*）
3　変容するテロリズム対策とその諸課題 ……………………………… *155*
　　アクションプランによる取り組み（*155*）
　　多国間協力での取り組み（*159*）
　　連邦軍の国内出動を巡る議論（*161*）
おわりに ……………………………………………………………………… *164*

第7章　イタリアにおける安全保障とテロ対策 ……………鈴木桂樹 *171*

はじめに ………………………………………………………………… *172*
1　戦後イタリアの安全保障 ……………………………………… *172*
　　安全保障の規定要因（*172*）
　　安全保障文化（*174*）
2　冷戦崩壊と9.11のインパクト ………………………………… *175*
　　国内的冷戦構造の崩壊（*175*）
　　脅威認識の変化（*177*）
　　世論の動向（*179*）
　　資源配分（*181*）
3　安全保障ガバナンス政策 ……………………………………… *183*
　　予　防（*184*）
　　保　証（*185*）
　　強　制（*185*）
　　防　護（*186*）
4　テロ対策と人権 ………………………………………………… *187*
　　9.11以前のテロ対策立法（*187*）
　　9.11以降のテロ対策立法（*188*）
　　テロ対策と人権（*189*）
おわりに ………………………………………………………………… *190*

第2部　アジアにおける安全保障とテロ対策

第8章　中国の安全保障とテロ対策 …………………………柴田哲雄 *197*

はじめに ………………………………………………………………… *198*
1　ポスト冷戦時代の安全保障戦略 ……………………………… *199*
　　鄧小平時期の安全保障戦略（*199*）
　　1998年度版「国防白書」（*200*）
　　2010年度版「国防白書」（*203*）
2　テロ対策─「東トルキスタン」分離運動に対する対処を軸に
　　……………………………………………………………………… *208*

「東トルキスタン」分離運動の概要（208）
　部隊と予算（211）
　問題点―反テロ法の未整備と人権弾圧―（212）

第9章　韓国の安全保障とテロ対策 ……………………金　光旭　219
はじめに ……………………………………………………………… 220
1　和解から対決へ …………………………………………………… 220
2　北朝鮮に対する制裁 ……………………………………………… 224
3　中国の台頭と韓国の対応 ………………………………………… 227
4　北朝鮮の新しいテロと米韓同盟 ………………………………… 234
5　北朝鮮の世襲制と韓国の安全保障 ……………………………… 237
おわりに―韓国の対応 ……………………………………………… 240

第10章　日本における安全保障 ……………………………倉持孝司　245
はじめに ……………………………………………………………… 246
1　「冷戦」期における「安全保障」の課題 ……………………… 247
2　「冷戦」終結後における「安全保障」の課題 ………………… 250
3　「9.11」後における「安全保障」の課題 ……………………… 253
おわりに ……………………………………………………………… 256

第11章　日本におけるテロ対策法制 ………………………渡名喜庸安　263
はじめに ……………………………………………………………… 264
1　テロの未然防止に関する法制 …………………………………… 266
　テロ行為の未然防止対策法制（テロ活動を封じ込める対策法制）（266）
　テロの攻撃対象の防護法制（攻撃対象の安全性を高める対策法制）（271）
　警備情報収集活動（テロ関連情報の収集・分析）（273）
2　テロの発生時の対策法制 ………………………………………… 275
　国民保護法による警察等の緊急対処保護措置（275）
　自衛隊法による自衛隊の治安出動（277）
おわりに ……………………………………………………………… 279

第 1 部

欧米の安全保障とテロ対策

第 1 章　グローバル化する世界における法の意味
―― マルチチュードと脱構築 ――

堅　田　研　一

概　要

　本章は、テロの時代ともいうべき現代世界の政治的構造の哲学的分析、及びそれに対応する処方箋の原理的考察を行う。手掛りとするのは、アントニオ・ネグリとマイケル・ハート、及びジャック・デリダの思想である。まず、ネグリとハートによる現代世界の分析を取り上げる。彼らによれば、現代世界においては、近代的な国民国家が主権を喪失し、グローバル化する市場が主権を獲得して、自己の障害となる一切を打破しようとする。「テロ」とは、このような障害につけられた名であり、対テロ戦争とは、この障害の克服である。またグローバル化する法は、グローバル化する市場を支えるもの、したがってこの市場によって利益を得る主に先進諸国を支えるものであり、今や国際機関や国民国家はこの法の執行機関にすぎない。

　ネグリとハートは、このような世界の現状を、資本主義の法則が貫徹し、大多数の人々が資本に支配されるとして否定的に評価したうえで、「マルチチュード」の政治的革命による現状の克服を提案する。これに対してデリダは、法に訴えつつ、いわば漸進的な克服を模索する。なるほど、法とは、強者の制定するもの、強者の利益である。けれどもデリダによれば、法とは正義への訴えをも含む。正義とは、法の規則を責　任（レスポンサビリテ）をもって解釈するところに現れる。この責任をデリダは、他者への「応答可能性（レスポンサビリテ）」と捉える。既存の政治的・法的秩序の地平から排除された他者に応答するべく既存の法を解釈すること、これこそが、現状を克服するためのデリダ的方策である。本章は、デリダの立場を是とし、これを詳しく分析する。

はじめに

　本章の課題は次の2点である。まず第1に、いわゆる「9.11」テロが象徴的に表しているところの、現代世界における構造的変容について、及びそれに対応するための政治的・法的変容について原理的に検討すること。第2に、この検討に基づいて、これらの変容に由来する、とりわけ安全保障上の諸問題——テロリズム、差別、格差、等々——にどう対応したらよいのかを原理的なレベルで検討すること。現代世界の政治的・法的変容について考えるとは、テロリズム及びそれに対する対応（安全保障）という問題について考えることである。そしてこのような変容を促した構造的変容について考えるとは、いわゆるグローバリゼーションの問題について考えることである。したがって、以下で行う検討は、この2つの問題を基軸にしながら現代世界の構造について分析し、かつそこから生じる諸問題に対する処方箋を描き出そうとした2つの、現代を代表する政治哲学の議論——アントニオ・ネグリとマイケル・ハートの議論、及びジャック・デリダの議論——を参考にしながら行われる。ネグリとハートが政治的解決を選び取るのに対して、デリダは法を用いながら、正義によって法を改革＝脱構築するという方策を採る。後者によるべきだというのが本章の結論であり、その根拠が示される。

1　ネグリとハートによる現代世界とテロリズムの理解

　ネグリとハートは、大反響を呼んだ共著『〈帝国〉』[1]において、グローバル化する世界の構造的変容と、それに由来する政治的・法的変容を、彼らが「〈帝国〉（Empire）」と呼ぶものを基にして分析する。（そしてこの分析は、その続編ともいえる彼らの共著『マルチチュード』[2]においてさらに展開される。）そして、それとの関係で、「テロリズム」といわれているものとは何かを示す。
　彼らのいう「〈帝国〉」とは、要するにグローバル化する市場のことである。国民国家とそれらを構成単位とする国際社会という従来の支配的な政治的・法的枠組みはもはや効力を失っているというのが、彼らの見解である。

とりわけ国民国家は主権を失っていると彼らはいう。彼らによれば、主権をもっているのは「〈帝国〉」のみである。それではこの〈帝国〉の支配は何によるのか。それは「法」によって、「法」による正統化・正当化によって行われる。この考え方によれば、まさしくケルゼンの法理論こそが、この現状に適合する。存在するのは、根本規範を頂点とした法規範の体系である。例えば国連は、その下にあって、法規範を産出し、執行する機関である。

　〈帝国〉という問題設定はまず初めに、1つの単純な事実によって規定される。すなわちそれは、「世界秩序がそこにある」ということだ。この秩序は法的な編成として表される。……国連憲章によって規定された法権利（right）の概念が、グローバルな規模で効力を発揮しうるような法の産出のための新しい積極的な源泉……を指し示すものであるということをも、認識しておくべきだろう。……まず一方で国連の概念構造全体は、個々の国家の主権を承認し正統化することにその基礎を置いており、したがってそれは、条約と協定によって規定された国際的な法権利という古い枠組みのなかにしっかりと据えられているわけである。しかしながら、その一方でこの正統化のプロセスが実効的なものであるのは、それが主権的権利を現実の超国家的中心へと移譲する限りにおいてなのだ。……
　法的な見地から、この転移〔グローバルなシステムへの転移〕についてより綿密に検討するためには、国際連合の形成を背後で取り仕切った主要な知識人のうちの一人である、ハンス・ケルゼンの仕事を読むことが有益な方策であろう。……法権利の理念を実現するうえで、国民国家の限界は乗り越えられない障害となっている、と彼〔ケルゼン〕は主張した。ケルゼンにとって、国民国家の国内法という部分的で片寄ったものでしかない秩序立ては、国際的な秩序立ての普遍性と客観性へと必然的に連れ戻されるべきものであったのである。それらのうち、後者の国際的な秩序立ては、論理的に要請されたものであるばかりか、倫理的に要請されたものでもある。というのもそれは、不均等な力を有する諸国家のあいだの紛争を終結させ、真の国際的共同体の原理である平等を確証するものだからだ[3]。

彼らからすれば、法とは世界秩序の表れにすぎない。したがって、現在の世界において法に訴えることは、現在の世界を変革しようとする彼らの立場からすれば、全くの無力であるということになる。（このようにいうことによって彼らは、まさしく法を問題にするジャック・デリダやジョルジョ・アガンベンを批判し

ようとする。)⁽⁴⁾

　彼らによれば、そもそも〈帝国〉は、主権的な国民国家とそれらから成る国際社会という枠組みを越えており、それが行使する力もまた、国内的な内乱に対する警察活動（治安維持活動）と、対外的な戦争という区別を越えたものである。それは、〈帝国〉の警察活動であると同時に、戦争でもある。国内的な警察活動と対外的な戦争とは、いずれも、〈帝国〉、世界共同体の法／権利の下で、それによって正統化・正当化されるのであり、かつ両者は、この共同体の秩序維持活動として、本質的に変わらないものとなる。

　ところで、〈帝国〉は、人びとの生を直接に支配・管理しようとする。これを彼らは、ミシェル・フーコーに倣って「生政治」と呼び、それを行う権力を「生権力」と呼ぶ（フーコーは、近代社会の権力の本質を「規律的権力」という概念で捉えたが、とりわけ後年、「生権力」という概念も用いるようになり、ハートとネグリはこの後者の概念に力点をおいてフーコーを解釈するのである）。〈帝国〉、すなわちグローバル化する市場、すなわち資本の支配は、人びとの生のあり方に直接に指示を行う。近代社会においては、例えば軍隊、工場、家族、学校、病院、監獄、等々が、権力（規律的権力）が人びとに働きかける特権的な空間であった。彼らによれば、〈帝国〉の主権下にあるわれわれの社会においては、以前は特定の空間に限定されていた規律的権力が、その空間的拘束を解かれている。つまり、規律的な支配のあり方が、社会に遍在するようになっている。

　ところで、彼らによれば、人びとの生を直接に管理するために、そして何よりも自分自身やその力の行使を正統化するために、〈帝国〉は、まさしく普遍的、永続的な戦争状態を必要とする。そのためには、絶えず仮想敵をつくらねばならない。テロリズムもまた、この仮想敵の創出にほかならない。それは、自己正統化のための仮想敵との戦争であるから、いつまでも続く。そして〈帝国〉は、この戦争に勝利し続けねばならない。

　　　〈帝国〉の暴力を正統化するためには、敵と無秩序の脅威とが恒常的に存在することが必要である。だとすれば、戦争が政治の基盤をなすものであるときに、敵が正統性を構成する機能を果たすとしてもなんら驚くべきことではないだろう⁽⁵⁾。

……1980年代に始まった「麻薬との戦争」、そして21世紀の「テロリズムとの戦争」になるとさらに、戦争のレトリックはより具体性を帯びてくる。貧困との戦争と同様、ここでも敵として想定されるのは特定の国民国家や政治的共同体、あるいは個人ですらなく、抽象的な概念や一連の慣習や実践である。だがこれら2つの戦争の言説は、あらゆる社会的な力を総動員し、通常の政治的やり取りを停止または制限するうえで、貧困との戦争よりはるかに大きな成功を収めた[6]。

　ミシェル・フーコーは、政治権力による社会の平定機能とは、戦争の根本にある力関係を〔社会内で日々遂行される──訳注〕一種の沈黙の戦争のなかに絶えず刻印し、その力関係を社会制度や経済的不平等のシステム、さらには個人的関係や性的関係という領域にまで刻みつけることを伴うとまで述べている。……戦争は生権力の体制、すなわち住民を管理するだけでなく、社会生活の全側面を生産・再生産することをもその目的とする支配形態となったのである。このような戦争は死をもたらすものであると同時に、逆説的ではあるが、生を産み出すものでなければならない[7]。

　マルチチュードと〈帝国〉がともにあるところの生政治的な戦場で行われる両者の格闘において、〈帝国〉がその正統化のために戦争という手段に訴えようとするとき、マルチチュードはその政治的基盤としての民主主義に訴える[8]。

　彼らによれば、〈帝国〉によるグローバルな支配は、資本主義の、及びそれの抱える矛盾の必然的な帰結であり、かつそれ自体も矛盾を抱える。したがって、この〈帝国〉の支配に対抗するために、つまりこの矛盾を乗り越えるために、同じくグローバルな革命主体を構築する必要がある。これが、彼らのいう「マルチチュード」である。

2　デリダによる現代世界の理解

　まず、2001年9月11日の、アメリカ合衆国におけるいわゆる同時多発テロの発生直後に行われたデリダへのインタヴュー[9]におけるデリダの見解から出発して、テロリズムに関する彼の理解を見てみることにする。
　デリダは、「9.11」として指示される「出来事」は、従来の世界の政治的・法的な枠組み、すなわち主権的な国民国家とそれらをメンバーとする国

際社会という枠組みをかき乱すもの、その枠組みを構成する概念や区別によっては把握しえないものと捉える。この点ではネグリとハートと同様である。けれどもデリダは、このこれまでの概念によっては捉えることのできないもの、まさしく予測不可能なもの、「出来事」、つまり「（まったき）他者」を、たとえそれがわれわれを害するものであれ、歓待しようとする。したがって、それを理解しようとする。（ただし、デリダにとっては、全く新しいもの、全く非知のものの到来という意味での純粋な出来事なるものはありえないであろう。出来事とは、非知であると同時に、何らかの既知性、反復可能性をもつであろう。）けれども、この理解を行うためには、やはりこれまでの諸概念を用いるしか手がない。この、諸概念を用いて、それを越えるものを理解しようとすること、これが「脱構築」のやり方である。

デリダは「9.11」を、「自己免疫」の観念によって把握する。

> それ〔「9.11」を、非知のなかにありながら、具体的な仕方で語るということ〕を私は三つの契機で語りましょう。再び参照されるのは、「冷戦」「冷戦の終焉」あるいは「恐怖（テロル）による均衡」です。この３つの契機ないし論証の連鎖はすべて同じ論理に訴えます。この同じ論理は私が他のところで提出したものですが、それを私たちは無慈悲な法の形で制限なく拡張してみましょう。その無慈悲な法とは、あらゆる自己免疫プロセスを統制する法のことです。周知のように、自己免疫プロセスとは、生ける存在者が「みずから」、ほとんど自殺のごとき仕方で、自己自身の防護作用を破壊するように働く、すなわち「自己自身」を守る免疫に対する免疫を、みずからに与えるように働く、あの奇妙な作用のことです(10)。

この３つの契機からなる自己免疫的プロセスとして把握される現実の世界状況は、『ならず者たち』(11)において次のようにまとめられている。

> 私の仮説は以下のようなものである。一方においてこの時代は、安全保障理事会の創設メンバーであり常任理事国の、過剰な軍事力を備えた２つの超大国が、その期間中、核兵器による国家間の恐怖の均衡によって世界に秩序を行き渡らせうると信じていた、いわゆる冷戦の終焉から始まった。他方において、……その終焉は９月11日……に、予告されたというよりも、演劇的に、メディア＝演劇的に、むしろ確認され

第1章　グローバル化する世界における法の意味　9

たのである。世界貿易センターの2つの塔とともに、ならず者国家に対する、結局は安心を得させる告発を、有用に、有意味にしてきた（論理的、意味論的、レトリック的、法律的、政治的な）装置のすべてが、目に見える形で崩壊したのである。ソ連邦の崩壊……後のきわめて早い時期、早くも1993年に、政権についたクリントンは、要するにならず者諸国家に対する報復と制裁の政治に着手したのであり、国連に向けて、彼の国は例外的な条項（国連憲章51条）を、みずから適切とみなす形で用いるだろう、そして、引用すれば、合衆国は、「可能な場合には多国間協調を通して、だが必要な場合には単独行動によって」事に当たるだろうと宣言したのである。……この主権的単独行動主義を、主権のこの非分有を、民主的で正常と想定される国連の制度のこの違反を正当化するためには、この〈強者の理由＝理性〉（raison du plus fort）に理由を与えるためには、そのとき、侵略的と、あるいは脅威を及ぼすとみなされた当該の国家が、ならず者国家として行動していると布告されなければならなかったのである。……

　しかし、9月11日に何が起きたのか、あるいは、より正確には、何が告示され、明確にされ、確認されたのか？……大づかみにしてあまりに明白な次のこと、冷戦以降、絶対的脅威はもはや国家的形態を取らないということ、これである。潜在的核兵器の拡散が、冷戦中、2つの超強大国家によって、恐怖の均衡において管理されていたのだとすれば、いまや合衆国とその連合諸国の外部へのその拡散は、いかなる国家によっても管理されえない。その効果の抑制が試みられはしても、多くの徴候が、明らかに以下のことを示しうるだろう。9月11日、合衆国および世界に外傷があったとすれば、それは、外傷一般についてあまりにしばしば信じられているように、すでに現実に起きたこと、現働的に生じたばかりのこと、もう一回反復されるおそれのあることによって産出された、傷つける効果にあるのではない。そうではなく、より悪い、そして来たるべき脅威に対する、否認不可能な懸念にあるのである。……来たるべき最悪のこと、それは合衆国の国家機構を破壊しかねない核攻撃である。合衆国の、すなわち、その覇権が明白であるとともに不安定な、危機にある民主主義国家の、また正常かつ主権的な諸国家からなる世界秩序の保証者であり、唯一にして究極の守護者と想定される国家の(12)。

　ここには、デリダの現代世界のとらえかたが凝縮されている。（1）冷戦後、アメリカ合衆国がまさしく世界秩序の担い手になり、アメリカ及びその同盟諸国の知的＝政治的＝規範的な論理、つまり「強者の理由＝理性」が法としての力をもちつつあること。（2）アメリカ及びその同盟諸国、さらに

は全世界を不安に陥れているテロリズムは、もはや国家的な形態をとらないがゆえに同定不可能、予測不可能であり、このようなものとしてのテロの危険に対応することをアメリカ及びその同盟諸国、さらには全世界は余儀なくされていること。（3）現代世界のこのような状況の原因は、とりわけ、冷戦後の現代世界において唯一主権というべきものをもつ民主主義国家アメリカ合衆国とその同盟諸国の自己免疫的構造にあること。（4）われわれは9.11以降、その外傷に苦しんでいるのであるが、実は外傷を与えているのは、起こったことではなく、今よりも悪い、そして来たるべき脅威に対する懸念であり、そしてその脅威とは、現代世界の秩序の守護者であるアメリカ合衆国の崩壊であること。

そして、このような現状の把握を基にデリダは、自己免疫構造の哲学的な検討を行い、その克服の仕方を模索するのであるが、そのときに決定的な役割を果たすのは歓待、法／権利（droit）と正義（justice）、（来たるべき）民主主義の諸観念である。これらそれぞれの内容、及び相互関係を次節で説明し、さらに、これらの観念を中心にしながら現代世界の原理的把握、及び危機の克服のための方策の考察がどのようになされているのかを見てみることにしたい。

3　テロリズムに対するデリダの立場
——自己免疫、法／権利と正義による他者の歓待

歓待について

　デリダによれば、国民国家とは、条件的な歓待（hospitality, hospitalité）の装置である。「あなたが国民であることを条件にして、あるいはわれわれの法に従うことを条件として、われわれはあなたを歓待します」というのが、国民国家の保護を受けるための条件である。したがって法とは、歓待のための条件をなす。したがって国民国家は、必然的に、その外部、つまり歓待されざる人びとをもつ。ある国家が現実に存在するならば、この歓待されざる人びともまた、（諸）国家をつくるであろう。例えば国家間の条約の一部のものは、この歓待をめぐるものであると理解することができる。つまりそれ

は、他国民を歓待するための条件の取り決めなのである。

　ところで、条件的な歓待は必然的に排除を含む。排除された人びとは自国の敵である。したがって彼らから自国を守らなければならない。そのために国家（あるいは諸国家の連合）はさまざまな自己防衛策をとるのだが、それが反転して、その国家を害するようになることがある。例えば、自国の安全を守るために、自国と敵対する国家または集団と敵対する国家または集団を援助するような場合、その援助された国家または集団が、そのために与えられた武器やノウハウなどを用いながら、援助した国家に攻撃を加えることがある。味方＝友が味方を敵として攻撃するようになるのである。敵に対する友の集団が（主権的）国家であるとすると、このような味方＝敵はもはや国家的なものではなく、国家が国家としてそれに対応することは困難である。このような事態を、デリダは「自己免疫」の観念をもって把握しようとするのである。すでに述べたように、デリダは、この自己免疫の観念によって「9.11」及びそれ以降の世界を理解しようとする。それは次のようにまとめることができるだろう。現代世界において、唯一の主権的な国家（唯一の主権的国家とは、もはや「国家」ともいえないだろうが）といってよいアメリカ合衆国（及びその同盟諸国）に対する敵とは、もはや主権的・国家的なものではない。それは、今述べたような味方（友）＝敵としてのそれである。（この味方＝敵は、アメリカに対する端的な敵ではないと思われる。なぜならそれは、（アメリカとの関係で）国家へと自己を組織しようとしないからである。）このような存在は、近代的な政治の基本的な概念である「友・敵」によって理解することはできないのだから、この意味でそれは、この概念を前提にした近代的世界及び近代の主権的国家にとっての「他者」、絶対的な他者である。

　デリダにとって、他者の条件的な歓待とは、近代の主権的な国民国家を構成するものである。これに対して、このような味方＝敵としての他者を国家として歓待しようとすることは不可能である。この場合、それは敵か味方かのいずれかになってしまうからだ。もしそれを歓待しうるとすると、それは法によるほかはないだろう。ただしその場合でも、このような他者を無条件的に歓待することは現実には不可能である。このような意味での絶対的な歓待とは理念であるにとどまる。けれども、この理念を正義の理念とする法に

よってなら、条件的にではあれ、歓待することが可能である。

法／権利と正義

デリダにとって正義とは、絶対的歓待や「来たるべき民主主義」とともに、それ自体として現実存在することの不可能な理念である（デリダはこれを、正義は脱構築不可能であると表現する）[13]。正義を現実存在させるためには法／権利、または法律が欠かせない。ここに、正義と法／権利との関係という問題が生じる。デリダはこの関係を、アポリア（以下の3つのものとして定式化される）を含んだ関係として捉える。まず第1のアポリアについて。

　　正義にかなうものであるためには、例えば裁判官の決断は、ある法／権利の規則または一般的な掟に従わねばならないだけでなく、再設定的な現実的解釈行為によってそれを引き受け、是認し、その価値を確認せねばならない。あたかも、つきつめてみると掟など前もって現実に存在してはいないかのように。あたかも裁判官が自らそれぞれのケースにおいて掟を発明するかのように。……要するに、ある決断が正義にかなうものでありかつ責任ある／応答可能なものであるためには、その決断はそれに固有の瞬間において……規制されながらも同時に規則なしにあるのでなければならないし、掟を維持するけれども同時にそれを破壊したり宙吊りにするのでなければならない[14]。

つまり、ある法的な決断が正義にかなうものであるためには、それは法の規則に従いながらも、具体的事例の特殊性に応答すべく、その都度その法の規則の価値を再確認しながら、その規則を発明し直すのでなければならない。また、正義にかなう決断は、法の規則の機械的な適用を妨げるような、事例の特殊性、他なるもの、つまり決断不可能なものに直面しながら、その困難性、「試練」を引き受けることによって行われねばならない（第2のアポリア）[15]。さらに正義にかなう決断は、あらゆる既存の理論的・認識的知識や実践的規範の知識に基づいてそれらから導かれるようなものであってはならない。そうでないと、予測不可能な、すなわち既存の知識を越えたものである出来事を理解できないし、そのような出来事＝他者に応答しない決断は、責任をもった決断ということはできない。つまり、正義にかなう決断

は、知の地平を遮断する形で、すべてを知ることはできないという切迫性と有限性のなかで行われるのである（第3のアポリア）[16]。「可能なかぎり多くを、可能なかぎりよく知らねばならない。それは決断や責任を引き受けるためには不可欠だ。しかしこの「ねばならない」の契機と構造とは、まさしく責任ある決断の瞬間と構造として、知とは異質なものであるし、異質なものにとどまるほかはないのである」[17]。この「ねばならない」、すなわち責任ある決断をせねばならないにおける「ねばならない」を引き受けるようにデリダは要求する。

それでは、この「ねばならない」とはどこから生じるのか。それは、責任、つまり他者に対する応答可能性、すなわち他者の絶対的な、無条件的な歓待の理念からであると思われる。（フランス語で「責任」を意味するresponsabilitéとは、文字どおりには「応答可能性」という意味である。デリダはこれを、責任＝「他者への応答可能性」と解釈する。）絶対的歓待の理念こそが、責任ある決断にとって不可欠である。

民主主義と自己免疫

デリダにとって民主主義とは、正確にいうと民主主義の理念（これが、彼が「来たるべき民主主義」と呼ぶものである）とは、「差延（différance）」をいわばその本質とするものである（「民主主義が、それがそうであるところのものであるのは差延においてのみであり、その差延によってそれはおのれを遅らせおのれと差異化する」）[18]。（デリダは、民主主義の「絶対的に知性的な理念は、エイドスはない」[19]といっているので、「民主主義とはこれこれである」という定義は不可能である。）「差延」とは、フランス語différerのもつ異なる2つの意味（遅らせることと差異化すること）の両方を同時に表そうとするデリダの造語であり、かつデリダ哲学のキータームの1つである[20]。これをデリダは、民主主義を特徴づけるために用いるのである。これを、具体的な例で説明してみよう。以下は、「9.11」に関するデリダの記述である。

> アメリカ行政府は、ヨーロッパおよび世界の残りの地域の他の行政府も潜在的にはそれに追随しているのだが、「悪の枢軸」に対する、自由の敵たちに対する、そして

世界中の民主主義の暗殺者たちに対する戦争に打って出るのだと称して、自国における民主的と言われる諸自由を、あるいは権利の行使を、警察の取り調べの権限を拡大するなどして、不可避的に、また否認不可能な仕方で制限しなくてはならない。そして、それに対しては誰も、どんな民主主義も本気で反対することができず、民主主義がその敵たちに対しておのれを防衛する力、その潜在的な敵たちに対してみずから進んでおのれ自身をおのれに禁ずる力の、アプリオリに濫用的な使用における、個々の濫用を嘆く以外のことはできないのである。民主主義はその敵たちに、その脅威からおのれを保護するために似なくてはならない。おのれ自身を腐敗させ、おのれ自身に脅威を及ぼさなくてはならない[21]。

　民主主義とは、おのれを守るために、自らのより完全な実現を先延ばしして、おのれに制限を加える。これは、より完全な、さらには最も完全な民主主義（つまり、「来たるべき民主主義」）とおのれとを異なるものにすること、差異化することでもある。現実に存在する民主主義とは、必然的に、このような差異化されかつ延長（先延ばし）されたもの、差延されたものであらざるをえないのである。

　そして、これはつまり、民主主義は、おのれを維持するためには、現実存在するためには、おのれを制限しなければならない、おのれを腐敗させねばならない、自己を攻撃しなければならない、ということでもある。つまり民主主義は、自己の敵に似るのであり、このとき自己の敵と化した民主主義に対する敵とされた者（民主主義の敵の敵、つまり民主主義の友）は当該の民主主義を攻撃するだろう。つまり、民主主義とは、本性的に、自己免疫的な傾向をもっているのである。だとすると、アメリカ合衆国をはじめとする世界における支配的な民主主義国家おける、反テロリズムの安全保障体制や、さらにはこのテロ攻撃自体（デリダが自己免疫の観念によって把握するもの）もまた、民主主義に内在するところの自己免疫的傾向という考え方によって理解可能かもしれない。

デリダによる現代世界の把握とその処方箋

　冷戦終結以降、アメリカは（自由主義的な）民主主義の守護者・伝道者として、かつ主権国家のなかの主権国家として、新世界秩序を構築しようとす

第1章　グローバル化する世界における法の意味　　15

る。(デリダによれば、「9.11」はこの終結の確認にほかならない。) したがって、アメリカ的な民主主義への敵対者(国家や国家的でない集団を含む)は、世界秩序の政治的な「敵」とみなされる。アメリカ的民主主義は、世界的な秩序でもあるのだから、それに反する者は法的な敵、すなわち違法行為をなす者でもある。冷戦終結直後の1993年に出版された『マルクスの亡霊たち』[22]においてデリダは、フランシス・フクヤマを取り上げながら、この論理の問題性を検討した。アメリカ的、さらには西欧型民主主義の論理——デリダによれば、フクヤマがこれを典型的に表現した——が、一切を決定する知的＝政治的＝規範的地平として機能するこのような状況の問題性(これがその後、自己免疫の観念によって精密に分析されることになる)を指摘しつつ、この著作は、歓待、正義、「来たるべき民主主義」の観念を結びつけながら、その克服策を模索する。以下では主にこの著作の論理にのっとりながら検討したい。

　デリダによれば、現実に存在する民主主義とは、条件的な歓待を含み、かつ自己免疫的な傾向をもつ。

　　「来たるべき民主主義(デモクラシー)」とは、いつの日か「現前的＝現在的」となるような未来の民主主義のことではありません。民主主義は現在のなかには絶対に現実存在しないでしょう。それは現前化＝現在化できるものではなく、またカント的な意味での統制的理念でもありません。そうではなく、そこには不可能事があるのであって、その不可能事の約束を民主主義が記載しているのです。それはひとつの脅威へと腐敗してしまう危険に曝されている約束、またつねにそうした危険に曝されざるをえない約束です。そこには不可能事があるのですが、この不可能事が不可能なままにとどまるのは、デモスのアポリアが理由です。すなわち、デモスとは、一方で、なんらかの「主体」以前的な、誰かの計算不可能な特異性のことであり、尊重されるべき秘密によって社会的な紐帯を解きほぐす可能性のことです。……しかしそれは同時に、理性的計算の普遍性、法の前で市民が平等であることの普遍性、契約を伴おうと伴うまいと共にあることの社会的紐帯などでもあるのです[23]。

　民主主義におけるデモスとは、(民主主義においては本来尊重されるはずの)特異性をそれぞれがもった人びと、複数の誰かであり、したがってそれは社会的な紐帯を解消させる傾向をもつ。ところが他方においてそれは、法の下に

ある、社会的紐帯をもって結ばれたもの——この社会的紐帯のもとにある市民は、計算的な理性をもって、法に従って行動することのできる平等な主体である——でもある。つまり、民主主義とは、特異な、計算不可能な他者との、このような他者どうしの共存であるという意味で、他者の条件的な歓待の体制であるのである。問題は、他者との共存と、自己及び他者の特異性の尊重とが矛盾し合うこと、両立不可能なことである。したがって民主主義は常に、自己の内に崩壊の危険を抱えているのである。けれどもこの矛盾する2つの傾向を併せ持つのが民主主義である。したがって、理想的な民主主義とは、常に来たるべきものであるにとどまる。この理想的な民主主義は理念としてしか存在しえないのであり、これをデリダは「来たるべき民主主義 (la démocratie à venir)」と呼ぶ。(この理念は、「民主主義」という言葉によって、その概念によって、われわれに送り届けられる。このような理念としての民主主義をわれわれは、不可能なものとして知り、経験しているのである。)

　もし現実の民主主義体制が崩壊の危機に直面したならば——この危機は、内部からまたは外部からやって来る、特異性（をもった他者）による社会的紐帯の破壊の傾向に由来するであろう——、それは自己を民主主義的でなくする。つまり自己を腐敗、堕落させる。自己を攻撃する。これをデリダは、すでに述べたように、民主主義における「自己免疫」と呼ぶようになる。攻撃されるのは他者、他者の特異性であるが、民主主義は本来、特異性を受け入れるもののはずである[24]。

　言い換えると、民主主義における他者の歓待は、(あらゆる国民国家におけると同様に) 条件的である。一定の条件に見合った者についてのみ、民主主義は自己を開く。つまり、民主主義は、他者を歓待するまさにその過程において、(条件に合わない) 他者 (特異な者) の排除をなしてもいるのである。ところが、特異性の尊重とはいわば民主主義の本性の一部であるはずである。この他者の歓待と排除、ここに民主主義のアポリアがある。つまり、民主主義における「自己免疫」とは、民主主義が不可避的に抱えるこの他者の歓待と排除の構造に由来する。すでに述べたように、デリダは、現在のテロリズムの構造を、「自己免疫」の概念によって把握する。現在のテロリズムが、民主主義国家アメリカが世界におけるいわば唯一の主権的国家になったことに

由来すると考えると、このテロリズムは、まさしく民主主義の「自己免疫的」性質に由来すると考えてよいと思われる。したがって、この性質を認識し、引き受けなければならない。この自己免疫性に働きかけ、それをいわば反転させねばならない。これは、今述べた民主主義の、つまり特異な他者の条件的な歓待の矛盾・アポリアの引き受けでもあるのだから、「責任＝（他者への）応答可能性」の引き受けでもある。

　いかなる（特異な）他者であろうとも無条件的に受け入れる、つまり「歓待」する民主主義など、現実にはありえない。けれども、この無条件的な歓待を含む民主主義の理念は、完全には実現しえないものであるにしても、「来たるべき」ものであり続けるにしても、決して放棄すべきではない。それどころか、このような民主主義の理念が存在してこそ、現実に存在する民主主義は改善可能なのである。

　自己免疫的な民主主義を乗り越える（ただし、自己免疫性が民主主義に内在するものである以上、たぶん決定的な乗り越えは不可能である）ためには、この「来たるべき民主主義」の理念、あるいは無条件的な歓待の理念に訴えねばならない。つまり、無条件的な歓待の理念をもって、条件的な歓待をなすという、アポリアを含んだ他者の受け入れが必要である。そして、このような他者の受け入れのための場が、法／権利、あるいは法律である。なぜかというと、理念的な民主主義、つまり「来たるべき民主主義」、または無条件的な歓待とは、それ自体において現前または現実存在しえないものであり、それを現実存在させるためには、現実存在するところの、条件的な歓待である法／権利または法律が必要であるからである。そしてまた、法／権利または法律は正義を自らの理念とするのであるが、法の規則の適用である法的判断が正義にかなうものであるためには、すでに述べたように、他者への応答をなすこと、つまり正義のアポリアを引き受けることが必要であるからだ。

　排除された他者は、現実の民主主義（や法／権利）（における他者排除的な地平）に「幽霊」のように取り憑いている。この幽霊は、この地平における「継ぎ目」[25]（ここにおいて他者排除が起こり、かつそれが覆い隠される）の綻び、つまりアポリアを通じてその存在を知らせる。そしてそれを通じてわれわれは、「来たるべき民主主義」や「絶対的歓待」や「正義」といった理念を告知さ

れる。だからこそ、現実の民主主義を改善することが可能になるのである。ただし、すでに述べたように、この改善のためには、アポリアの、責任をもった引き受けが必要である。この理念は、われわれがそれを知っているとはいうものの、知識としても現実存在する制度としても、それ自体として現前させることは不可能である。なぜならその理念そのものが矛盾・アポリアを含んでいるからである。したがって、われわれがそれを「知っている」とは、きわめて特異なかたちの知り方である。それは、決して現前させることが不可能なかたちの、すなわち矛盾なく語ったり制度化したりすることのできない知り方である。おそらくそれをデリダは「信 (foi)」[26]と呼ぶのだと思われる。われわれが「出来事」、つまり予測不可能なものに遭遇することによってのみ、知識や制度の変革の運動のなかで、その理念は確認されるのである。

デリダによれば、近代哲学が前提にする合理的・自律的・計算的な主体とは、この「信」を前提にする。つまりそれは、現前化可能なかたちでは知りえないもの、予測できない、したがって計算できないものを前提にする。したがって、主体がすべてを（矛盾なく）知り尽くす（そしてこの知識を基にすべてに対応する）ことは不可能である。主体は知りえないもの、計算不可能なものをすでに自己の内に刻み込んでいるのである。デリダによれば、計算不可能なものを前提にして計算は可能になる。「来たるべき民主主義」への信、あるいは「正義」への信、あるいは無条件的な歓待への信、そしてそれらに自らを参加させるという、計算を超えた「決断」があってはじめて、計算が可能になり、合理的・計算的な自律的主体が可能になるのである。

デリダは、計算可能なものの側に、現実に存在する民主主義、法／権利と法律、条件的な歓待の体制としての国民国家を、計算不可能なものの側に「来たるべき民主主義」、正義、無条件的な歓待を置く。われわれは、現実存在するために、前者によって計算するのであるが、その計算においては、計算不可能なものを考慮に入れなければならない。計算不可能なものをもって計算するのでなければならない。そしてこのアポリアを責任をもって引き受けるのでなければならない。

ところで、ネグリとハートのいう革命的なマルチチュードは、自己の生の

第1章　グローバル化する世界における法の意味　19

すべてを自覚的に組織する力をもつものとされる。つまりマルチチュードは、すべてを知り、この知識に基づいてすべてに対応することができるのである。彼らはこのようなマルチチュードを現実に組織し現実存在させることができると考えており、まさしくその組織のための計画図を書こうとする。おそらくデリダにいわせれば、このようなマルチチュードは、近代的な合理的・自律的・計算的な主体の極であり、したがってこのような主体がそれ自体として現実存在することは不可能である以上、つまりそれを超え出たもの、計算不可能・コントロール不可能なものを前提にする以上、彼らの構想は不十分なものであるということになるだろう。さらに、マルチチュードの下では、計算不可能なもの、主体（つまりマルチチュード）を超えたもの、つまり他者はもはや存在しないのであるから、他者への応答可能性、つまり責任の問題も生じようがない。

　以上から、「9.11」を典型とするテロリズムの暴力といわれるものへのデリダ的な対応策を素描することができる。この「出来事」、つまり他者の到来は、民主主義の抱える自己免疫的な構造に由来する。すなわち、現実に存在する、アメリカ合衆国及びその同盟諸国による支配的な民主主義の他者排除的な、つまり自己維持的な構造に由来する。したがって、テロリズムの克服のためには、排除された他者の受け入れ、歓待をなすことが必要である。他者を包摂可能なかたちで、民主主義の一員であるための条件を考え直す必要がある。これは、既存の法／権利、国内的・国際的な法／権利のつくり直しというかたちでなされる。そしてこのつくり直しは、法／権利とは区別された正義の観点から、つまり正義のアポリアの引き受けによってなされねばならない。そしてこの引き受けは、法の規則の適用における、責任＝応答可能性を伴った決断をもって行われる。この決断を伴った既存の民主主義のつくり直しは、必然的に新たな他者の排除を伴うことだろうし、そこに新たな自己免疫的な現象が生じる可能性がある。したがって、既存の民主主義をつくり直す過程は、際限なく続くことだろう。

　今述べたように、デリダにおいては、既存の世界秩序の変革は、法／権利に基づいて、それを場として行われるという点に注意する必要がある。

それ〔民主主義〕がそれ自身に等しくそれ自身に固有で（〈ある〉なしに）あるのは、ただそれ自身に対して、それ自身と〈自同的なもの〉および〈一なるもの〉に対して、不適合かつ非固有的なものとして、同時に遅れかつ進んでいるものとして、すべての特定の不完全性を超えて、その不完全性において終わりなきものとしてである。これらすべての特定の不完全性、すべての制限の種類は実に様々であり、投票権（例えば女性の——いつからのことか？　未成年者の——何歳から付与するべきか？　外国人の——いかなる外国人に付与するべきか？　そしていかなる領土においてか？……）、報道の自由、全世界における社会的不平等の終焉、労働権、あれこれの新しい権利を含む。要するにそれは、正義に対してつねに不等な法／権利（国内的および国際的）の歴史の全体であり、それは民主主義がおのれの場を、法／権利と正義との間の不安定で見出しえない境界にしか求めないからである。法／権利と正義との間、すなわちまた、政治的なものと超政治的なものとの間の境界にしか[27]。

　力を力によって変革するという方策（政治的革命の方策）をデリダは採らない。現在においては、たとえアメリカであっても、自己の政治的行動、とりわけ武力の行使は、正当化または正統化する必要がある（現実的な要請から、また倫理的な要請から）。この正当化または正統化は、既存の規範、とりわけ法規範、法の規則によって行われる。この既存の規範は、例えばフクヤマが示したような、一定の知的＝政治的＝規範的地平を前提にし、それによって正当化されているだろう。この地平を前提にするならば、例えば、自由主義的民主主義（フクヤマが想定するような、あるいは現在の支配的な西欧型民主主義）に反するものは、「敵」として、それに対して武力を行使することは無条件的に正当化されるであろう。このような事態をネグリとハートは批判するのであるが、これに対抗して、彼らはマルチチュードという別の知的＝政治的＝規範的地平に訴える。おそらくデリダからすれば、これは別の形での他者排除及びそれの覆い隠しということになるだろう。これに対してデリダは、既存の知的＝政治的＝規範的地平における「継ぎ目」を問題にし、それに働きかけることによって変革しようとする。
　この変革の試みの一例を、彼のフクヤマ批判を例に説明しよう。フクヤマは、西欧型の自由主義的民主主義を、人間の起源＝本性にかなったものであるから絶対的なものであり、正当化されるという。問題は、この人間の本性

の概念に、キリスト教的な、あるいは西欧的なバイアスがあるのではないかということである。(デリダは、自由主義的民主主義の勝利を言祝ぐフクヤマのトーンは、「新福音主義的」なものであるという。)[28] 人間の本性に反するものは動物であり、かつ動物的な本性に近い人間は下等な人間、すなわち「ならず者」ということになる。人間ならば法／権利をもつが、動物はもたない。「ならず者」は法／権利をもたないか、もっていても限定的であるだろう。「ならず者」には十全な法／権利はなく、したがって殺してもよいということになる。ここに、既存の・支配的な民主主義体制における自己と他者との境界線、及び他者排除の作用を見て取ることができる。この境界線を他者に向かって開くためには、人間と動物との区別を考え直さねばならないだろう。「人間の本性」の観念を検討する必要があるだろう。これらの検討に基づいて、「人間の権利」の観念を再検討すべきである。

デリダはまさしくこの人間と動物との区別の問題が、英語でいう「ならず者国家（rogue State）」の問題のなかにあるという[29]。

4　地平と法／権利

デリダによれば、民主制的なものとしておのれを提示する複数の政体、複数の民主主義がある[30]。デリダによれば、現在、「民主的なものとしておのれを提示しない唯一の、それもごくまれな体制は、イスラーム神権制的ないくつかの統治政体なのである」[31] とはいえ、また民主主義はもともとギリシア起源のものであるとはいえ、そのような政体にも民主主義的な傾向を見出すことは可能である[32]。「来たるべき民主主義」を理念とした、現実に存在する、自己免疫的傾向をもったさまざまな民主主義の間の対立・闘争としてデリダは、現代世界における政治的状況を把握しているものと思われる。

そうだとしても、世界における支配的な、いわば主権をもった民主主義（諸国）がやはり存在する。アメリカ合衆国を中心とする彼らの法が世界の法である。つまり、「強者の理由＝理性」が法をつくるのである。この法とは、実定的なものでありかつ正義の基準であるという意味で、かつ現代における正義は「人間の権利（droits de l'homme）」と密接に関係するという意味で、

droit と呼ぶことができる（法／権利の訳語を充ててきた）。したがって、問題は、つまり争いの場は、この法／権利である。問題は、この法が、目的論という形で地平化し[33]、他者を中性化・無効化することである。予測不可能な出来事や他者に対する恐怖（テロリズムへの恐怖もその1つである）が増せば増すほど、そして恐怖の源である他者の無名性・不可視性に由来する外傷の効果を緩和ないし中和（中性化）しようとすればするほど、地平化が進むだろう[34]。

> 予測される出来事は、すでに現前しているし、すでに現前可能である。つまりすでに起こってしまっており、その不意の出現というかたちで中性化されてしまっている。地平というものが働く場合には、つまり目的論とその理想的ないし理念的地平とから——すなわちエイズにおいて見ること、あるいは知ることから——到来が見通されている場合には、またこのような理念性が可能である……場合には、そのときにはどこであってもこの地平的理念性によって、あるいはこの理念性の地平によって、出来事が前もって中性化されてしまっていることになるだろう。したがって、その名に値する歴史性において出来事の出来事性を要請するものが、前もって中性化されてしまっていることになるだろう。
> 　その名に値する出来事は、予測不可能なものでなければならない。それは、あらゆる目的論的な理念論も、あらゆる目的論的な理性の狡智も超過せねばならないだけではなく……。……その名に値する出来事は、可能でないものとして告知されねばならない。したがって出来事は、予告なしに告知され、告知なしに告知されねばならない。とはつまり、期待の地平なしに、テロスなしに、目的論的な形成・形式・前形成なしに告知されねばならないのである。だから出来事の性格とは、つねに怪物的であること、現前不可能であること、呈示不可能として呈示可能であること、したがってけっしてそのものとして呈示可能ではないということである。……
> 　このようなことを考えることも述べることも、理性に反してはいない。理念の支配体制や目的論主義を懸念することは、理性に反してはいない。理念の支配体制や目的論主義は、出来事の出来事性に対する免疫をもつべく、これを無効にしたり中性化したりしようとするのだが、これを懸念することはむしろ、理性の将来や生成のようなものを合理的に考える唯一のチャンスなのである[35]。

その名に値する出来事、つまり他者の到来や他者の他者性を理念や目的論の地平によって、すなわちこの地平を構成する知的あるいは実践的規範によ

って中性化・無効化すること、これは免疫をもつことである。けれどもこれは絶望的な試みであり、それが「克服するのだと主張するその当の怪物性を生産し創出し供給する」自己免疫の運動でもあるのである(36)。この中性化・無効化への懸念こそ、この地平を越え出るチャンスである。ただし、このような理性の目的論を越えることは、蒙昧な非合理主義ではなく、やはり理性の仕事である。それでは、この理性の仕事はどのようになされるのだろうか。それこそが法／権利と正義の問題である。

　ある出来事を、知の地平によって、知のプログラム・規則の適用によって知ることはできる。また、その知識を基に、既存の法的な規則の適用によって処理することもできる。けれども、このような適用は、出来事の出来事性、他者の他者性に応答していない。他者に応答する形で、応答可能性を引き受けて、つまり責任をもってこのような適用を行わねばならない。責任をもった規則の適用とは、他者、つまり規則を越えたものに規則をもって対応することである。このアポリアを引き受けながら、つまり責任をもって、つまり出来事の他者性＝特異性を理解し、かつ法の規則の価値をその都度再確認・是認しながら規則の適用＝決断を行わねばならない。このアポリアをデリダは、すでに述べたように、正義のアポリアと捉える。責任ある決断とは、正義のアポリアを引き受けた決断である。

　テロリズムの定義や対テロリズム活動の定義がいかに曖昧であるとしても、それがいったん制定法や何らかの実定法の制度によって規定されると、あるいはそれにこれまでの法的な観念や枠組みで対応する場合でも、それは法的に理解され、法的な解釈が施される。確かに、ネグリとハートがいうように、対テロリズム戦争とは、警察活動と戦争との両方の性質をもつ両義的なものであり、その両義性が当事者の都合のよいように利用される可能性がある。けれども、法的に考える場合、テロリズムについては、国際法の従来の原則とか、国内的な刑事手続の原則とか、その他の法の枠組みが適用されるべきか否か、適用されない場合には、なぜ適用されないのか、例外に対する歯止めは何か、等々が、事例の特異性に応じて検討されるはずである。すでに述べたように、デリダ的にいえば、このような解釈や検討は、法とは区別された正義の観点からなされるだろう。それはつまり、既存の法的規則

を、正義のアポリアに伴う責任＝応答可能性を引き受けることによって解釈する（「発明し直す」）ことである。もしこのような解釈・検討がなされずに反テロリズム法が制定されたり、裁判においてそれが、あるいは既存の法の規則が機械的に適用されるならば、それは正義にかなったものではないだろう。それは、目的論的地平による他者の中性化・無効化でしかない。

（１） Michael Hardt, Antonio Negri, *Empire*, Harvard University Press, 2000. 邦訳として、アントニオ・ネグリ、マイケル・ハート『〈帝国〉』水嶋一憲・酒井隆史・浜邦彦・吉田俊実訳、以文社、2003年。以下、同書からの引用・参照にあたっては、Eと略記し、最初に原書のページ数を、その後に（／の後に）邦訳書のページ数を表記する。
（２） Michael Hardt, Antonio Negri, *Multitude*, Penguin Books, 2004. 邦訳として、アントニオ・ネグリ、マイケル・ハート『マルチチュード』（上）（下）幾島幸子訳、水嶋一憲・市田良彦監修、NHKブックス、2005年。以下、同書からの引用・参照にあたっては、Mと略記し、最初に原書のページ数を、その後に（／の後に）邦訳書のページ数を表記する。
（３） E 3-5/15-18. 引用文について、「……」は堅田による省略を示す。また〔　〕は、特に断らない限り、堅田による補足である。また、強調はすべて原文におけるものである。以下、同様とする。
（４） Cf. E 421/567-566（注11）.
（５） M 30/（上）71.
（６） M 14/（上）46.
（７） M 13/（上）45.
（８） M 90/（上）160-161.
（９） Gionvanna Borradori, *Philosophy in a Time of Terror : Dialogues with Jürgen Habermas and Jacques Derrida*, The University of Chicago Press, 2003. 邦訳として、ユルゲン・ハーバーマス、ジャック・デリダ、ジョヴァンナ・ボッラドリ『テロルの時代と哲学の使命』藤本一勇・澤里岳史訳、岩波書店、2004年。以下、同書からの引用・参照にあたっては、PTTと略記し、最初に原書のページ数を、その後に（／の後に）邦訳書のページ数を表記する。
（10） PTT 94/141.
（11） Jacques Derrida, *Voyous*, Galilée, 2003. 邦訳として、ジャック・デリダ『ならず者たち』鵜飼哲・高橋哲哉訳、みすず書房、2009年。以下、同書からの引用・参照にあたっては、Vと略記し、最初に原書のページ数を、その後に（／の後に）邦訳書の

第1章　グローバル化する世界における法の意味　　25

　　　ページ数を表記する。
(12)　V 146-149/200-203.
(13)　Cf. Jacques Derrida, *Force de loi*, Galilée, 1994, pp. 34-35. 邦訳として、ジャック・デリダ『法の力』堅田研一訳、法政大学出版局、1999年、33-35頁。以下、同書からの引用・参照にあたっては、FL と略記し、最初に原書のページ数を、その後に（/の後に）邦訳書のページ数を表記する。
(14)　FL 50-51/55-56.
(15)　Cf. FL 53/59.
(16)　Cf. FL 57-58/66-67.
(17)　V 199/274.
(18)　V 63/84.
(19)　V 62/82.
(20)　「差延」とは、「来たるべき民主主義」や「正義」や「無条件的な歓待」のような、それ自体は脱構築不可能な、現実存在することのない、したがって現実存在するために現実の民主主義、法／権利、条件的な歓待のような「代補（supplément）」を要求するものの特徴を示すためのデリダの造語である。
(21)　V 64-65/86-87.
(22)　Jacques Derrida, *Spectres de Marx*, Galilée, 1993. 邦訳として、ジャック・デリダ『マルクスの亡霊たち』増田一夫訳、藤原書店、2007年。
(23)　PTT 120/184-185.
(24)　Cf. V 61/80.
(25)　Cf. V 128/175-176.
(26)　Cf. V 59-60/78.
(27)　V 63/84.
(28)　この問題については、次の拙著の第1章第3節、及び第2章を参照していただきたい。堅田研一『法・政治・倫理——デリダ、コジェーヴ、シュトラウスから見えてくる「法哲学」』成文堂、2009年。
(29)　Cf. V 134-135, 139-140/185-186, 190-191.
(30)　Cf. V 49/63-64.
(31)　V 52/66.
(32)　Cf. V 56-57/73-74.
(33)　これは、起源としての自己（民主主義であればデモス）が、自己から出発し、自己を目的＝終焉として自己に回帰する円環的構造をとる。これをデリダは ipséité（「自己性」または「自権性」）と呼び、「正統的な主権の原理」であるという。Cf. V 30-32/35-38.

(34) Cf. PTT 99/149-150.
(35) V 197-199/271-273.
(36) Cf. PTT 99/150.

第2章　アメリカの国家安全保障とテロとの戦い
――グローバル・リーダーシップの行方――

　　　　佐　藤　信　一

概　要

　戦後アメリカの安全保障政策においてテロ対策の重要性が浮上してくるのは1970年代末から1980年代にかけてのことである。とりわけ、1983年にレバノンで発生したアメリカ大使館爆破事件と海兵隊司令部爆破事件は、多くの死傷者を出し、アメリカ国民に強い衝撃を与えた。これらのテロ行為は、特定の国家と繋がる、国家を拠点としたテロという性格が濃厚であった。しかし、冷戦後最初の大統領となったクリントン政権が発足した1993年頃から、テロの性格が大きく変化する。テロの主体が、小規模で国境を越えて移動する個人主導のグループとなり、テロの方法も、既存の体制に揺さぶりをかけるためには無差別大量殺戮も厭わないというものになっていった。

　クリントン大統領は、唯一の超大国となったアメリカが大規模なテロの標的となることを恐れ、テロ対策の強化に取り組み始めた。その懸念は、次のブッシュ（子）政権が発足した2001年の9.11同時多発テロとして現実となった。ブッシュ大統領は「テロとの戦い」を宣言し、テロリストを匿っているとしてまずアフガニスタンのタリバン政権を崩壊させ、続いてイラクのフセイン政権を打倒した。だが、2つの政権を倒したものの、社会は極度の混乱状態に陥りテロ事件による犠牲者が急増した。米軍の死傷者が増えると、アメリカ国内に厭戦気分が広がっていった。

　イラクからの撤退を公約して大統領に当選したオバマは、2014年末にはアフガニスタンからも戦闘部隊を撤退させると宣言している。彼は、オサマ・ビン・ラディンの殺害や無人機攻撃による幹部の殺害でアルカイダは弱体化し、アメリカはより安全になったと主張している。しかし、世界はテロから安全になったといえるだろうか。

はじめに

　本章では、冷戦後のアメリカの安全保障政策とテロ対策について論じる。冷戦終結後唯一の超大国となったアメリカは、グローバル・リーダーシップの維持を掲げて国防戦略を立案・実行し、テロ対策への各国の協力を要求してきた。それは、クリントン William J. Clinton 政権からオバマ Barack H. Obama 政権まで、基本的に変わっていない。

　テロ対策の重要性が認識され始めるのは1990年代後半に入ってからであるが、2001年9月11日の同時多発テロによって、それは国防政策の最重要課題となった。しかし、ブッシュ（子）George W. Bush 政権の単独行動主義と強引なイラク戦争への突入によって、グローバル・リーダーとしてのアメリカの地位は大きく揺らいだ。また、戦争の長期化は国力の低下を招き　アメリカの国益自体を損なうこととなった。ブッシュ政権の負の遺産の清算を託されているのが、現在のオバマ政権である。

　以下、国防省が公表している国防政策に関する資料を中心に、国家安全保障・テロ対策関係の文書を分析し、アメリカの国防政策とテロ対策がはらむ問題点についてもふれる。

1　冷戦終結とクリントン政権の国防政策

「基盤戦力」Base Force から「ボトムアップ・レビュー」Bottom-Up Review へ

　アメリカは冷戦の終結によってソ連・共産主義の脅威から解放された。冷戦の終結という過渡期において冷戦後のアメリカの新たな軍事戦略として打ち出されたのが、パウエル Colin Powell 統合参謀本部議長が提唱した「基盤戦力」構想であった。ブッシュ（父）George H. W. Bush 政権の軍の最高責任者として湾岸戦争を勝利に導いたパウエルの関心は、共産主義の脅威の消滅によって大幅な軍事費削減圧力が強まる中で、アメリカの国益と世界におけるリーダーシップを維持していくために、アメリカ軍の新たな使命と役

割を定義することであった。

その核心は、グローバルな共産主義の脅威に代わって、地域的な紛争に焦点を定めたことであった。具体的には、中東と朝鮮半島で2つの大規模地域戦争が同時に発生した場合においても、それらを戦い勝利することが米軍の新たな使命とされた[1]。

さらに、冷戦後には民族や宗教の絡んだ紛争・内戦の多発が予想されることから、平和維持と人道支援のための作戦が新たな使命に加えられた。そして、不安定な世界で多様な幅広い使命を遂行する必要から、「脅威に基づくと同時に能力に基づく」軍事力の構築が必要とされた。「脅威から能力へ」というアプローチの変化は、後に、不確実さが増す安全保障環境に対処するキー概念として、ブッシュ（子）政権下で全面的に展開されることになる[2]。

冷戦終結後最初の1992年大統領選挙では、アメリカ経済の再生を最大の争点に掲げたクリントンが当選した。クリントン政権では、これまでの国家安全保障に加えて、経済安全保障という概念が重視され、それが国防戦略の策定にも一定の影響を及ぼした。国防長官に就任したアスピン Les Aspin は、「基盤戦力」構想では冷戦後の時代に必要な米軍戦力と国防費の策定根拠があいまいであるとして、新しい時代の特徴を明確にし、それにしたがって抜本的に軍事戦略と兵力編成を見直すという方式を採用した。

アスピンの「ボトムアップ・レビュー」は、冷戦後の時代を「新たな危険」（大量破壊兵器の拡散、地域紛争、民主化と改革に対する逆行、経済的不振）と「新たな機会」（民主主義の普及と拡大、地域的安全保障の拡充、核戦力の大幅削減、削減された軍事費の活用）が併存する時代ととらえた。これは、アメリカ経済の再生を最重要課題とするクリントン大統領の方針をある程度反映していたが、米軍戦力の規模を決める根拠としては、「ほぼ同時に起こる2つの大規模な地域紛争に勝利するのに十分な軍事力を維持する」という前政権の「基盤戦力」構想を踏襲した。さらに「流動的で予見しがたい冷戦後の環境は、我が国が予期できない危険に対処するのに十分柔軟で即応性のある軍事力を維持することを要求している」として、現有戦力の大規模な削減には踏み込まなかった[3]。

1997年版「4年ごとの国防政策見直し」Quadrennial Defense Review, QDR 1997

　クリントン政権の安全保障政策は、より長期的視野に立って前の2つの文書を見直すことを求めた議会の決定を受けて、2期目の発足後間もない1997年5月に公表された「4年ごとの国防政策見直し」において新たな展開を見せた。

　同文書は、国防戦略の3本柱として、形成 shape、対処 respond、準備 prepare をあげた。形成とは、重要地域における地域的安定の増進、侵略の抑止、紛争と威嚇の防止・削減を通じて、アメリカの国益に資する国際安全保障環境を形作ることである。対処とは、大規模地域戦争に勝利するとともに、小規模な紛争や緊急事態を含む広範な危機に適切に対応することである。準備とは、不確かな将来に備えて米軍の能力向上を図ることで、老朽化しつつある兵器システムの選択的近代化、「軍事における革命」Revolution in Military Affairs, RMA の推進、国防省の業務改善と効率化が挙げられている。

　「4年ごとの国防政策見直し」の第一弾となる1997年の文書の特徴は以下の3つの点にあった。まず、2つの大規模地域戦争を同時に戦って勝利するという「基盤戦略」および「ボトムアップ・レビュー」の方針の妥当性を再確認し、それを米軍の最重要課題としたことである。それは、唯一のグローバル・パワーとして世界の秩序維持を主導するという強い意思の表明であった。

　次に、非対称的脅威 asymmetric threat という言葉が初めて登場したことである。アメリカの圧倒的な軍事力優位は、敵がテロリズムなどの非対称的手段に訴える傾向を助長しているとして、核兵器など大量破壊兵器の拡散対策やテロ攻撃から兵士及び国民を守る措置、情報作戦分野での能力強化の必要性を指摘した。グローバル化と IT 革命が本格的に進行し始め、経済の分野でもアメリカの優位の回復が鮮明となる中で、共産主義の脅威とも地域戦争の脅威とも違う新たな脅威としてのテロリズムの出現という認識が、この文書で明確に示されたのである。

　第3は、「軍事における革命」の推進を明確に示したことである。RMA

とは、情報通信技術や精密誘導技術の急速な発展により戦争の形態が根本から変化しつつあるとするもので、単に技術面での革新にとどまらず、軍の運用方法や組織編成の再構成にも及ぶ内容を持つ。精密誘導技術を用いた戦争の変貌は、すでに湾岸戦争において世界に衝撃を与えたが、RMA はその延

図表 2-1　米国国防費（1986-2016）　　　　　（2005年の物価水準に換算：億ドル）

	1986	1988	1990	1992	1994	1996	1998	2000	2002	2004	2006	2008	2010	2012	2014	2016
米国防費	4616	4763	4624	4346	3954	3553	3488	3620	4023	4784	4975	5445	6100	6047	4875	4539

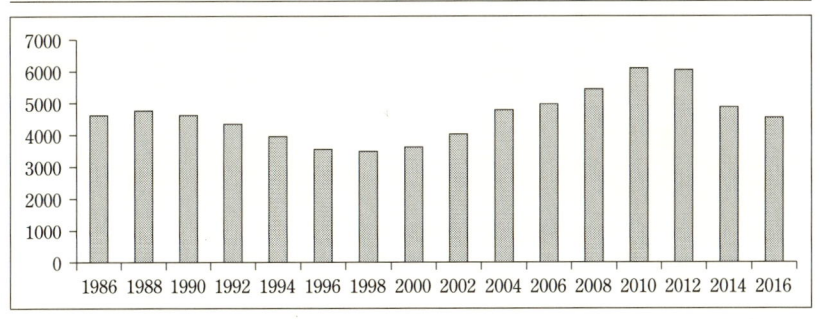

（資料）The Budget for Fiscal Year 2013, Historical Tables, Table 8.8（Office of Management and Budget）.
　　＊2012年以降は推計値。

図表 2-2　米軍の人数

	1975	1980	1985	1990	1995	2000	2005	2008
軍の人数	2104795	2050826	2151032	2046144	1518224	1384338	1389394	1401757

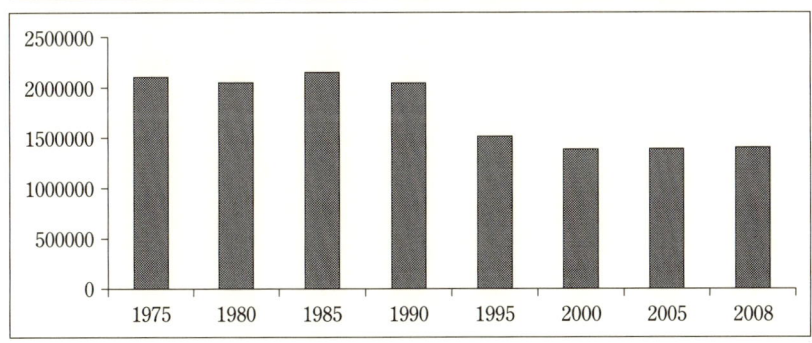

（資料）U.S. Department of State, Military Personel Statistics.

図表2-3　ヨーロッパ駐留米軍の人数

	1975	1980	1985	1990	1995	2000	2005	2008
軍の人数	301598	331705	357535	309827	118162	117411	101622	82460

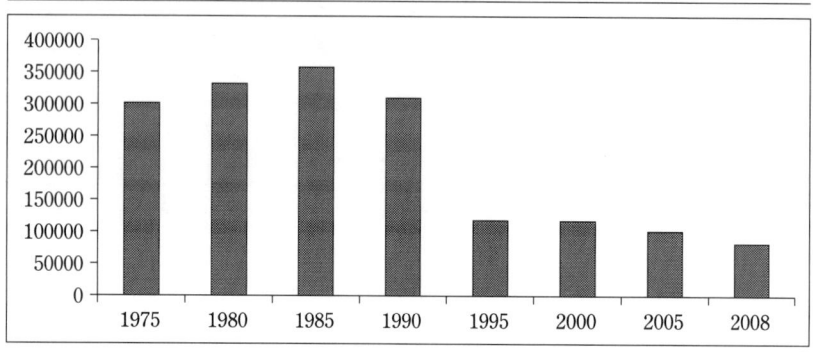

（資料）同上。

図表2-4　東アジア・太平洋地域駐留米軍の人数

	1975	1980	1985	1990	1995	2000	2005	2008
軍の人数	131187	114845	125025	119118	89306	101447	78854	68812

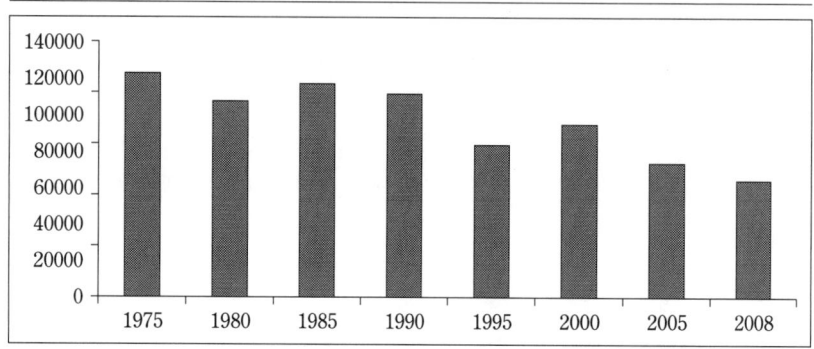

（資料）同上。

長線上にあって、将来の戦争の姿を一変させる可能性をはらんでいた[4]。

　兵力編成においては、現有兵力を6万人減らして136万人とした。これは冷戦終結後漸次進められてきた削減の延長線上にあるもので、200万人を超えていた1989年に比べると36％減となる。ソ連との軍拡競争から解放されていわゆる軍民転換効果を生むことになるが、大規模地域戦争を想定した2正

面戦略を踏襲したことで、経済重視のクリントン政権においても、米軍戦力の抜本的見直しはなされなかった[5]。

2 テロ事件の頻発とテロ対策への着手

テロに対する危機感の高まり

クリントン政権が発足して間もない1993年2月、ニューヨーク世界貿易センタービル爆破事件が発生し、オサマ・ビン・ラディン Osama bin Laden につながるテロリストが逮捕された。1995年3月の東京地下鉄サリン事件も、アメリカの治安関係者の注目を集めた。そして翌4月には、オクラホマシティで連邦政府ビル爆破事件が発生し、168人が死亡、犯人は右翼思想を持った民兵であった。テロリズムも、アメリカに敵意を抱く国家を拠点としたものから、小規模な組織や個人主導のものへと変化し、また、無差別大量殺戮の傾向を強めていた[6]。

相次ぐテロ事件に危機感を深めたクリントン大統領は、1995年6月、テロ攻撃に対するアメリカの脆弱性の低減、テロ攻撃の抑止、テロへの対処能力の強化、大量破壊兵器を使ったテロの探知・予防・制圧・被害管理などを内容とする「大統領決定指令39号」Presidential Decision Directive, PDD 39 に署名した。部分的に機密解除された同文書は、「アメリカは、国内であれ、公海上もしくは国際空域であれ、外国の領土であれ、我が国の領土、市民、施設に対するあらゆるテロリストの攻撃を抑止し、打破し、強力に対抗することを政策とする。アメリカは、あらゆるこうしたテロリズムを、犯罪行為であると同時に国家安全保障への潜在的脅威とみなし、テロリズムと戦うためにあらゆる適切な手段をとる。かくして、我が国は、そのような攻撃を実行もしくは計画した人物を抑止する、先手を打って無力化する、逮捕する、訴追する、もしくは他国政府が訴追するのを支援する努力を強力に推進する」としている。それは、「あらゆる適切な手段」という表現で軍事的手段による報復を示唆するとともに、国外の領域においてもアメリカ法の適用による逮捕権限を行使するとの表明であった[7]。

テロ対策法の制定とテロ事件への対応

　PDD39の内容は翌1996年4月に制定された「反テロリズム・効果的死刑法」Antiterrorism and Effective Death Penalty Act に盛り込まれた。

　同法は、アメリカ国内におけるテロ対策として、外国人テロリストの出入国管理強化および外国人犯罪者の国外退去処分の迅速化（退去強制裁判所の創設）、核兵器や生物化学兵器がテロに使用されないための規制強化、国際テロ組織・テロリストに財政的・物質的支援を提供することの禁止などを内容としていた[8]。

　クリントン政権は、この法律の制定にあたって、国際テロの抑止とともに、宗教右翼など反リベラル勢力によるテロや犯罪を取り締まる連邦政府の権限強化も意図していた。しかし、FBI（連邦捜査局）による盗聴権限の拡大や爆発物を特定するための化学的マーカーの導入などについては、治安国家化に反対する民主党リベラル勢力・人権派の反発と、銃規制反対派による議会のロビー活動のために実現しなかった。また、テロ対策を名目とする連邦政府の権限拡大に対する反発も強かった。かくして同法は、政権側と議会側の対立と妥協の末、死刑制度の強化と移民取り締まりの厳格化を強く求める保守勢力の要求を取り入れる形で成立した。本格的な治安国家化は、9.11同時テロの衝撃による世論の変化を背景にした「愛国者法」USA Patriot Act of 2001の成立により実現することになる[9]。

　クリントン大統領は、政権発足当初はテロ対策を特に重視してはいなかった。しかし続発するテロ事件に危機感を強め、テロ対策を極めて重要な課題と認識するに至る。彼は、大量破壊兵器 Weapons of Mass Destruction, WMP を使ったテロが国内で起こることをとりわけ恐れた。1998年5月には、「大統領決定指令62号」PDD62を発し、国家安全保障会議に国家調整官 National Coordinator を新設してテロ関連省庁の権限や業務の調整を図ろうとした。そしてテロ対策予算を3倍に増額したが、十分な具体的成果を上げるには至らなかった。90年代後半に入ると、1996年6月にサウジアラビアの米空軍基地でトラック爆弾が爆発し19人死亡、1998年8月にはケニアとタンザニアで米大使館が同時に爆破され224人死亡、さらに政権末期の2000年10月にはイエメンに寄港中の米駆逐艦が自爆テロにあい米兵17人が死亡と、

米軍や米国施設を狙ったテロ攻撃が相次いだ。クリントンは、2つの大使館爆破事件に対する報復として、アフガニスタンとスーダンに巡航ミサイル攻撃を仕掛けた。彼はアフガニスタンに少数の特殊部隊を潜入させる計画に興味を示すなどオサマ・ビン・ラディンの殺害を狙っていたが、テロリストを匿っているとして関係する国に大規模な攻撃を仕掛けることは控えた[10]。

3 9.11同時テロとブッシュ大統領の「テロとの戦い」

9.11同時テロはなぜ防止できなかったか

　クリントンは、次期ブッシュ（子）大統領への政権引き継ぎにあたって、安全保障上最も深刻な問題の1つは、オサマ・ビン・ラディンとアルカイダの脅威であるとの見解を伝えた。しかしこうした警告は、ブッシュ陣営で真剣に取り上げられることはなかった。クリントン政権で国家安全保障会議のテロ対策部門を率いていたクラーク Richard A. Clarke は、2001年1月にライス Condoleezza Rice 安全保障担当大統領補佐官に対し、アルカイダによるテロの可能性を検討する会議を緊急に開くよう求めたが、そうした会議が開かれることはなかった。また、同年5月には、チェイニー Richard Cheney 副大統領のもとにテロの脅威について検討する作業部会が設置されたが、9月初旬まで実質的な進展はほとんどなかった[11]。

　「同時多発テロに関する独立調査委員会」の報告書によれば、アルカイダによるテロが差し迫っていることを示す情報は多々入ってきていた。しかし「陰謀の進行が政府の行動によって妨げられたことを示す証拠をほとんど発見できなかった。アメリカ政府はアルカイダが犯した失策を十分に利用することができなかった。時間は尽きた」と同報告書は指摘している。また、諜報活動の問題点として、CIA、FBI、国防省など複数の情報機関による情報の共有が欠如していたことも重大であった[12]。

国内における「テロとの戦い」

　9.11同時テロから1か月半後の10月26日に、新たなテロ対策立法である「愛国者法」が制定された。この法律では、テロ活動にかかわる情報入手の

ための捜査権限の強化・拡大、テロ活動の資金源の断絶、外国人テロリストの出入国管理体制の強化、重要社会インフラ防護のための地域的情報共有の促進、諜報活動の改善、テロリズムの被害者への支援など、極めて広範な内容が規定された[13]。

「愛国者法」は9.11テロ後の混乱した社会状況の中で短期間に急いで審議されたために、テロ対策と憲法上の権利・人権保護の関係という本来検討されるべき論点が先送りされた。このため、テロリズム等に関連する通信傍受権限を認める条項など4年間の時限条項とされた部分の取り扱いが、後に愛国者法の延長問題が議論された際に、連邦議会とブッシュ政権の間で大きな争点となった。

また、行政組織の改編として、本土へのテロ攻撃の阻止、テロ攻撃に対する脆弱性の改善、テロ攻撃による被害の最小限化と回復支援などを目的とする「国土安全保障法」Homeland Security Act of 2002 が制定された。この法律に基づいて設置された国土安全保障省は、司法省移民帰化局、沿岸警備隊、国境警備隊、財務省関税局、連邦航空局などそれまで別々の組織であった22の政府組織が1つに統合されたもので、17万人の職員を抱える巨大な行政機関となった。

「テロとの戦い」は大統領権限の著しい強化という副産物を生んだ。テロの脅威と戦うために必要かつ適切なすべての権限を議会から授権されたブッシュ大統領は、付与されたよりもはるかに大きな権限を手に入れていった。例えば、拘束された外国人のテロリストを通常の法廷ではなく軍事法廷で裁く大統領令を発したり、また、現職の大統領がそれ以前の政権が残した記録の公開を阻止できるようにする大統領令を発したりした。このような個人の自由や知る権利の侵害に対しては、国際社会における人権と正義の擁護者というアメリカの立場を危うくすることになると懸念する声が上がった[14]。

先制攻撃戦略

ブッシュ大統領は、2001年9月20日の連邦議会における演説で、「テロとの戦い」を正式に宣言した。その中で彼は、この戦争は、地球上のすべてのテロリスト・グループを追い詰め、根絶するまで続く長期的な戦いとなるこ

と、テロリストに対抗するために軍事力だけでなく金融や情報などあらゆる手段を動員すること、テロリストを支援し匿う国家をテロリストと同一とみなすことなどを明言した。そして、オサマ・ビン・ラディン引き渡し要求がタリバン政権によって拒否されたこともって、アフガニスタン攻撃を開始したのである[15]。

　米軍は、現地勢力の北部同盟に主に地上戦を任せつつ、比較的小規模の特殊部隊から提供される情報に基づき、精密誘導装置を備えた先端兵器を駆使して空爆を続け、戦況を有利に展開した。その結果、アルカイダの指導者は取り逃がしたものの、2か月余りで戦闘は終結した。そして、予想よりも早いアフガン戦争の勝利に気をよくしたブッシュは、次の攻撃目標をイラクに定めた。

　翌2002年1月の一般教書演説で、イラン、イラク、北朝鮮を「悪の枢軸」axis of evil と呼んで非難したブッシュ大統領は、同年6月のウエスト・ポイント（陸軍士官学校）における演説で、新たな安全保障戦略として「先制攻撃」preemptive attack を打ち出した。この演説に対しては、戦争を違法とし、攻撃された場合にのみ自衛権の行使を例外的に認めている国際法の原則を踏みにじるものであり、国際社会に新たな不安定の種をまくことになるとの批判が、世界中からあがった。

　同じ年の9月に発表された「国家安全保障戦略」National Security Strategy of the USA 2002は、先制攻撃が必要であるとする理由を次のように説明した。核抑止によって先制攻撃に対する自制が働いていた冷戦時代と違って、危険な賭けに出るのをためらわない「ならず者国家」rogue state や無差別大量殺戮も意に介さないテロリストは、核兵器や生物化学兵器など大量破壊兵器を使った脅迫や攻撃を、アメリカの軍事的優位や覇権と対決する有力な手段とみなしている。抑止が有効性を失ったこのような状況において、アメリカ人の生命や自由を守るためには、対抗措置として先制的行動に打って出ることが必要であると。では、何が先制攻撃を正当化する基準となるかという点については、「差し迫った脅威」の概念自体を今日の敵の能力や目的に合わせて見直さなければならないという。秘匿された大量破壊兵器を無警告で大量殺戮に使うような敵を前にしては、脅威が増大すればするほ

ど行動しない危険もそれだけ高まっていく。それゆえ、敵の攻撃の時間や場所について不明瞭さが残っていても自衛のための先回り行動 anticipatory action に訴える必要が生じる。こうした主張は、9.11同時テロを経験したアメリカ人にとっては確かに耳に入りやすいものであった[16]。

こうした論理を適用するとしても、先制攻撃の必要性を判断するに当たっては、当然、信頼性の高い情報に基づいた正確な分析が必要である。しかしブッシュ政権は、イラクへの先制攻撃を正当化するのに都合のいい情報だけを利用し、国連安保理の承認や多くの諸国の支持のないままイラク戦争を開始した。そこには、圧倒的な軍事力の優位を誇るアメリカは、自らが必要と判断すれば単独で行動し、力で世界を従わせることができるという驕りがあった。

4 「脅威に基づくアプローチ」から「能力に基づくアプローチ」へ

2001年版「4年ごとの国防政策見直し」QDR2001とその特徴

ブッシュ政権は、同時テロ後間もない2001年9月30日に、新たな国防政策「4年ごとの国防政策見直し」QDR2001を公表した。この文書は、テロが発生した時点でほぼ出来上がっており、本土防衛の強化などについて部分的な手直しを加えた後提出された。

ラムズフェルド Donald Rumsfeld 国防長官は「序言」の中で「この報告の主要な目的は、国防計画の基礎を、過去の思考を支配してきた脅威に基づくモデルから、将来に向けた能力に基づくモデルへ転換することにある。能力に基づくモデルは、敵が誰であるかとか戦争がどこで起こるかということよりも、敵がどのようなやり方で戦うかということに焦点を当てる」と述べている。この能力に基づくアプローチという考えを基本にして、米軍の「変革」transformation やグローバルな米軍の再配置を推進するというのが、この文書の骨格である[17]。

「能力に基づくアプローチ」とは次のようなものである。今日のグローバルな安全保障環境においては、脅威を特定できた冷戦時代と異なり、国家で

あれ、国家の連合であれ、非国家主体であれ、何が軍事的脅威かを確実に予測することが極めて困難になっている。唯一予測可能なのは、敵が用いるであろうと考えられる能力だけである。それ故、不意打ちやだまし討ちや非対称戦争を仕掛けてくる敵を抑止し打ち破る能力を手に入れることが、米軍に求められている[18]。

　では、どのような能力の獲得が米軍の「変革」につながるのか。変革とは、これまでの戦争遂行方法を時代遅れなものとするようなあらたな作戦能力、情報技術、組織革新を軍に導入することであるとされる。米軍の変革を推進すべき焦点としてとして、次の6つの作戦目標が挙げられている。①国内国外の重要な作戦基地の防御と大量破壊兵器による攻撃の打破、②情報システムの防御と効果的な情報作戦の遂行、③遠隔地の接近拒否・領域拒否 anti-access, area-denial 環境への米軍の投射と敵の打破、④持続的監視・追跡・長距離精密攻撃・地中の堅固目標に対する攻撃などによる敵の「聖域」構築の阻止、⑤宇宙システムの能力と残存能力の強化、⑥高度なインターオペラビリティを備えた兵器開発のための情報技術や革新的発想の活用。こうした変革の方向性は、クリントン政権において打ち出されたRMAの延長線上にあるといえる。ただ、新たな技術開発による情報収集能力の向上や高度なハイテク兵器の導入に傾斜している点で、科学技術の急速な発展に依拠しようという姿勢が顕著である[19]。

　次に、「変革」は米軍のグローバルな前方展開体制にいかなる変化を生み出すのか。報告書は「西欧と北東アジアに集中した冷戦時代の海外プレゼンスの態勢は、アメリカの利害がグローバルになり、世界の他の地域における潜在的脅威が出現しつつある新たな戦略環境においては不適切である」と述べる。そこで、いつどこで発生するかわからない緊急事態に備えて、変革で攻撃力や機動力の向上した部隊を、迅速かつ柔軟に運用できるように再配置する。具体的には、西欧と北東アジア以外の世界の重要地域に、より柔軟性のある基地システムを展開する。新たな基地は、恒久的なものでなくとも、米軍の一時的展開を支え、訓練地を提供する小規模なものでよいとされる[20]。

　以上のような新戦略においては、前政権で維持されてきた、ほぼ同時に発

生する2つの大規模地域戦争に勝利するための兵力確保を目指す戦略は、放棄されないまでも、後退することは明らかであろう。ラムズフェルドは、リストラによる民間企業の再建で辣腕をふるった経験もあり、米軍の変革においても「効率性」を追求しようとした。先端技術に集中的に投資して米軍の能力を高めれば、兵力の削減も可能というわけである。実際彼は、アフガニスタン攻撃が短期間で成功裏に終了すると、続くイラク侵攻計画の立案においても、より少ない兵力を迅速に展開することで、速やかな勝利を目指す作戦を強く主張した。アメリカは、2003年3月20日にイラク戦争を開始、バクダッド攻略に素早く成功し、同年5月1日にはブッシュ大統領は勝利宣言を発した。そして、これは「変革」の成果であると喧伝された。しかしそこには落とし穴が待っていたのである。

5　イラク戦争の行き詰まりと「対反乱」counterinsurgency, COIN作戦

安定化作戦の失敗と2006年版「4年ごとの国防計画見直し」QDR2006

　イラク戦争は、軍事的勝利に続く復興・安定化作戦の段階で躓いた。ラムズフェルド国防長官は、米軍が国家建設に長期にわたって関与することに強く反対しており、戦闘作戦終了後の秩序維持や復興についてはほとんど検討がなされていなかった。しかし、独裁者フセインSaddam Husseinを打倒した解放者としてイラク国民に歓迎されるであろうという期待感とは裏腹に、占領米軍に対する強い抵抗運動が発生し、治安の悪化とともに米軍の死傷者も増加の一途をたどった。

　こうした中で、米軍の「変革」についても、戦闘勝利後の手放しの礼賛的態度は後退し、一定の見直しを求める動きが台頭してくる。それは、「変革」が強調するような先端技術や効率性を重視する考え方は戦闘終了後の社会秩序維持においては二義的意義しか持たず、安定化作戦に必要なのは、現地の言語・文化の理解、人的手段による情報収集、復興支援などを軍の重要な任務と位置づけてその作戦に組み込むことである、という主張であった。このような考えは、「クリア、ホールド、ビルド」clear, hold, buildと呼ばれる。

クリアとは、イラク治安部隊とイラク政府による敵の掃討作戦を支援することであり、ホールドとは、その後イラク政府の影響力を維持・強化することであり、ビルドとは、それまで敵の支配下にあった地域において市民社会と法の支配を促進する新たな現地の制度を建設することである。この方針は、ラムズフェルドの反対にもかかわらず、2005年11月の「イラクにおける勝利のための国家戦略」National Strategy for Victory in Iraq の中で、ブッシュ政権の戦略として正式に採用された[21]。

　翌2006年2月に公表された「4年ごとの国防計画見直し」は、2001年版QDRの「能力に基づくアプローチ」・「変革」路線を継承する一方で、イラク戦争長期化の教訓を受けて、戦闘行為と同様に安定化作戦を重視する方向を打ち出した。「最近の作戦経験は、広範な挑戦を抑止すると同時に、長期の非正規戦争に勝利するために国防省がトータル・フォース（現役兵、予備役、文民を合わせた兵力全体）に浸透させなければならない能力を浮き彫りにした。将来の戦力は、複雑な作戦において、他の省庁や国際的パートナーとともに行動するためによりよく構成され、統合司令官にとってより使いやすいものにならなければならない。…災害対応や安定化のような伝統的に非軍事とされてきた分野においても、活動し決定を下せるように訓練を積まなければならない。トータル・フォースの適応能力を増強させることは、…国防省にとって最優先事項である」。さらに、「幅広い言語能力と文化理解を養成することも、長期の戦争に勝利し、21世紀のきびしい課題に対応するためには必要である」と述べる。そして「国防省は、冷戦期のソ連についてそうしていたのと同様に、中東とアジアについて理解と文化的情報のレベルを向上させなければならない」として、そのための具体的措置を列挙している。また、復興や安定化を進めるにあたっては、文民各省庁との協力や、同盟国との協調が重要であることも繰り返し指摘されている[22]。

　QDR2006は、テロとの戦いを冷戦にも匹敵する「長い戦争」と呼んで、テロリスト・ネットワークの破壊を戦略的優先事項のトップに挙げたほか、「状況に応じた抑止」tailored deterrence という概念を登場させ、国家による脅威から非国家的脅威に至るまで、多様な脅威に対して柔軟に対応できる抑止力を構築するとしている。テロリストや「ならず者国家」など核抑止が

有効でない敵に対しては、通常兵器による幅広い攻撃能力を保有することで抑止することも可能であるとして、地下深くに隠された施設や移動式の目標をより精確に攻撃できる兵器の開発をあげている[23]。

また、「戦略的分岐点にいる国」countries at strategic crossroad の選択がアメリカとその同盟国の将来の戦略的立場と行動の自由に影響を与えるとして、アメリカは、協調と相互の安全保障上の利益を助長する方向で働きかけを行うが、同時に、将来それら諸国がアメリカに敵対的な道を選択する場合に備えた措置も講じなければならない、と述べている。そして、21世紀の国際戦略環境を決定するうえで重要な国として、インド、ロシア、中国をあげ、とくに中国について、アメリカの軍事的優位を相殺しうる軍事技術を開発しており、中国の軍拡はすでに地域の軍事バランスを危険にさらしていると、強い調子で警鐘を鳴らしている[24]。

ペトレイアスの「対反乱」ドクトリンとイラクへの米軍増派

QDR2006が公表された時期、イラクの治安は極度に悪化し、イラクは内戦状態に陥りつつあった。このため、イラク戦略の修正を求めるブッシュ大統領への圧力も強まっていった。同年3月には、議会が超党派の「イラク研究グループ」Iraq Study Group を設置してイラク戦略の見直しに乗り出した。さらに、11月の中間選挙では、イラクからの早期撤退を掲げた民主党が勝利し、イラク戦争を指揮してきたラムズフェルド国防長官が更迭された。

治安改善のための切り札と考えられたのが、「対反乱」COIN ドクトリンの実践であった。COIN とは、米軍の定義によれば、武力による政権転覆を目指す反乱を打破するために、政府が行う軍事的・準軍事的・政治的・経済的・心理的・民生的活動をいう。COIN の基本目的は、アメリカの支援する現地政府の正統性の確立にある。反乱勢力と住民を分離し、住民の保護・安全確保を図ることによって、住民の支持を獲得する。住民保護よりも敵の殺害・拘束を優先することや、部隊防護のため堅固な大規模基地に立てこもることは、避けるべき行為とされる。こうした作戦行動においては、情報（インテリジェンス）がとりわけ重要な役割を果たす。現地社会の言語・文化・権力構造などを知悉し、人的手段による情報収集によって敵に関する情報を集

めることが重視される。ここにおいては、軍隊も非戦闘任務を実行することが、当然の前提となる[25]。

軍の内部において、COIN ドクトリンを普及し採用させるために尽力したのがペトレイアス David Petraeus であった。彼は、「アメリカ軍とベトナム戦争の教訓」という題の博士論文を書いた「学者戦士」であり、イラク戦争では、師団を率いて民衆との良好な関係の構築に配慮した作戦を実行して成果を上げ、注目と信頼を集めた。彼がイラク戦争の経験から得た知見をまとめた論文の中には、「やりすぎるな、君が完璧にやるよりも、まずまずであればアラブ人がやったほうが良い」、「速やかに行動し、解放された人々の期待に応えよ。時間との戦いだ。すべての解放軍はやがて占領軍として疎まれることになる」、「金は弾薬だ。独裁政権を倒した後の再建、経済復興、インフラ整備で迅速に成果を出すために、資金を効果的に使え」、「イラク人の

図表2-5　国際テロの件数

	2006	2007	2008	2009	2010
全世界	14371	14414	11662	10960	11604
イラク	6608	6210	3255	2458	2688
アフガニスタン	964	1122	1221	2125	3307

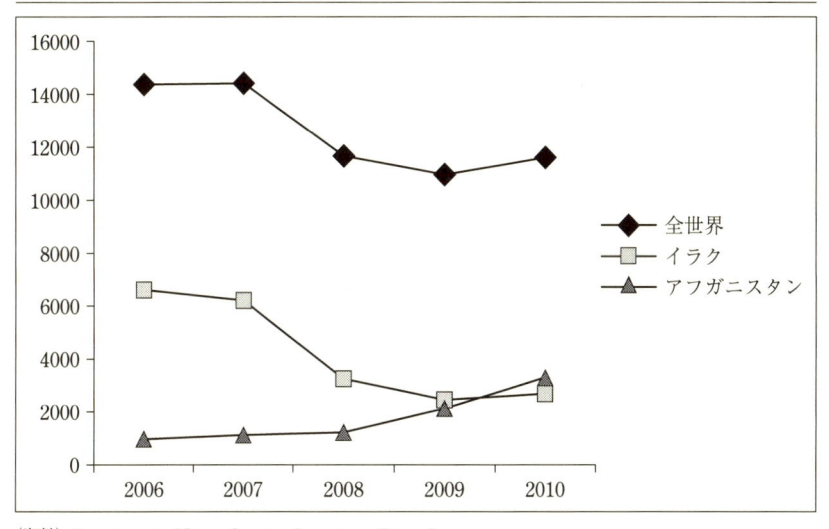

(資料) Department of State, Country Reports on Terrorism.
(National Counterterrorism Center: Annex of Statistical Information).

図表2-6　国際テロの犠牲者数（死亡、負傷、拉致）

	2006	2007	2008	2009	2010
全世界	74695	71795	54263	58711	49901
イラク	38817	44014	19077	16869	15109
アフガニスタン	3534	4647	5479	7582	9016

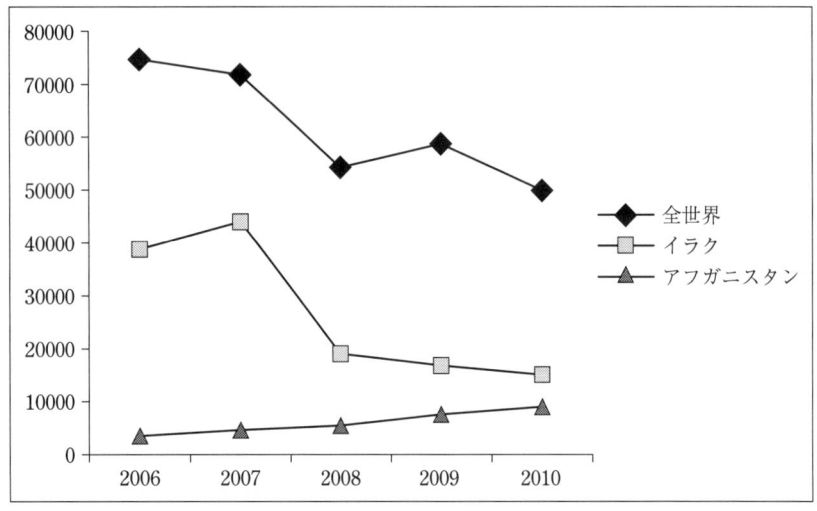

（資料）同上。

心 hearts and minds を勝ち取ることよりも、できる限り多くのイラク人が新しい国づくりに関心と意欲を持つことの方が重要だ」、「どんな作戦であっても、始める前に作戦の損失と利益 costs and benefits を分析せよ。倒した敵以上の新しい敵を作り出すことにならないかと」、「情報は成功のカギである。人間による情報のネットワークと十分正確な情報収集の集積が、標的を絞った作戦実行のカギである」、「すべての人々が国家建設 nation-building を行わなければならない」、「文化を知れば戦力が倍加する」、「軍事作戦だけでは COIN は成功しない」といった言葉が並んでいる。イラク戦争で得たこうした教訓は、2006年12月に完成した陸軍の「対反乱」マニュアル FM3-24 に反映された。この文書は、「すべての COIN 作戦の主たる目的は、正統性のある政府による効果的な統治を育成することである」として、住民の保護と支持獲得に向けた作戦の在り方を列挙している[26]。

新たなイラク戦略を模索していたブッシュ大統領は、COIN実行のための要員派遣の必要性を認め、2007年1月10日、2万4000人の米軍増派（サージ）を発表した。ペトレイアスはイラク多国籍軍司令官に任命され、住民の安全確保、イラク治安部隊の強化、軍・文民各省庁の協力など、長年の主張を実践していくことになる。

　サージ後の2007年から2008年にかけて、イラクにおけるテロの犠牲者数は顕著に減少した。こうした治安改善は、軍がペトレイアス新司令官のもとで、住民の安全確保と電気・水道などのインフラ整備に重点的に取り組み、テロリストの活動を抑え込むことに成功した結果であるとする見方が有力である。しかしそれに対しては、アルカイダの極端な暴力主義に対するスンニ派部族長らの反発・離反やアメリカからの金銭提供、シーア派民兵組織マハディ軍による停戦の受諾を治安改善の主たる要因であるとする見方も存在する。後者の見解は、軍が長期にわたる国家建設に関与することに反対し、優れた兵器と正規軍を擁する軍事大国こそアメリカにとって最も脅威であると考える人々によって支持されている。確かに、COINは大量の物資を投入した正規軍による戦いを得意とする米軍の伝統からすれば異端であり、ブッシュ大統領自身、アメリカの国益を重視する立場から、クリントン前政権の人道的介入、とりわけ国家建設への関与を強く批判していた。しかし彼は、その国家建設への資源投入によって、泥沼化したイラク戦争の治安改善に一定の目途をつけて政権の幕を引いたのである[27]。

6　オバマ大統領のアフガニスタン新戦略

イラク撤退とアフガニスタン増派

　2008年11月の大統領選挙では、民主党のオバマが、イラク戦争長期化に対する国民の批判の高まりを追い風にして、新大統領に当選した。彼は、イラク戦争を国際的正統性のない誤った戦争であったする一方、カルザイ政権の統治能力に改善が見られず、タリバンの復活で治安が悪化しているアフガニスタンを、テロリストとの戦いの主戦場と位置づけていた。そして、国防省の要求を受け入れ、2009年2月17日、アフガニスタンに1万7000人の部隊を

増派すると発表した。ただし、イラク駐留米軍部隊は16か月以内に撤退するとしたほか、拘束したテロリスト容疑者を監禁・拷問しているとして国際的にも批判の強かったグアンタナモの軍収容施設を1年以内に閉鎖すること、財政赤字縮小のため冷戦期の兵器システムへの支出を見直すことなども明らかにした[28]。

アフガニスタン新戦略をめぐる議論

アフガニスタン新戦略の議論は、国家安全保障会議の場で1月末から始まっていた。そこでの大きな論点は、イラクで効果を上げた「対反乱」作戦をアフガニスタンにおいても実施するかどうかという問題であった。ペトレイアスはブッシュ大統領の任期終了間際に中央軍司令官に任命され、アフガニスタンとイラクの両方の戦争に責任を負う立場にあった。彼は、アフガニスタン問題に関するオバマ政権最初の国家安全保障会議の場で、「無人機による攻撃や歩兵部隊の急襲だけではテロリズムは撲滅できない。国を安定させるには対反乱作戦を行う必要があり、それにはありとあらゆる大量の任務が含まれる」と述べ、戦力増強を訴えた。しかし、オバマ大統領は慎重な姿勢を崩さなかった。アメリカ本土を守るためにアルカイダを壊滅させるという最終目標を実現するために、対反乱作戦を全面的に展開する必要があるのかという疑念や、イラクと条件が異なりしかも現地政府の深刻な腐敗という統治問題を抱えるアフガニスタンで、それに重点的に資源を投入しても十分な効果は期待できないのではないか、という不安があった。オバマにとっては、3年後の大統領選挙までに国民を納得させられる成果を示さねばならないという時間的制約もあった。そして何より、経済不振や失業といったアメリカが現在直面している課題や他の国益とのバランスで、限られた資源をどのように配分するかという問題があった[29]。

このほか、パキスタン北西部がアルカイダとタリバンの聖域になっている現状を打開するために、パキスタン政府に対しいかなる圧力を行使できるか、また、タリバンの壊滅は極めて困難であるため、アルカイダとタリバンの間にくさびを打ち込み、アルカイダに打撃を集中するべきである、といった点が議論の焦点となった[30]。

増派規模については、オバマ大統領は、4万人という軍の強い要求を退け、3万人と決断した。それは、アフガニスタン全土でCOINを実施することはせず重要な都市部に限って行う、アルカイダに攻撃の的を絞り、タリバンについてはその弱体化を図りつつ最終的には和解の道も探る、ということを意味していた(31)。

オバマ大統領の新政策演説

　オバマ大統領は2009年12月1日、ウエストポイントで「アフガニスタンとパキスタンにおける今後の方策」と題する国民向けの演説を行った。彼はまず、アフガニスタンへの3万人増派は、アフガニスタンの現状を打開しイニシアティブを奪い取るために必要であると同時に、アフガニスタンからの米軍の責任ある撤収を可能にするアフガン人の能力を構築するために必要な措置であることを明確にした。

　アメリカの全体的な目標は、「アフガニスタンとパキスタンにおけるアルカイダを阻止・解体・撃退し、彼らが今後アメリカと同盟国を脅かす能力を持つことを防ぐ」ことであり、そのためにアフガニスタンにおいて、アルカイダの安全な隠れ場所の否定、タリバンによる政府転覆能力の獲得阻止、アフガニスタン治安部隊と政府の統治能力の強化および彼らへの責任移譲を政策目標とするとした。

　次に、目標達成のための方法として次の3つを上げた。

　1）3万人の米軍部隊の増派。同部隊は、反政府武装組織を攻撃し、主要な人口密集地域の安全を確保する。そして、アフガン治安部隊を訓練・増強して彼らと提携するわが国の能力を強化し、アメリカがアフガニスタン側に責任を移譲する条件を作り出す。この責任移譲を速やかに進めるためには、同盟諸国の貢献が必要であり、彼らに協力と結束を依頼している。

　2）アフガニスタン政府が改善された治安を有効に活用できるようにするため、我が国のパートナーや国連、アフガニスタン国民と協力して、より効果的な民生支援戦略を実行する。この支援は、実績を重視することを明確にするとともに、国民生活に直結する農業などの分野に焦点を当てる。

　3）アフガニスタンにおけるアメリカの成功は、パキスタンとのパートナ

ーシップに分ち難く結びついていることを強く認識して行動する。パキスタンに対しては、居場所が判明していて意図も明白なテロリストのための安全な隠れ場所の存在は容認できないことを明らかにしてきた。アメリカは、相互利益、相互尊重、相互信頼の上に構築されるパキスタンとのパートナーシップの実現に取り組み、両国を脅かすテロリスト・グループを攻撃するパキスタンの能力を強化する。

　オバマ大統領は続けて、アフガニスタンはもう1つのベトナムではない、アフガニスタンの現状を放置することもアフガニスタンで終わりのない戦争をすることも自分の選択肢にはないと述べ、今のアメリカには、もっぱら1つの課題だけに取り組む贅沢は許されないのであり、国家が直面する諸課題の中でバランスを維持することが重要であると訴えた。とりわけ、過去数年間に、国家安全保障と経済の関係においてバランスが失われたことを指摘し、国内における国力の再建、国際経済における競争力の獲得を訴えて演説を結んだ[32]。

7　国防政策におけるバランスの改善

2010年版「4年ごとの国防政策見直し」QDR2010

　オバマ大統領は新政権発足にあたり、ブッシュ前政権の国防長官ゲイツRobert M. Gatesを留任させた。ゲイツは、2006年にラムズフェルドの後任として国防長官に任命され、イラク増派（サージ）で成果を上げるとともに、同盟諸国との協力関係の拡充にも努めた。

　ゲイツは、2009年の論文の中で、国防費の増額が見込めない状況下では、国防政策におけるバランスのとり方が重要であると指摘している。彼は、「現在戦っている戦争において勝利することと今後の不測の事態に備えることのバランス」、「対反乱戦争・対外軍事援助を遂行する能力の制度化と米軍の通常兵器及び戦略兵器における技術的優位の維持のバランス」、「米軍の成功を支えた文化的特性の保持となすべき改革を拒んできた特性の除去のバランス」という3つの分野でのバランスが必要と述べていた。こうした認識は2010年2月に提出されたQDR2010の内容にも反映され、彼は同文書の序文

の冒頭で、その目的を「バランスの改善と改革」rebalance and reform と表現している(33)。

QDR2010の情勢認識の特徴は、以下の3つの点である。

1）戦争のハイブリッド化。敵が米軍の優位を相殺するため様々な手段を採用することにより、伝統的形態と非正規形態の紛争が入り混じった、複雑で不確かな安全保障情勢が生じている。「ハイブリッド」という言葉は、「戦争の複雑性の加速、アクターの多様性、伝統的な紛争カテゴリーの間の区別の不鮮明化」を意味しており、国家および非国家アクターを含む多様な紛争に対応できる米軍の能力の刷新がますます重要になっている(34)。

2）「グローバル・コモンズ」global commons の不安化。グローバル・コモンズとは、すべての国が依拠していてかつ1つの国によって支配されてはいない公共の領域をさし、グローバルな安全と繁栄を維持するための国際システムの結節点をなしている。しかし近年、新興国や非国家主体の台頭、グローバル化による高度技術の拡散により、海洋、航空、宇宙、情報空間などの領域で、自由なアクセスが脅かされるようになっている。これは軍事的には、敵がアメリカ軍のグローバルな戦力投入を脅かす「接近拒否能力」を獲得することにつながる。そのような事態に備えて、グローバル・コモンズにおける優位性を維持するための対策が重要になっている。

3）慢性的な脆弱さを抱えた国家の増加。これらの国は、過激主義の温床となる危険があり、アメリカの国益を脅かす極めて重大な要因となりうる。今後数十年にわたって、紛争は国家の強さから生じるのと同程度に国家の弱さから生じることになろう。

QDR2010は、国防における4つの優先事項として、現在の戦争における勝利、紛争の予防と抑止、敵の打倒と幅広い緊急事態への備え、志願兵制度の維持・強化を挙げている。アフガニスタンとイラクの戦争勝利を優先事項のトップに挙げるとともに、紛争の予防と抑止については、情報、警察、経済的手段と並んで、外交・開発・国防を統合した取り組みが必要と述べ、同盟国やパートナーとの緊密な協議・協力の必要を強調している。

また、優先目標を達成するための兵力バランスの再配分を論じた部分では、アフガニスタンやイラクなどの非正規戦争への対応策として、有人・無

人航空機システムの拡充、探知・分析・目標設定能力の充実、戦略的コミュニケーション能力の強化などを挙げている。そして、パートナー諸国の安全保障能力の構築のために、現地の治安部隊育成への支援拡充、語学・地域・文化能力の強化などが必要としている。さらに、米軍のグローバルな戦力投入を脅かす接近拒否環境での作戦能力の強化や大量破壊兵器の拡散阻止、サイバー空間での作戦に関するより包括的アプローチの開発についても強調している。全体として、2正面作戦といった想定にとらわれず、効率性と柔軟性を合言葉に、複雑で不確実さを増す戦略環境に対応できる能力の構築を目指すとしている[34]。

オサマ・ビン・ラディン殺害と2011年「対テロ国家戦略」

オバマ大統領は、2011年5月2日、米軍の特殊作戦チームがオサマ・ビン・ラディンをパキスタン国内の隠れ家で殺害したと発表した。この作戦はパキスタンに無通告で行われたため、パキスタン側から主権侵害であるとの強い非難を浴びたが、大統領は、これは政権発足以来進めてきたアルカイダ幹部の掃討作戦における最大の成果であると強調した。

翌6月にホワイトハウスが発表した「対テロ国家戦略」National Strategy for Counterterrorism 2011は、アルカイダに打撃を集中する作戦が成果を上げていると強調した。アルカイダ幹部の多くを殺害し、組織的にかなり弱体化させたとし、また、同年初頭から始まった「アラブの春」と呼ばれる北アフリカ・中東諸国における民主的変革の動きによって、アルカイダとそのイデオロギーの妥当性が一層失われたと述べている。ただし一方で、最近アルカイダと緩やかな提携関係にあるテロリスト・グループの活動が活発化してきているとして、イエメンやソマリアなどを対テロ作戦の重要な対象に挙げている[35]。

また同文書は、アメリカの反テロの戦いを導く中心的原理として、アメリカの核心をなす価値の堅持、安全保障パートナーシップの構築、反テロの手段と能力の適切な適用、テロに対応できる強靱で復元力のある文化の建設、の4つを掲げている。核心をなす価値として挙げられているのは、人権の尊重、国民の意思を尊重する統治、プライバシー・市民的自由・市民権の尊

重、安全保障と情報の透明性のバランスの確保、法の支配の擁護(反テロ作戦における効果的で持続性のある法的枠組みの維持、テロリストに対する法の裁き)である。反テロの手段と能力の適切な適用について述べた部分では、テロリストに対するアメリカの力の行使は、アメリカの安全を強化するとともにテロリストの行為の不当性を明らかにするように考え抜かれ道理に基づいたものでなければならないと指摘している(36)。

しかし、オバマ政権による反テロ作戦の実態は、この文書に掲げられた原理・原則とは程遠いのが実態である。アルカイダの弱体化は、無人機や特殊部隊を使った秘密作戦によるところが大きいとされている。作戦の詳細は明らかにされていないが、国防省やCIAによる無人機攻撃は、ブッシュ政権時に比べて飛躍的に増加している。「成果」を急ぐあまり、誤爆により多数の市民が犠牲になっていることも周知の事実である。さらに、アルカイダ幹部が潜んでいるとされるパキスタンのみならず、イエメンなどの非戦闘地域において無人機による殺害を行うことについては、国際法や人権に反する違法行為であるという批判や、国際的に問題のある前例となりうるとの懸念も出ているが、ほとんどの米国民は、「成果」の影の部分について問題視していない。オバマ大統領が、住民の保護と支持獲得の重要性を唱える「対反乱」COINの考え方とはかけ離れた無人機攻撃を多用する背景には、米兵の犠牲をできる限り少なくしながら、アフガニスタン撤退を公約通り実現したいという思惑があると考えられる(37)。

8 国防予算削減とアメリカのグローバル・リーダーシップ

アフガニスタンからの撤退と2011年予算管理法の成立

オバマ大統領は、2011年6月、アフガニスタンからの撤兵計画を発表した。それは、約10万人の部隊のうち、2011年末までに1万人、2012年9月までに計3万3000人を撤兵させ、2014年末には戦闘部隊の撤収を完了させるというものであった。削減された戦費を国内のインフラ整備や経済対策に回すというのがオバマ政権の方針であったが、増加する一方の財政赤字の削減も避けて通れぬ課題であった。

その財政赤字について、議会は2011年8月に予算管理法 Budget Control Act of 2011を成立させた。同法は、第1段階として、デフォルトを回避するために債務上限を9000億ドル引き上げる代わりに、今後10年間で歳出を9170億ドル削減すると規定した。そして、追加削減策について合意が得られない場合には、2013年1月以後、1兆2000億ドル規模の強制的な一律削減を実施することも定めた（財政の崖）。これらの歳出削減は、国防費にも応分の割り当てがなされることとなり、パネッタ Leon Panetta 新国防長官は、2012年1月26日、2013年度の国防予算要求の概要の中で、さしあたり今後5年間で約2590億ドルの削減を実施すると発表した。国防省が公表した「国防予算の優先権と選択」と題する文書は、「削減は、これまで聖域とされていた部分に切り込むという点で厳しいが、調整可能である。その結果生まれる統合戦力は、より小さく引締まったものになるが、機敏、柔軟、即応、進取、かつ技術において先進的である」と述べている[38]。

グローバル・リーダーシップと21世紀の国防政策

　国防予算の削減が現実となる中で、国防省は、オバマ大統領の指示に基づいて作成した「アメリカのグローバル・リーダーシップを維持する：21世紀の国防の優先課題」と題する文書を発表した。オバマ大統領は、その背景説明の中で、現在はイランとアフガニスタンの戦争が終結に向かう転換期にあり、財政健全化と長期的な経済再生に取り組み、将来を見据えた国防政策を策定することにより、21世紀のおけるアメリカのグローバル・リーダーシップを維持することは可能であるとの決意を表明した[39]。

　同文書の特徴は、「アメリカの経済的・安全保障上の利益は、西太平洋と東アジアからインド洋地域と南アジアに広がる弧の発展に分ち難く結びついている」として、アジア・太平洋地域を重視する姿勢を鮮明に打ち出した点にある。具体的には、アジア太平洋地域における、同盟関係とパートナーシップの拡充・強化、共通の利益を確保するための集団的協力のネットワークの拡大を推進するとしている。中国については、周辺地域における摩擦を生じさせないように戦略的意図の明確化を求めるとともに、米軍がこの地域へのアクセスを維持し、条約上の義務と国際法に基づいて自由に作戦を行う能

力を保持するために必要な投資を続けるとしている。

　中東については、過激派武装組織への対処とともに、特に危惧する点として、弾道ミサイルと大量破壊兵器の拡散を挙げ、中東地域のパートナー諸国における軍事的プレゼンスの確保を重視し続けるとしている。またヨーロッパに関しては、大部分のヨーロッパ諸国は今日、安全保障に関して保護される側というよりも保護する側にあるとして、グローバルな安全保障へのより一層の貢献を求めている。そして、イラクとアフガニスタンからの撤収は、ヨーロッパにおけるアメリカの軍事的投資を、現在の紛争から将来の能力に焦点を移す戦略的好機であるととらえている。また、グローバルな安全保障と繁栄は、空・海を通る商品の自由な流れにますます依拠しているとして、国際的規範の強化および適切な軍事能力の維持により、「グローバル・コモンズ」へのアクセスとその使用を確保するための努力を先導するとしている[40]。

　米軍の主要任務について述べた部分では、従来の2つの大規模な地域紛争に同時に勝利する「2正面戦略」を転換し、ある地域で1つの大規模な作戦を遂行しているときでも、別の地域で機に乗じようとする侵略者の目的を拒否する能力を持つと、敵の抑止に重点を置く方針を打ち出している。また、安定化および対反乱作戦については、必要であれば限定的な対反乱・安定化作戦を行う用意があるとしながらも、米軍はもはや、大規模で長期にわたる安定化作戦を実行できる規模にはない、と述べている点が注目される。これに対し、アクセス拒否・領域拒否能力を持つ敵地においても、米軍はこれを乗り越えて戦力を投射する能力を維持しなければならないと強調している。中国やイランの名を挙げて、敵が電子・サイバー戦争、弾道・巡航ミサイル、高度な防空技術など非対称的な手段に訴えてくる場合に備えて、海中での戦闘能力強化や新型ステルス爆撃機の開発などを含む統合接近作戦構想 Joint Operational Access Concept の推進を打ち出している[41]。

　オバマ政権が、大兵力の投入を必要とする作戦から手を引き、効率性と迅速性を合言葉に、新兵器開発の先導と作戦能力の向上により将来に備えようとしていることは明白である。9.11同時テロで最重要課題に浮上した対テロ戦略についても、オバマ大統領は、テロリストの攻撃から米本土を守ること

に目標を絞り、無人機を多用した作戦でアルカイダの弱体化を図ったことはすでに述べた。コストのかかる対外軍事介入を縮小することは現実的な判断であり、アルカイダを追い詰めたことでさしあたり「勝利」を唱えることができるかもしれないが、アメリカが始めたアフガニスタンとイラクの2つの戦争による破壊と混乱はあまりにも甚大であり、とりわけアフガニスタンにおける社会秩序の安定はきわめて困難な状況に置かれているのが現実である。

おわりに

　カレン・フェスト Karen A. Feste は、冷戦後の3人の大統領のテロへの対応を分析した本の中で、クリントンを紛争回避型戦略 conflict avoidance strategy、ブッシュを戦闘勝利型戦略 fight-to-win strategy、オバマを問題解決型戦略 problem solving strategy と類型化している。確かにオバマ大統領は、現実的かつ緻密な戦略によって、ブッシュ前大統領が残した負の遺産に対処してきた。しかし、テロリスト幹部を殺害・抹殺することは戦術的勝利ではあっても、イスラムとの対話と中東世界の安定を掲げたオバマ大統領にとって、戦略的勝利とは言えない。アメリカは、NATO 諸国や日本の協力を得ながら、2014年末のアフガニスタンからの撤収と治安権限の委譲に向けた取り組みを進めているが、各国とも財政難を抱えているうえ、治安を担うアフガン軍の育成にあたっている欧米の軍人が訓練中にアフガン兵士に銃で撃たれて死亡する事件が頻発するなど、困難な事態が生じている[42]。

　アメリカの代表的外交雑誌『フォーリン・アフェアズ』Foreign Affairs の最近の論調は、概ねオバマ大統領の安全保障・対テロ戦略に肯定的である。アルカイダへの打撃集中作戦によりアルカイダは弱体化したとか、ムバラク政権崩壊後のエジプト国会選挙では、アルカイダにシンパシーを抱いていたイスラム過激派のグループの中から政党化・選挙プロセスへの参加の動きがみられるなどの指摘もある。だが、国際テロ件数の推移の統計を見ると、アルカイダに打撃を与えたが、テロの鎮静化や治安の安定化には程遠い状況も浮かび上がる。また、軍事力による問題解決には限界があり、開発や

外交により力点を置くべきであるという主張や、アフガニスタン政府への権力移譲を円滑に進めるための統治能力強化および周辺諸国との利害調整のための政治戦略の活性化を求めるもの、「責任ある撤退」のためには、一定数の軍事顧問と文民アドバイザーは残しつつ権力移譲を円滑に進めるべきだとする指摘もある[43]。

『超大国の興亡』を著したポール・ケネディ Paul Kennedy によれば、アメリカ国内ではオバマ大統領の国防予算削減に対して、連邦債務の恐るべき現状を考えれば大統領は「理性的な経済人」であるとする見方と、予見できない流動的な世界の中で米軍の能力が低下すればひどい結果を招くだろうという見方の、2つの見解が対立している。ケネディ自身は、国防省の「4年ごとの国防政策見直し」を破滅的文書と呼び、冷戦時代から続く不自然で人工的な世界支配をやめて、アメリカのパワーをわきまえた戦略が必要であると述べている。オバマ大統領は、アメリカの対外戦略として、国防と開発と外交を一体としてとらえ推進すると表明してきた。国防関係の文書の中でもそのことは記述されている。国の予算が削減される中で、3つの課題のバランスをどう調整してゆくかがオバマ政権の今後の課題であろう[44]。

(1) Colin Powell, "U.S. Forces: Challenges Ahead," in *Foreign Affairs*, Vol. 71, No. 5, Winter1992/93, pp. 35-36.
(2) *Ibid.*, p. 41.
(3) Department of Defense, *Report on the Bottom-Up Review*, October 1993, Section I, Section II.
(4) Department of Defense, *Quadrennial Defense Review*, May 1997, Section II, Section III.
(5) *Ibid.*, The Secretary's Message.
　米国防費、米軍の人数の変遷については、図表2-1および2-2参照。冷戦終結後、ヨーロッパ駐留米軍は約3分の1に削減されたのに対し、東アジア・太平洋地域駐留米軍は、ほぼ10万人レベルを維持し、アメリカはヨーロッパとアジアにそれぞれ10万人前後の兵力を保有した（図表2-3および2-4参照）。
(6) Walter LaFeber, *America, Russia, and the Cold War, 1945-2006*, pp. 402-03. 邦訳『アメリカ vs ロシア——冷戦時代とその遺産』芦書房、2011年。
(7) Presidential Decision Directive 39: U.S. Policy on Counterterrorism, June21,

1995. 岡本篤尚『《9・11》の衝撃とアメリカの「対テロ戦争」法制―予防と監視』法律文化社、2009年、42-51ページ。
(8) Antiterrorism and Effective Death Penalty Act of 1996 : A Summary, American Law Division, June3, 1996.
(9) Todd Purdum, "Clinton Proposes Harsher Measures Against Terrorism," *The New York Times,* July29, 1996.

　木下ちがや「変貌する米国国家、浮上するテロとの闘い」(木戸衛一編『「対テロ戦争」と現代世界』御茶の水書房、2006年、134-149ページ)。

　佐々木葉月「クリントン政権期におけるWMDテロ対策導入要因の検討」(大阪大学『国際公共政策研究』第13巻第1号、385-97ページ。
(10) Presidential Decision Directive 62 : Combating Terrorism, May22, 1998.

　The 9/11 Commission Report : Final Report of the National Commission on Terrorist Attacks upon the United States, Authorized Edition, p. 133, p. 142.

　大量破壊兵器WMDとは、核兵器および生物化学兵器をさす。この言葉は、冷戦後において、入手しやすい大量殺戮兵器として生物化学兵器が注目されたことから、核兵器と合わせて使われるようになった。
(11) Ivo H. Daalder and James M. Lindsay, *America Unbound : The Bush Revolution in Foreign Policy,* Brookings Institution Press, Washington, D. C., pp. 75-76.

　Richard A. Clarke, *Against All Enemies : Inside America's War on Terror,* Free Press, N.Y., 2004, p. 196, pp. 228-231. 邦訳『爆弾証言――すべての敵に向かって』徳間書店、2004年。

　Walter LaFeber, *op. cit.,* p. 411.
(12) *The 9/11 Commission Report,* p. 277.
(13) Uniting and Strengthening of America by Providing Appropriate Tools Required to Intercept and Obstruct Terrorism Act (USA PATRIOT ACT).
(14) Walter LaFeber, *op. cit.,* pp. 435-36.
(15) "Address to a Joint Session of Congress and American People," United States Capitol, September 20, 2001.
(16) "Prevent our Enemies from Threatening Us, Our Allies, and Our Friends with Weapons of Mass Destruction," in *The National Security Strategy of the United States of America,* September 2002, pp. 13-16.

　「ならず者国家」とは、クリントン政権時代に使われ始めた言葉で、大量破壊兵器を不法に保有もしくは保有しようとしている、テロリストを支援している、自由と人権が蹂躙されていることなどを内容とする国家を指して使われる。ただしそれは、アメリカにとって好ましくない国に対してある種のレッテルを張る言葉でもある。

(17) Department of Defense, *Quadrennial Defense Review Report*, September 30, 2001, Forward, IV.
(18) *Ibid*., pp. 13-14.
(19) *Ibid*., p. 30. 福田毅『アメリカの国防政策；冷戦後の再編と戦略文化』昭和堂、2011年、216-17ページ。
(20) *Ibid*., pp. 25-26.
(21) National Security Council, *National Strategy for Victory in Iraq*, November 2005, p. 18.
福田毅、前掲書、244-245ページ。
(22) Department of Defense, *Quadrennial Defense Review Report*, February 6, 2006, p. 75, p. 78.
(23) *Ibid*., p. 9, pp. 19-24, p. 49.
(24) *Ibid*., pp. 27-30.
(25) The U.S. Army & Marine Corps, *Counterinsurgency Field Manual : U.S. Army Field Manual No. 3-24, Marine Corps Warfighting Publication No. 3-33.5*, The University of Chicago Press.
福田毅、前掲書、244-46ページ、252-53ページ。
(26) David H. Petraeus, "Learning Counterinsurgency : Observation from Soldiering in Iraq," *Military Review*, January-February 2006, pp. 2-12. ペトレイアスは、イラク戦争の教訓として14の項目を挙げているが、最後の方で、「柔軟で適応力のあるリーダーに如くものはない」、「リーダーの最も重要な仕事は正しい基調を定めることである」と、こうした作戦におけるリーダーの役割の重要性も強調している。
The U.S. Army & Marine Corps, *op. cit*., p. 37.
(27) 国際テロの件数および国際テロの犠牲者数については、図表2-5および2-6参照。
「対反乱」COINとアメリカの戦略文化の関係については、福田毅、前掲書、258-61ページ参照。COINについては、イラクにおける安定化作戦の失敗によってにわかに脚光を浴びたこともあり、1960年代の対ゲリラ戦ドクトリンの焼き直しに過ぎないとの批判もある。COINをめぐる論争は、今後も続くと考えられる（Gian P. Gentile, "Mired in 'surge' dogma ; U.S. Army doctrine," *The International Herald Tribune*, December 5, 2008）。
ラムズフェルドは、2007年の米軍増派が成果を上げたのは、それが、イラクの政治状況が劇的に変化した時期とたまたま重なったからであり、また、イラクの治安部隊が数的にも能力的にも実態のある集団に到達した時期とも重なったからであると、主張している。Donald Rumsfeld, *Known and Unknown : A Memoir*, Sentinel, N.Y.,

p. 716.
(28) Bob Woodward, *Obama's War*, Simon & Schuster, London, 2010, pp. 96-98. 邦訳『オバマの戦争』日本経済新聞社、2011年。

オバマは、ブッシュのイラク戦争開始に反対するシカゴの集会における演説で、「私が反対するのは、愚かな戦争だ。性急な戦争だ。理性ではなく感情に、原則ではなく政治的利害に基づいて行う戦争だ」と語っている。Barack Obama, "Dire Consequences, Immeasurable Sacrifices: Remarks Against Going to War with Iraq," Chicago, Illinois, October 2, 2002.
(29) *Ibid.*, pp. 14-17, pp. 96-98, p. 164, p. 167.
(30) *Ibid.*, p. 136, pp. 162-63.
(31) *Ibid.*, pp. 301-07.
(32) "Remarks by the President in Address to the Nation on the Way Forward in Afghanistan and Pakistan," West Point, New York, December 01, 2009. http://www.whitehouse.gov/the-press-office/
(33) Robert M. Gate, "A Balanced Strategy: Reprogramming the Pentagon for a New Age," *Foreign Affairs*, Vol. 88, No. 1, January/February 2009, p. 28.
　Department of Defense, *Quadrennial Defense Review Report*, February 2010, p. 1.
(34) *Ibid.*, pp. 8-9. pp. 17-39.
(35) White House, *National Strategy for Counterterrorism*, June 2011, pp. 1-2.
(36) *Ibid.*, pp. 4-6.
(37) 無人機による戦争の実態については、"Obama's Secret Wars," *Foreign Policy*, March/April 2012, pp. 55-74 参照。また、「危険任務　無人機が代行」朝日新聞、2011年4月5日、朝刊国際面および「無人機の戦争、拡大続く」朝日新聞、2012年、8月14日、朝刊国際面も参照。

無人機は、アメリカ本土からの遠隔操作によって操縦され、敵の居場所を知らせる情報に基づいて敵を攻撃する。現行の戦時国際法は、人間同士の戦いを前提としているため、こうした想定外の兵器の出現は、国際法の見直しを含む新しい難題を突き付けている。
(38) Department of Defense, *Defense Budget Priorities and Choices*, January 2012, p. 1.
(39) Department of Defense, *Sustaining Global Leadership : Priorities for 21st Century Defense*, January 2012, Whitehouse, January 3, 2012.
(40) *Ibid.*, pp. 1-3.
(41) *Ibid.*, pp. 4-6.
(42) Karen A. Feste, *America Responds to Terrorism : Conflict Resolution Strat-*

egies of Clinton, Bush, and Obama, Palgrave Macmillan, 2011, pp. 165-227.

(43) Stephen Hadley and John Podesta, "The Right Way Out of Afghanistan: Leaving Behind a State That Can Govern," *Foreign Affairs*, Vol. 91, No. 4, July/August 2012, pp. 41-53 ; William McCants, "Al Qaeda's Challenge : The Jihadists' War With Islamist Democrats," *Foreign Affairs*, Vol. 90 No. 5, September/October 2011, pp.20-32 ; Carter Malkasian and F. Kael Weston, "War Downsized : How to Accomplish More With Less," *Foreign Affairs*, Vol. 91, No. 2, March/April 2012, pp. 111-21.

(44) Paul Kennedy, *The Rise and Fall of the Great Powers*, Vintage, 1989. ポール・ケネディ「米国防費削減」読売新聞、2012年4月8日、朝刊一面。

第3章　イギリスにおける安全保障とテロ対策

梅川正美／倉持孝司

> **概　要**
>
> 　イギリスは、戦後冷戦の最初から最後まで積極的に関与し、そのために東側の軍事同盟に対する重厚で巨大な兵器を展開した。しかし冷戦の終焉とともに、東側諸国ではなく「不確かな」敵とたたかうために、兵員も兵器も抜本的に改革する。複数の迅速な部隊を創設し高度な情報ネットワークの構築につとめる。全世界の戦いをロンドンからの支持で一瞬にして遂行する体制をめざしている。
> 　「不確か」な敵の1つはテロリストであり、イギリスの伝統的な民主警察はテロとの戦いには向いていない。そこで、イギリス軍の兵士を主体とする防衛省警察を拡充し、完全装備の防衛省警察を、各自治体警察の管理下で活動させている。
> 　イギリスは1970年代にテロリズムが横行した北アイルランドに関してはテロリズム関係諸法を整備していたが、これを基礎に2000年「テロリズム法」を制定している。これはイギリス全体に適用されるものであった。
> 　しかし9.11のニューヨーク・テロに直面すると2001年「反テロリズム、犯罪及び安全保障法」を制定する。さらにその後、2005年のロンドン・テロの衝撃もあって、イギリスはきわめて頻繁に新たな立法を積み重ねる。結果として、非常に複雑で広範な反テロリズム法制を作りあげ、政府権限の拡大を図ってきた。これは市民社会の安全を確保するために必要なことであるが、人権擁護と法の支配の維持のためには大きな問題をはらむものである。

はじめに

　本章はイギリスにおける安全保障とテロリズム対策の関係について論じる。安全保障がテロ対策をきわめて重要な一環とするようになったのは2001年以降のことであり、その意味で安全保障のありかたは冷戦期の防衛戦略から大きく変化した。

　冷戦時代には東側諸国と対抗するための境界地域は明確であり、そこに大部隊をおく必要があった。しかし冷戦終結後は、国家的脅威のみならず非国家的脅威による「不確かな時代」となり、現代の軍隊は、従来よりも優秀な機動力をもったネットワーク中心の軍隊に再編するという。このような軍の再編について第1節でとりあげる。

　次に、現代の「不確かさ」を生み出す要素の1つであるテロリズムの実態について第2節でまとめる。アメリカ合衆国のみならずイギリスもテロリズムの標的となってきた。2005年には地下鉄やバスが爆破される被害にあっているが、そのようなテロの実態について論じる。テロリズムは多くの一般市民を標的とした爆弾による攻撃などを行う。これに対してイギリスの伝統的な非武装の警察官による対処は困難である。そこで軍隊による警察支援活動が行われているが、これが防衛省警察である。現代イギリスでは軍と警察の融合がすすんでおり、この点について第3節で述べる。

　第4節では、イギリスが整備してきた反テロリズム法制についてまとめる。第5節では、反テロリズムの法的な対処がはらむ問題点を検討する。

1　不確かな時代の防衛戦略

不確かな時代

　1980年代までは、世界が冷戦構造をなしていることは、東西両側諸国の共通認識であった。しかし冷戦終結後の1997年にイギリス首相になったトニー・ブレア Tony Blair の政権によれば、現代の世界は大きく変わってしまった。イギリスとヨーロッパに対する東側諸国からの直接の脅威はなくな

たが、新しい世界はかならずしも平和ではなく「不確かさと不安定の複雑な混合」a complex mixture of uncertainty and instability である[1]。

これまでの200年間における「国際的に支配的な力は国民国家」であり、19世紀と20世紀の「ほとんどの戦争は、国民国家を創出する試み、あるいは拡大する試み」から起こっている。この国民国家を原因とする危険は無くなったわけではなく、今もなお「世界には危険な政治体制が存在」し「その例としてイラクなど」がある。そのような国家は十分な「通常兵器で武装しているばかりでなく、核兵器や生物兵器および化学兵器」等の大量破壊兵器で武装する危険もある。これを、本章では「国家的脅威」と呼ぶ。

しかし冷戦後はこの国家的脅威に加えて「他のファクターから発生」する脅威がある。その例として「人種紛争、宗教紛争、人口圧力、環境圧力、希少資源をめぐる競争、麻薬、テロリズム、犯罪など」があり、これらの危険は「国家の内部でも、国境をまたいでも」存在している。これらの脅威を本章では「非国家的な脅威」と呼ぶことにする。ブレア政権下でイラク戦争をたたかった防衛大臣のジェフリー・フーン Geoffrey Hoon も、イギリス軍は、国家的脅威と非国家的脅威で構成される今日の「不確かさ」the uncertainties に対応しなければならないと述べている[2]。

2010年から首相を務める保守党のデイヴィド・キャメロン David Cameron も、これまでの世界はまったく変わってしまったと言い、冷戦終結直後に予測されたよりも多くの、しかも同時発生の紛争が発生し、軍のみならず政府の機構を、この新しい環境に適応させなければならないという。現代の「不確かな時代」an age of uncertainty では思いもよらないことが起きるだろうし、政府は、それに対応する準備をしておかなければならない。テロリズムやサイバー・テロ、さらに国際的な軍事危機と自然災害などへの備えが必要であるとしている。本章は、現代の不確かさの諸要因のうち、特にテロリズムについてとりあげ、これに対するイギリスの軍事的・警察的な対応はどのようになるのか、この点について論じる[3]。

複数の地域への派遣能力を持つ軍の編成

この「不確かな時代」においては軍の構成と配備はどうあるべきか。ブレ

ア政権は、イギリスの安全保障にとって第1の優先事項はヨーロッパの安定であるとした。特に国家崩壊にもとづくボスニアやコソボに示されるようなヨーロッパ内部の不安定は、イギリスの安全を直接に脅かす。このような危機に対して初期のうちに迅速に対処するための軍事的対応が必要であり、そのためにNATOやEUは決定的に重要であった[4]。

しかし第2に、ヨーロッパ域外においてもイギリスの「利益は特に湾岸と地中海の出来事で最も大きな影響をうける」として、両地域を重視している。このヨーロッパ域外の軍事活動は、2001年のアメリカ合衆国における同時多発テロ以降、その重要性を飛躍的に高めてくる。域外の防衛活動については、まず軍の迅速な移動能力が強調される。テロリストと戦うためには、優秀な軍隊を迅速に派遣する能力を持たなければならず、これはさらに強化されるべきであるという。

しかもテロリストとの戦いにおける軍事能力は、冷戦期と違い、作戦の規模によってよりも、ほぼ同時に展開される作戦の数によって試される。冷戦終結以降、イギリスは単一の大きな作戦よりも、より小さな作戦を、より広く行う必要がある。その際、もし第2の危機によって必要になれば、第2の派遣を行う能力をもたなければならないという[5]。

ところが、より小規模で同時並行的な作戦は、1つや2つの大きな作戦の場合よりも負担が大きくなる。例えば派遣部隊本部、通信施設、兵站などが作戦ごとに必要になる。しかも、小規模の作戦を同時並行的に展開しなければならない事態が一般的になってきている。1つの地域でテロリストを発見して攻撃する作戦と同じ時期に、別の地域の紛争防止と安定化の作戦を展開しなければならないこともある。しかもこれらの作戦は、地理的に非常に遠くはなれた地域で行うこともあるという。このような作戦の具体化のために、大蔵省は、2002年には1億5500万ポンドの追加予算を認めており、冷戦終結後の兵士削減の一方で、軍事費の拡大を行ったことを明らかにしている[6]。

2010年からのキャメロン政権も、適切な装備を持った旅団規模の軍隊を、世界のどこにでも、すみやかに派遣できる能力を維持すると断言している。新しい武器を装備した戦闘車、高度な情報機器、新戦略的な戦闘機は、より

移動しやすく、より迅速に活動できるようにするという。兵士については削減する計画であるが装備については向上させるという計画である(7)。

ネットワーク中心の軍事能力

ブレア政権以来、イギリス政府は、多くの小規模作戦を展開するために「ネットワーク中心の軍事能力」Network-Centric Capability を構築することを目標としてきた。この考え方は1991年の湾岸戦争時から強くなったとされるが、これは、高度な情報技術と精確な武器を緊密に結合して軍事的な効果を発揮させるものである。そのためには、情報収集のための体制を整備し、諸情報を関連付けて分析して総合し、これに立脚した攻撃をしなければならない。

攻撃能力の精確さを上げるためには、特殊部隊の能力向上ばかりでなく、武器の向上も必要であり、潜水艦から発射されるトマホークミサイル、戦闘機から発射される精確な爆弾、巡航ミサイル、無人攻撃機などの、さらなる開発が必要になるという。これに加えて、テロリストに大量破壊兵器などを使用させないための抑止戦も重視されている(8)。

ブレア政権の防衛大臣フーンも、テロリストとの戦争では、戦争に関しての従来の考え方である「基地中心の計画」を脱却しなければならず、そのかわりに「ネットワークを基礎とした高度な能力」が必要であるという。これによって、真に効果的な軍事力を形成し、精確で迅速な作戦展開能力を作るとされている(9)。

ネットワークの意味であるが、これは、グローバルな連絡・指揮・命令系統の構築を意味している。後に述べるように、イギリス軍を遠方に派遣するだけでなく、派遣された部隊の多くの拠点とロンドンの軍中枢が同時に情報をやりとりして戦う基盤となる(10)。

戦争の在り方は抜本的に変化したという。ベトナム戦争のとき、タン・ホア橋を破壊するために800回以上の出撃が行われた。これは戦闘機からの攻撃だった。しかし現代では、同じようなターゲットの破壊のためには、6機のトルネード戦闘機によって構成される1つの部隊で十分であり、高度に精密になった誘導弾を使えば良いとし、今では、より精確に、より効果的に、

最少の危険で、軍事的目的を達成することができるという。

1970年代の攻撃に使った爆弾は、半径400フィートを攻撃した。これが1980年代には200フィートになり、2000年では、半径20フィートの破壊力で十分になった。これがこの30年間での進歩である。1991年の湾岸戦争では、空爆の爆弾の20％は誘導弾であったが、2003年以降のイラク戦争のときは80％が誘導弾になり、その精確さは急速に向上している。誘導弾を落とすトルネード戦闘機の精確さも向上しており、この構造変化の中心にあるのが「ネットワーク中心の軍事能力」である[11]。

防衛大臣フーンは、ネットワーク中心の派遣作戦にふさわしいところの柔軟で適応力のある武装を構築するために、2003年度の防衛予算は37億ポンド、比率にして1.7％増加させ、政府は、これによって軍の抜本的な構造改革をしたと述べている。

ブレア政権の報告書は、次のような、ネットワーク中心の戦争シミュレーションを示している。場所はサハラ砂漠近くである。ある日の13時54分に、イギリス軍の陸軍偵察パトロールが敵（テロリスト）の戦闘車両を発見する。偵察隊は、これをターゲットと認識し、それを小隊本部に無線で報告する。13時57分に、この情報は旅団本部と軍地上指令本部に報告される。すぐに無人偵察機が発進してターゲットを確認する。

14時08分に、地上指令本部が偵察機を出してターゲットを追いながら、この情報を作戦本部に連絡する。14時10分に、地上指令本部と空軍司令本部が作戦を協議する。14時15分に、軍用衛星を通じて、ロンドンの作戦本部またはイギリス政府から直接に攻撃命令が出される。14時16分に、北アフリカの空軍司令本部が戦闘機を発進させる。14時24分に、戦闘機ハリアーが誘導弾を使ってターゲットを破壊する。14時29分に、無人戦闘機が結果を確認する。これがネットワーク中心の戦争事例である[12]。

2010年以降のキャメロン政権も、ネットワーク中心の軍事能力の構築を継承し、情報、調査、目標の獲得、偵察の能力を向上させるという方針を維持している。その通信能力は、陸・海・空のいずれでも保護され、迅速な移動が可能でなければならないとされる。しかしベルリンの壁が崩壊して20年が経過したにもかかわらず、軍の装備は、まだ冷戦期のものが多く、これを改

善することが重要な課題であるとされている(13)。

軍の再編実績

これまで述べてきた方針にそってイギリス軍は大きく再編された。まず図表（3-1）を見てみると、軍の職員数が、兵士と文民を合わせた総数で減少していることがわかる。冷戦のために配備されていた部隊が撤退することによって総人員が減少する。冷戦の最中の1975年には66万4300人であった人数は、冷戦の末期には次第に減少し、冷戦が終焉する1990年には48万7000人まで減少している。その後も減少傾向は続き2011年には27万5700人になる。2011年の人数は1990年の57％であり、1975年の42％にすぎない(14)。

冷戦期には、イギリス軍は、東側からの侵略を防衛するために、ヨーロッパ大陸に多くの兵士を駐留させていた。図表（3-2）からわかるように、1975年の駐留人数は7万1457人である。この人数は冷戦期において減少することはないが1990年の7万1335人を転換期として減少に向かう。5年後の1995年には3万5180人になり、2000年にはやや増加するが、2011年には2万5370人まで減少している。これは冷戦終結の1990年の人数と比較すると36％にすぎない(15)。

しかし、イギリスの軍事支出を見ると別の面が見えてくる。たしかに冷戦

図表3-1　イギリス軍の人数

	1975	1980	1985	1990	1995	2000	2005	2010	2011
軍の人数	664,300	605,000	542,900	487,000	371,800	334,000	315,300	284,000	275,700
	*	*	*	*	*	**	***	****	*****

（注）軍人と文民の計。海外駐在も現地採用も含む。
（資料）　* ＝UK Defence Statistic 1997, Table2.1.　　**** ＝UK Defence Statistic 2010, Table2.1.
　　　　** ＝UK Defence Statistic 2004, Table2.1.　***** ＝UK Defence Statistic 2011, Table2.1.
　　　　*** ＝UK Defence Statistic 2006, Table2.1.

図表3-2　イギリス軍ヨーロッパ駐留軍の人数

	1975	1980	1985	1990	1995	2000	2005	2010	2011
軍の人数	71,457	72,843	74,906	71,335	35,180	36,600	33,400	26,920	25,370
	*	*	*	*	*	**	**	**	**

（注）ドイツ、ベルギー、オランダ、バルカンに配備された人数。地中海などを除く。
（資料）　* ＝UK Defence Statistic 2000, Table2.5.
　　　　** ＝UK Defence Statistic 2011, Table2.3（2000年は推計）。

図表 3-3　イギリスの防衛支出（億ポンド）

	2003	2004	2005	2006	2007	2008	2009	2010
防衛支出	309	325	332	340	374	386	402	395

（注）2010年物価水準に換算。
（資料）UK Defence Statistic 2011, Table1.1.

の末期にあたる1980年代には支出は減少傾向にある。防衛支出がピークだったのが1984年であり、このときの支出は、2010年の物価水準に換算すると約420億ポンドである。この支出が一時的に第1次中東戦争で増加することはあっても、全体的には減少して1996年には約300億ポンドになる。

しかし1997年にブレアが登場して以来、防衛支出は増加し続けている。図表（3-3）にもあるように、2003年の約309億ポンドから確実に増加して2009年には約402億ポンドに達している。これは冷戦期において防衛支出が最も高かった時期に近いものである。このことは、冷戦型の防衛軍から機動的でネットワーク型の防衛軍に再編するための費用が大きな額であることを示している[16]。

例えばブレア政権が当初たてた計画は2002年までにその3分の2を実行したという。まず4機のC17輸送機、6隻のフェリー、4隻の上陸用舟艇の発注である。さらに、最新兵器の導入による攻撃能力の向上をはかり、戦術的な移動能力と航空遊撃力の向上のための新しいアッパチ・ヘリコプターを導入した。また「核・生物・化学兵器」に対する対策部隊の装備を拡充し、将来の攻撃能力の拡充のための新しい航空母艦を発注し、陸海空の3軍の協力を緊密化している[17]。

特にブレア政権は「合同迅速反撃軍」を新設したが、この部隊は、従来の部隊よりも規模を大きくし、攻撃力も拡大しており、派遣能力があり、装備が拡充している。この軍の一部は、コソボ、東チモール、シェラレオネで活動した。また陸軍の中に「付属的派遣旅団」を設置したが、これが第12機動旅団である。

空軍には「合同ヘリコプター部隊」を作ったが、これは、全ての兵士輸送・攻撃ヘリコプターを単一の部隊にして、作戦の展開を柔軟に行えるようにした。さらに「合同ハリアー部隊」を作ったが、これは暫定的な攻撃能力

を持っている。「防御兵站部隊」も作り、前線に、切れ目なき兵站を提供するようにした。合同作戦を検討するために「合同ドクトリンとコンセプト本部」を作るとともに、「地域陸軍」を再編し、その能力をより適合的にしたという[18]。

2 イギリスでのテロリズム

これまで述べてきたように「不確かな時代」における安全保障を樹立するために、従来の冷戦対応の軍事能力を見直し、機動力のあるネットワーク中心の能力を開発しなければならないとされた。この軍事能力は、国家的脅威と非国家的脅威の両方に対応するものであったが、ここでは特に非国家的脅威のうちテロリズムをとりあげる。テロリズムに対抗するためには、国際的な軍事力も必要とされるが国内的な治安体制の整備も必要である。本節では、とくに国内の治安体制について述べる。

ロンドン同時爆破テロ事件

2005年7月6日からスコットランドのグレンイーグルズでG8サミットが開催された。この会議の最中である7月7日午前8時50分頃より、ロンドンで地下鉄の3ヶ所がほぼ同時に爆破され、その約1時間後に、大英博物館のあるラッセル・スクエア近くのタビストック・スクエアでバスが爆破される。52人が死亡し700人以上が負傷した。ブレア首相は緊急記者会見を行い、テロには屈しないとの声明を発表した。その2週間後にもロンドンの地下鉄とバスでテロ未遂がある。これらの事件は、イギリスがテロ犯罪に対して、さらに本格的な体制をとらなければならないことを示した[19]。

国内のテロリズム

イギリスにおけるテロリズムの実態について述べる。2001年の9月11日から2011年の12月までの約10年間に、2001年法とその他の法律に基づきテロリズムの疑いで逮捕された者は1998名になる。この数字は、2009年7月から2010年6月までの1年間で131名、2010年7月から2011年6月までの1年間

で134名である。したがって2011年も、2〜3日に1人がテロリズムの疑いで逮捕されていることになる[20]。

　前述の1998名の逮捕者のうち2000年「テロリズム法」の第41条によって逮捕された1558名の起訴前拘禁について触れておく。拘禁日数の法的な上限は、のちに第5節で述べるように変化するが、その実際の日数は、1日以内の拘禁が694人で44.5％、これを含んだ7日以内が1397人で89.7％、これらを含んだ14日以内が1547人で99.3％となる。14日を超えて21日までの被拘禁者が5人で0.3％、21日を超えて28日までの者が6人で0.4％である[21]。

　次に、逮捕された者のうちどのくらいの人数が起訴されたのか。2011年までの約10年間で逮捕された1998名のうち715名が起訴されている。そのうちテロリズム関連法を使ったのが447名、別の罪が268名となっている。犯罪の疑いがあるとして出入国管理のための移民局や北アイルランド警察に移管された者が189名である。合計904名が起訴などの手続きに進んでいる[22]。

　起訴された者のうち、その裁判ではどの程度の有罪判決がでているのか。テロリズム関係のみの起訴に限っていえば、その人数は2011年までの約10年間で447名であったが、ここから控訴した者などを除いて結審したものだけを引き出すと424名になる。このうち有罪となった者が250名である。1年で平均25名程度が、言い換えれば毎月2名から3名がテロ関係諸法で有罪判決を受けている[23]。

　ここでテロリズムを地域別に見てみる。警察がテロリズムの疑いで歩行者を「停止」させたり、被疑者を「捜索」した件数を調べると、そのほとんどがロンドンで発生している。ロンドンとその近郊地域における件数は、2010年6月までの1年間で、6万4204件である。イングランドとウェールズでの全件数が6万4839件だから、ロンドン地域での発生件数はイングランドとウェールズ全体の99％になる。したがってテロの疑いのある行為のほとんどはロンドンとその周辺でおこなわれていることになる[24]。

国際的なテロリスト

　内務省によれば、テロリストのイギリスに対するほとんどの攻撃は、重要な海外の関連組織と関係をもっている。その組織の中で最も危険なものはア

ルカイダである。アルカイダの指導力は2001年9月11日当時よりも弱くなり、その政治イデオロギーは信用をなくしてきている。しかしアルカイダはイギリスの安全に対して脅威でありつづけているし、他のテロリストのグループも、アルカイダの目的に親近感を持ち、イギリスを攻撃しようとしているという[25]。

　アルカイダをはじめとするテロリストの一部はパキスタンに基地をもっており、このテロリストの攻撃が連合王国の中で行われる可能性はきわめて高いとされる。イギリスの国籍を持つ者が、他のヨーロッパ諸国の国籍を持つ者とともに、パキスタンで訓練を受け、その一部がアフガニスタンに移動するとともに、イギリスにも侵入してくる。さらにイエメンとソマリアのテロリストからのイギリスへの脅威も増加している。イギリスの国籍を持つ者がこれらの国に入りテロリストの訓練を受け、イギリスに帰国してテロリストの活動をする実態もあるという[26]。

　キャメロン政権によれば、このようなテロリストとたたかうために、イギリス政府は、国際的な軍事協力を行うとともに国内治安を強化するという。テロリストを逮捕して裁判にかけると同時に、市民がテロリストになるのを防止する。イデオロギー的な挑戦や脅威と対抗するために適切なアドヴァイスとサポートを与える。また国境の安全保障を強化するために、航空の安全向上にも努め、警察の銃火器の資源も拡大し、事件への対応も迅速にするとされている[27]。

　しかしその際、政府の活動は、イギリスの基本的な価値を反映するという。単に市民を擁護するばかりでなく、人権と法の支配をさらに強くしなければならない。内務省の戦略は、真に危険なリスクとのみ戦うことであり、安全保障と両立する透明性をめざすことである。できるかぎりの情報を公共に提供し、テロリストの脅威を、初期の段階で発見し、彼らが公共社会を攻撃する前に、その行動をやめさせる努力をするとしている[28]。

3 防衛省警察

警察と軍の融合

イギリスがテロリストとたたかうためには、国際的な軍事行動を行うと同時に、国内での治安体制の確立が必要である。ところがイギリス警察は、19世紀以来の伝統で、きわめて厳密な意味で自治体警察をなしている。イギリス警察は、日本のように国家が先にあって形成された警察ではなく、都市や郊外の自治組織の一環として成長してきた。治安は全ての市民の義務であり、警察活動は本来、市民のヴォランタリーな努力で行うものである。19世紀から多くの自治体警察が成長したが、2011年現在では、イングランドとウェールズで43の警察がある。それぞれの自治体には警察管理委員会があり、これは自治体の議員と一般市民が構成し、警察を管理する。

専門職の警察官の他に、文字通り無給でパートタイムの市民警察官がおり、これを「特別警察官」と呼ぶ。イングランドとウェールズの警察官の人数は約14万名で、特別警察官が約1万4000名である。イギリスには国家警察は無いが、全国規模の警察としては「交通警察」がある。警察の武装は最低限であり、必要に応じて銃などの武装をする。

従って伝統的な警察は、現代のテロリズムに対しては十分な治安力を持っておらず、この点を補完するのが、防衛省の兵士によって構成される防衛省警察である。これは完全武装をすることができる。しかしこの防衛省警察が活動するときは、各自治体の警察管理委員会の下で、警察官の権限を付与されるとともに、警察官としての義務を負う。この意味で、現代イギリスでは警察と軍の融合が進んでいる。本節では、この点について説明する[29]。

防衛省警察

1971年に海軍警察、陸軍警察、空軍警察が合併して「海軍本部・戦争局・空軍局警察」となるが、これが1987年「防衛省警察に関する法」the Ministry of Defence Police Act 1987によって刷新されて「防衛省警察」the Ministry of Defence Policeが設置される。これは、本来は、防衛省関係の

土地や財産を守るための警察である。まずこの点について述べる[30]。

1987年法での防衛省警察の職員は、防衛大臣によって任命されるところの、1923年の特別警察法第3部に決められている特別警察官 constables であり、警察官としての権限をもつ。さらに職員は、イングランドでは1964年「警察法」the Police Act 1964による宣誓を治安判事の前で行わなければならない。スコットランドと北アイルランドでは宣誓の相手は違うものの、法的には同様の宣誓が必要になる。

1987年法の第1条によれば、防衛省警察の長官 a chief constable は防衛大臣に任命され、防衛省警察の職員を指揮する。第2条によれば、防衛省警察職員が警察官としての権限を持つとき、その権限の適用場所は「土地、輸送車両、船舶、航空機、ホバークラフト」であるが、それが防衛大臣または防衛カウンシルあるいは防衛諸機関の本部さらに派遣軍の指揮官の権限下にあるか、あるいは軍需産業または海軍工廠などの支配下にあるか、それらのために使われるものである場合に限られる。さらに、上の第2項が適用されない場合でも、国の財産、国際的な防衛上の財産、軍需生産のための財産、海軍工廠の財産、さらに防衛カウンシルの関係者、防衛相または防衛カウンシルに雇用されている者、軍の裁判所などについての警察活動をすることができる[31]。

ところが、防衛省警察（後述のように1996年よりエイジェンシー）の管轄範囲は2001年「反テロリズム、犯罪及び安全保障法」によって抜本的に拡大される。同法の第98条は防衛省警察の管轄範囲を述べており、その第1項で1987年の防衛省警察法の第2条の「防衛省警察職員の管轄範囲」を改める。具体的には、第2項で、1987年法の第2項すなわち「防衛省警察職員は警察官の権限と特権を持つ」という文言を、本法本条の第4項で差し替えるとされている。

その第4項では「防衛省警察職員が、(a) いずれかの管轄範囲をもっている警察、(b) 北アイルランドの警察、(c) ブリティシュ交通警察、(d) 連合王国原子力エネルギー庁警察から、特定の事件、調査、業務に関して、その警察の業務遂行において当該警察を補助するように要請されたとき、防衛省警察職員は、その事件、調査、業務に関して警察官としての権限と特権

を持つ」とされている。これによって防衛省警察は、通常の警察からの要請があれば、その警察の管轄内で、警察官として活動できるようになった。

ただ、第99条で「他の警察に対する防衛省警察の援助の提供」をする場合には「当該警察の指揮下に入る」とされている。従って、例えば、首都警察からの要請で防衛省警察が活動するときは、首都警察の指揮下に入って警察官として活動することになる。しかしもちろん武装することができる。

防衛省警察は1996年に防衛省の中のエイジェンシーに転換され、防衛省警察エイジェンシーとなる。他方で、防衛省警護隊 the Ministry of Defence Guard Service（MGS）が、産業警護隊、パトロール隊などを統合して1992年に結成され、これが2004年の4月1日より、防衛省警察エイジェンシーに吸収され「防衛省警察警護エイジェンシー」the Ministry of Defence Police and Guarding Agency（MDPGA）となる。その長はエイジェンシー警察長官 Chief Constable である[32]。防衛省警察は、このような歴史的変遷を経て最終的にはエイジェンシーとなるのだが、その段階になっても1987年法は有効であるので、本章では、エイジェンシー段階も含めて総合的に防衛省警察という用語を使う。

防衛省警察の役割は、防衛省が直面している犯罪と秩序かく乱の主要な危険とたたかうために、警察力と高度な警護力を提供することである。犯罪と安全に関する危険とは、第1にテロリストによる攻撃、第2に抗議者によって引き起こされる破壊と混乱、第3に重要な資産の略奪、第4に大きな経済的詐欺である。従って、その目的の主なものは、テロリスト対策と抗議者の取り締まりである[33]。

防衛省警察の創設当初の目的は、前に述べたように、防衛省の所有する軍事基地などの警護であったが、今日においては、テロリズムに対する警察活動が重要な課題になっている。防衛省警察が実際に行う役割は、第1に国内外の防衛上の警察と警護の活動である。第2に制服警察活動である。これは非武装の警察官として犯罪と秩序破壊に対する抑止、捜査、取締を行うものである。第3が武器を装備した警察活動であり、武器を使用した攻撃や、公共の、あるいは市民の資産の破壊や略奪に対応する。第4に核施設の警護を行い、第5に犯罪の捜査をする。特に防衛上の犯罪に対しての捜査が多い。

第6に防衛のための職員と財産の警護をし、第7に海外における防衛と外交の目的のために行う警察および警護の活動をする。第8に、防衛の要員や財産に対する非武装の警護を行う(34)。

　防衛省警察は多くの部隊の1つとして、群衆の反乱に対する特殊部隊をもっている。政府が重要な会議を行うときのテロリスト対策も行う。例えば、女王が式典を行うときも警護するし、イラクから帰還した兵士がヨークをパレードしたときも、ヨークシャー警察を支援して警護にあたった。

　さらに、防衛省警察は国際警察活動部隊を持っている。これはコソボなどで活動したし、国連の治安活動にも貢献してきた。防衛省警察の国際的な活動地域は、最初はイラクであったが、現在は、アフガニスタンであり、反乱の鎮圧ならびに紛争後の治安体制の構築の課題にたちむかっている。アフガニスタン国家警察の訓練の業務も行っている。国家警察の訓練生は、最初は150人であったが、すぐに450人まで増加し、着実に前進している。この訓練期間を終えた者は、警察官として採用されて活動している(35)。

　防衛省警察はロンドンにおけるイギリス統治機構の警護の任務も帯びており、イギリス政府省庁街であるホワイトホールを警護する部隊をもっている。このホワイトホール警護部隊は、首相官邸をはじめとする政府省庁を警護するために、高度な警察活動をしている。これは、毎月、平均200件の「停止」と「捜索」を行い、爆発物の処理、道路封鎖、不審物の処理、不審乗用車の処理などを行っている(36)。

4　イギリスにおける反テロ法制の展開

　反テロリズム法制（以下、「反テロ法制」と呼ぶ）の展開という観点からすると、「テロリズムの抑圧に向けられたイギリス法は、格別に現代的であると考えるのは誤りである」(37)と言われるように、イギリスにおいては、「9.11」が包括的な反テロ法制整備の契機となったわけではなく、それに先行してとりわけより直近では北アイルランドにおける反テロ法の経験を蓄積していた点にその特徴をみることができる(38)。すなわち、この場合、特殊な反テロ法は、北アイルランドにおける紛争に応答して緊急事態立法として制定され

た（1973-96年「北アイルランド（緊急事態規定）法」(Northern Ireland [Emergency Provisions] Acts 1973-1996)、1974-89年「テロ防止（時限的規定）法」(Prevention of Terrorism [Temporary Provisions] Acts 1974-1989)。

これらに代えて、2000年「テロリズム法」(Terrorism Act 2000) が「以前の反テロ法を単一の法典にまとめた統合規定を企図し、更新も再制定の必要もないもの」（ただし、北アイルランドのみを対象とした措置を除く）として制定され(39)、それまでの北アイルランド・テロリズム、国際テロリズムおよび国内テロリズムを対象とし、対テロリズム措置はすべての形体のテロリズムに適用されることとなった(40)。

反テロ法制の主要立法であるこの2000年「テロリズム法」は、新たに「テロリズム」の定義を行い、「政府（若しくは国際的政府組織—2006年「テロリズム法」で追加）に影響を及ぼし、又は公衆若しくは公衆の一部を脅迫する意図を持つ」あるいは「政治的、宗教的又はイデオロギー上（又は人種上の—2008年「対テロリズム法」で追加）の目的」のために行われる「行動の利用又は威嚇」とし、この「行動」は、「人に対する重大な暴力」あるいは「財産に対する重大な損害」を伴う場合、「行動を実行する者以外の人の生命を危険に晒す場合」、「公衆又は公衆の一部の健康又は安全に対する重大な危険を引き起こす」場合、「電子システムに重大な干渉又は妨害を行うことを意図する」場合（これらに該当する「火器又は爆発物の使用を伴う行動の利用又は威嚇」については、「政府に影響を及ぼし、又は公衆若しくは公衆の一部を脅迫する意図」を持っていなくても「テロリズム」とみなされる）であるとした（1条1～3項）。なお、「行動」は、イギリス国外のそれも含み、「人」、「財産」あるいは「公衆」は、イギリス国内のものに限定されず、「政府」は、イギリス以外の国家の政府も含むとされた（1条4項）(41)。

以上のように、「テロリズム」の広範な定義は、正当な抗議行動に対しても本法が適用可能であることを意味し、また、イギリス警察は、イギリス国内に限らずいずれの場所のいずれの政府に対する「行動の利用又は威嚇」についても捜査を行うことができ、あるいはイギリスにおける居住者で、他国に対して積極的な政治的抗議行動を行う者も含むことを意味し、きわめて広範かつ不明確な定義となっていることが指摘される。これによって、同法を

運用する内務大臣および警察が、いずれかの者の行動が「テロリズム」に該当するか否かを決する際に鍵となる役割を持つことになる[42]。

上の「テロリズム」の定義に続く2000年「テロリズム法」の主要部分は、第2章「非合法化組織」(組織を禁止する内務大臣の権限、非合法化組織への所属・支持を犯罪とする)、第3章「テロリストの財産」(テロリズムのための資金調達およびその他の財政的援助に関する犯罪を規定)、第4章「テロリストの捜査」(非常線配備を行う警察の権限を規定)、第5章「反テロリスト権限」(テロリスト被疑者の逮捕・拘禁、自動車・歩行者を停止させ捜索する警察の権限を規定)、第6章「雑則」(テロ目的の武器訓練、テロ目的の情報保存、海外におけるテロリズムの奨励などについての付随的犯罪、域外的裁判権などを規定)、第7部「北アイルランド」(北アイルランドに限定された刑事手続および警備権限に関する特別措置(陪審抜き「ディプロック裁判所」を含む)、第8章「総則」および16の付則から成る[43]。

以上の2000年「テロリズム法」は、「ヨーロッパにおける最も厳格かつ包括的な反テロ法の一つ」と評され[44]、また国際テロリズムを含むすべての形体のテロリズムに対して適用され得るのにもかかわらず、労働党政府は、「9.11」に対応して新たに2001年「反テロリズム、犯罪及び安全保障法」(Anti-Terrorism, Crime and Security Act 2001)(以下、2001年反テロ法と呼ぶ)の制定を急いだ。

本法は、次のような14章129箇条と8の付則から成るものである。

第1章「テロリスト財産」、第2章「凍結命令」、第3章「情報の開示」、第4章「移民及び庇護」、第5章「人種及び宗教」、第6章「大量破壊兵器」、第7章「病原菌及び毒物の保安警備」、第8章「核産業の保安警備」、第9章「航空の保安警備」、第10章「警察権限」、第11章「通信データの保存」、第12章「賄賂及び汚職」、第13章「雑則」、第14章「補則」である。

このように本法は、「尋常でない」程度に広範囲の権限を含むが、そこに規定された権限は、必ずしもすべてがテロリズム捜査に限定されたものではなかった[45]。そして、本法において「最も論争的」とされた外国籍の国際テロリズム被疑者に対する正式裁判抜き無期限拘禁の仕組みが第4章に定められている。これは、一方で、国家安全保障上の理由から裁判所に証拠を提出できないが故に刑事訴追手続きを開始することができず、他方で、Chahal事件に関するヨーロッパ人権裁判所判決（*Chahal v UK* (1997) 23 EHRR 413）によって国外追放先でヨーロッパ人権条約（以下、ECHRと呼ぶ）第3条が絶対的に禁止する「拷問又は非人道的な若しくは品位を傷つける取扱い」を受けることになると考えられる場合、当該外国籍国際テロリズム被疑者を当該国へ国外追放することは同条違反になるとされたことから導入されたものである。しかし、この裁判抜き無期限拘禁は、1998年「人権法」で国内法に編入した身体の自由を保障するECHR第5条に違反することから、政府は、同条からの免脱（derogation）を行いつつ（ECHR15条）2001年反テロ法を制定した[46]。

この無期限拘禁の仕組みについては批判が多かったが、*Belmarsh*事件に関する貴族院判決（*A v Secretary of State for the Home Department* (2004) UKHL 56) は、ECHR第15条が定める免脱の合法性の第1要件である「国民の生存を脅かす公の緊急事態」の存在については、内務大臣の判断に従いそれを認めた上で、第2要件である2001年反テロ法第4章の定める無期限拘禁の措置が「事態の緊急性が真に必要とする限度」内のものであるかどうか、加えて、当該措置が外国籍者に対してのみ適用されることがECHR第14条の定める平等に違反しないかどうかを審査した。そして、当該措置が、第1、外国籍の国際テロリズム被疑者にのみ適用されるものであること、第2、国際テロリズム被疑者が自由にイギリスを出国し国外で活動するのを放置することになること、および第3、立法が広範過ぎて政府の主張するようにアルカイダと連絡のある被疑者に対してのみ適用されることにはなっていないことを理由に比例的なものとは言えないとして免脱命令を廃棄し、1998年「人権法」（Human Rights Act 1998）の下で、2001年反テロ法第23条は比例的でないという理由でECHR第5条第1項と一致せず、差別的であるという理由で同第14条と一致しないとして「非適合宣言」（Declaration of Incompatibility）を行った[47]。

これに対して、政府は、2005年「テロリズム防止法」（Prevention of Terrorism Act 2005）を制定し対応した。すなわち政府は、本法によって2001年反テロ法の定める無期限拘禁の仕組みに代わる新たな「規制命令」（Control Order）の仕組みを導入した。この「規制命令」は、テロ関連活動に関与し

ていると疑われた諸個人に対して、テロ関連活動へのさらなる関与を防止あるいは制限することと関連した諸目的のために必要な一定の義務を課すものである（イギリス国籍者であると外国籍者であるとを問わない）[48]。

政府は、新たな手法、技術の利用によるテロリズムの性質の変化を考慮して、包括的・恒久的な2000年「テロリズム法」を制定した[49]にもかかわらず、それに加えて、広範囲の権限を規定する2001年反テロ法の制定が必要だとした。しかし、2005年7月7日ロンドン同時多発テロを予防することはできなかった。

当時の労働党ブレア（Blair）首相は、「ゲームのルールは変わった」として「12項目計画」を発表し、その中で新たな反テロ法の強化に言及し、急ぎ制定したのが2006年「テロリズム法」（Terrorism Act 2006）であった。

本法は、既存の制定法およびコモン・ローの対象外と考えられる行為を新たに犯罪とし処罰の対象とすることを目的の1つとして、テロリズムの「奨励」（encouragement）の禁止を導入し（テロ行為の実行、準備あるいは教唆を他の者に直接的・間接的に奨励あるいは勧誘することによってテロを推進することを刑事上の犯罪とする）、テロ行為の準備、テロ出版物の販売などを犯罪とし、また、2000年「テロリズム法」を補足・修正して起訴前拘禁期間を最大28日間に延長するなどした（23条）（2003年「刑事裁判法」（Criminal Justice Act 2003）306条が2000年「テロリズム法」の定める7日間から14日間に延長していた）[50]。

その後、政府は、2008年「対テロリズム法」（Counter-Terrorism Act 2008）を制定し、警察が「規制命令」に服する個人から指紋およびDNAサンプルを採取することを認め、対テロ情報の収集・共有（諜報機関へのおよび諜報機関による情報の開示を含む）について規定し、テロリズム被疑者の起訴後尋問を可能にし、「政治的、宗教的又はイデオロギー上の目的」に「人種上の目的」を追加することによって「テロリズム」の定義を修正するなどし[51]、さらに、2010年「テロリスト資産凍結法」（Terrorist Asset-Freezing Act 2010）を制定し[52]、今日に至るまで全体として非常に複雑な反テロ法制を作り上げている（ただし、これらは特殊な反テロ法についてであり、「反テロ法制」という場合、2000年「捜査権限規制法」（Regulation of Investigatory Powers Act 2000 (c. 23)）など関連法の展開も考慮する必要がある）[53]。

5 2010年政権交代後における反テロ法制の「再検討」

2010年5月、政権交代によって保守党と自由民主主義党の連立政府となったが、「連立政府政策構想」(The Coalition: Our Programme for Government) に基づいて、同年7月13日、内務大臣は、最も重要かつ論争的な対テロおよび安全保障権限との関連で安全保障および市民的自由の問題についての再検討を行うことを明らかにした(54)。その結果が、2011年1月に公表された「対テロおよび安全保障権限の再検討」(Review of Counter-Terrorism and Security Powers: Review Findings and Recommendations, Cm 8004 (2011))(以下、「再検討」と呼ぶ)である(55)。

「連立政府政策構想」との関係で「再検討」作業の前提とされた重要な点として、次のことがあげられた(56)。

①政府の第1の義務は、国家の安全の保護であること。②市民的自由を回復し、国家による侵害を元に戻すこと、③反テロ立法の濫用に対する保護手段を導入すること、④治安判事の承認があり重大犯罪を阻止するのに必要な場合を除いて、地方自治体参事会による2000年「捜査権限規制法」における権限の利用を禁止すること、⑤対テロ立法、措置および政策構想の再検討の一部として「規制命令」について早急に再検討を行うこと、⑥警察および安全保障・諜報機関の助言に服しつつ、暴力あるいは憎悪を擁護あるいは教唆する集団を禁止すること、⑦イギリスの安全保障を脅かす外国籍者を国外追放しても当該国において拷問を受けないという証明できる保証を拡大することである。

その上で、「再検討」は、重要な対テロリズムおよび安全保障権限について、次の6つの検討項目をあげ、そのいくつかは「比例的でも必要でもない」と指摘した(57)。

第1は、テロリズム被疑者の起訴前拘禁についてである(最大28日間の拘禁期間をいかに削減できるかを含む)。

この点については、最大14日間に戻すとした。

第2は、2000年「テロリズム法」第44条の停止・捜索権限および写真撮影

に関する反テロ立法の利用についてである[58]。

　この点については、同条の下での停止・捜索権限の差別的利用を終了させるとした[59]。

　第3は、地方当局による2000年「捜査権限規制法」の利用および通信データへのアクセス一般についてである。

　この点については、同法上の最も侵害的権限について、地方当局による軽い犯罪の捜査での利用を終了させ、地方当局による同法の利用申請について治安判事の承認を必要とするとした。また、通信データ獲得の法的根拠を合理的なものとし、かつ、可能な限り同法に限定するとした[60]。

　第4は、憎悪あるいは暴力を助長する組織を扱う措置についてである[61]。

　第5は、イギリスの法的および人権上の義務と一致した方法での「確約の下での国外追放」('Deportation with Assurances')の利用の拡大についてである。

　この点については、イギリスでテロ活動に関係する外国籍者の国外追放は、人権上の義務を十分尊重したものとするよう努めるとした。

　第6は、「規制命令」についてである（代替案を含む）。

　この点については、「規制命令」を終了させ、より侵害的でなく焦点を絞った制度に置き換えるとした。また、新たな措置が、公衆を保護するだけでなく犯罪訴追を容易にするのに実効的であるようにするために、警察および安全保障機関に追加的手段を提供するとした。

　ここでは、以上の内、第1および第6の点についてみておくことにする。

起訴前拘禁期間

　2000年「反テロリズム法」は、テロリズム被疑者の起訴前拘禁期間を最大7日間としたが（41条、付則第8）、前述のように2003年「刑事裁判法」によって最大14日間まで延長され、2006年「テロリズム法」によって最大28日間まで延長された。さらに政府は、42日間までの延長を可能とする法案を提出したが、貴族院において否決された。

　最大28日間までの延長はいわゆる「サンセット条項」に服するものとさ

れ、命令によって各回1年間まで更新できるものとされ、実際にその後更新がくり返された（最大28日間に延長する最後の命令は、2011年1月24日に失効した）。

政府は、「再検討」をふまえて2012年「自由保護法」（Protection of Freedoms Act 2012）を制定し、2000年「テロリズム法」を修正し、起訴前拘禁の最大期間を14日間に戻すとともに、最大28日間までの期間延長を可能とする命令制定権を廃止した（なお、最大14日間としたにせよ、他の犯罪捜査の場合は最大4日間であるのと対照的である）。そして、内務大臣が、緊急の理由で必要と考える場合（国会が解散されている場合等）、3か月間に限って、拘禁期間を28日間に拡大する命令を制定する権限を新たに定めた[62]。

規制命令

前記「連立政府政策要綱」は、「反テロリズム立法、措置および要綱の広範な再検討の一部として規制命令について緊急に再検討を行う」と述べていた。

「規制命令」には2種類あり、第1は免脱を必要としない「規制命令」（ECHR5条（自由の剥奪の禁止）違反にはならない程度の義務および制限を課すもの）であり（内務大臣が裁判所の許可を得て課す）、第2は免脱を必要とする「規制命令」（ECHR5条違反になる程度の義務および制限を課すもの）である（内務大臣の申立に基づき裁判所が課す）（この区別は、緊急事態の間、政府が、ECHR5条の免脱を行い個人を自宅軟禁することができるようにするために設けられたとされる）。

免脱を必要としない「規制命令」には、具体的には、インターネットおよび携帯電話の利用制限、移動および旅行の制限、指定された個人との接触禁止、外出禁止（最長16時間に及び、しばしば、「自宅軟禁」と呼ばれる）、外出禁止を監視するための電子タグの装着等が該当し、免脱を必要とする「規制命令」には、24時間の外出禁止（自宅軟禁）が該当する。免脱を必要とする「規制命令」が発せられた例は存しない。「規制命令」違反は刑事犯罪となる。免脱を必要としない「規制命令」の有効期間は、12か月間であるが、無制限に更新できる。

また、「規制命令」は、高等法院による審理に服するが、国家安全保障上の理由によって、非公開で行うことができる。その場合、被拘禁者は、拘禁

の根拠とされた証拠を自らみることができず、安全保障上の身元調査を受けた「特別弁護人」(Special Advocate) が被疑者の利益を代表する。証拠は機密情報から構成されるため、被疑者およびその弁護人は、主張事実の核心部分さえ伝えられず、当該証拠をみたり反証をあげたりする権利がない[63]。

「規制命令」は、多くの訴訟で争われてきた。

第1は、右の「規制命令」の審理手続に関するものであり、当該手続が、非公開で行われることがECHR上の公正な裁判を受ける権利と一致しないということが争われた。このいわゆる「秘密裁判」の仕組みは近年拡大して利用されてきており、本書の第4章で扱われるように重大な問題が含まれている。

第2は、「規制命令」に対する実質的異議申立に関するものである。すなわち、JJ事件 (Secretary of State for the Home Department v JJ and Others [2007] UKHL 45) において、貴族院は、全員一致で「規制命令」制度の合法性を支持したと解されるが、3対2の多数で特定の「規制命令」を不適切だとした。すなわち、JJ事件で争われた「規制命令」によって課せられた外出禁止は1日18時間に及び、これは長時間に過ぎ単なる「移動の自由の制限」ではなく自由の剥奪となりECHR第5条に違反する（内務大臣は、そのような「規制命令」を課す権限は与えられていない）とした[64]。

人権両院合同委員会 (Joint Committee of Human Rights) は、2005年法を改正し、「規制命令」によって課せられる外出禁止の最長時間は12時間とすべきだとするとともに、裁判所は外出禁止の時間の長さだけでなく「規制命令」によって課せられる制限の全体について「性質、効果および実施方法」を問題にすべきだとした[65]。

「再検討」は、2005年法の廃止、より侵害的でない制度への移行を勧告した[66]。後者は、「テロリズム防止および捜査措置」(terrorism prevention and investigation measures) (以下、TPIMと呼ぶ) と呼ばれ、これはテロリズムに関与していると「合理的に確信」されているが、刑事訴追ができず、外国籍者の場合には、国外追放することできない者によって課される危険から公衆を保護することを意図した民事的予防措置であり、テロ関連活動への従事を予防あるいは妨害することを意図した制限を課すものである（政府は、2011年

「テロリズム防止及び捜査措置法」(Terrorism Prevention and Investigation Measures Act 2011) を制定し、「規制命令」に替えて TPIM を導入した)[67]。

なお、「再検討」は、他の手段によっては対処することのできない非常に重大なテロリストの脅威の場合には、より厳格な措置が、公衆を保護するために必要とされるかも知れないと結論づけた[68]。これに基き政府は、2011年9月そのような状況が生じた場合に導入する「緊急事態立法」法案草案を準備した (The draft Enhanced Terrorism Prevention and Investigation Measures Bill (ETPIM 法案草案と呼ばれる))[69]。

「規制命令」と TPIM との重要な相違点として指摘されるのは、第1、「規制命令」は、内務大臣がテロ関与の「合理的疑い」をもった場合に課すことができたのに対して、TPIM は、「テロ関連活動への関与」を「合理的に確信する」場合にのみ課し得るとされた点、第2、「規制命令」については、内務大臣がテロに関連する活動への関与を予防・制限するのに必要と考えた義務を課すことができたのに対して、TPIM については課すことのできる措置は2011年法付則に列挙されたものに限られる点、第3、「規制命令」は、更新されなければ12か月間有効であるが、更新回数に制限がなかったのに対して、TPIM は、2年間に制限され（有効期間1年、一回のみ更新可）、新たな「証拠」がある場合に、再度課すことができるとされた点、第四、「規制命令」の外出禁止（電子タグによる監視。2010年の平均11.9時間）に対して、TPIM は夜間在宅（電子タグによる監視）とされた点などである[70]。

しかし、TPIM を課する根拠を構成する秘密証拠を審査する際の裁判所における非公開手続および特別弁護人制度は維持されるし、PTIM も「規制命令」と同様に刑事裁判制度の外で運用されるものである[71]。

以上、概観してきたように、イギリスは、2000年「テロリズム法」を制定し、その後、次々と起こる事件あるいは状況の変化に対応して次第に広範な権限を付加し（「クリープ」現象と呼ばれる)[72]、全体として複雑かつ広範な反テロ法制を作り上げてきた。

ここでは、次の2点を指摘しておくことにする。

現行反テロ法制・反テロリズム措置に対して、第1は、イギリスにおいて、反テロ法制の展開を通常の刑事手続に接近させようとする観点からの批

判が有力である。

　この観点からすると、たとえば「規制命令」は、適正手続から逸脱し、かえってテロリズム被疑者の犯罪訴追を困難にしていると批判される[73]。

　第2は、「9.11」直後、イギリス政府は、対テロリズム措置を「国民の生命を脅かす公の緊急事態」が存在するとして正当化したが、それ以後もそのような「公の緊急事態」が存在し続けているのかという観点からの批判が重要である。反テロ法制の整備は、「公の緊急事態」の存在を前提とし、「公の緊急事態」は「例外状態の存在」を主張し、そこで用いられる例外的措置は通常時より容易に正当化されることになるからである[74]。

　この観点からすると、反テロリズム措置の必要性・比例性を問題にするために脅威の規模・性質を判断するための情報へのアクセスが必要であり、それをふまえて「公の緊急事態」の存否を検証することが必要だということになる。仮にテロリズムの脅威が存在するとしても、それが直ちに「国民の生命を脅かす公の緊急事態」の存在を意味するわけではないからである[75]。

（1）　Cm3999 : Strategic Defence Review, Presented to Parliament by the Secretary of State for Defence by Command of Her Majesty, July 1998, TSO, Chapter 1, paras. 2-4, 27.

（2）　Cm6041-I : Delivering Security in a Changing World : Defence White Paper, Presented to Parliament by The Secretary of State for Defence, By Command of Her Majesty, December 2003, TSO, foreword, paras. [1.4], [2.11]-[2.13] ; Cm3999, paras. 8, 29, 30.

（3）　Cm 7948 : Securing Britain in an Age of Uncertainty : The Strategic Defence and Security Review, Presented to Parliament by the Prime Minister by Command of Her Majesty, October 2010, TSO ; Cm7953 : H M Government, A Strong Britain in an Age of Uncertainty : The National Strategy, TSO, 2010, foreword, paras. [1. 2], [2.9].

（4）　Cm3999, Chapter 1, paras. 7, 31, 37, 39, 40.

（5）　Cm5566, Vol. 1 : The Strategic Defence Review : A New Chapter, Presented to Parliament by the Secretary of State for Defence by Command of Her Majesty, July 2002, TSO, introduction, paras. 31, 51.

（6）　Cm5566, Vol. 2 : The Strategic Defence Review : A New Chapter, Supporting

Information & Analysis, Presented to Parliament by the Secretary of State for Defence by Command of Her Majesty, July 2002, TSO, para. 35 ; Cm5566, Vol. 1, para. 32.
(7)　Cm 7948, foreword, paras. [2.10], [2D6].
(8)　Cm5566, Vol. 1, paras. 20, 30, 34-35, 40, 42-46.
(9)　Cm6041-I, foreword.
(10)　Ibid., paras. [4.19], [6.1].
(11)　Cm6269 : Delivering Security in a Changing World‐Future Capabilities, Presented to Parliament by The Secretary of State for Defence By Command of Her Majesty, July 2004, TSO, p. 4.
(12)　Ibid., pp. 1, 6.
(13)　Cm7948, para. [2.9]; Cm7953, foreword.
(14)　UK Defence Statistic 1997, Table 2.1 ; UK Defence Statistic 2004, Table 2.1 ; UK Defence Statistic 2006, Table 2.1 ; UK Defence Statistic 2010, Table 2.1 ; UK Defence Statistic 2011, Table 2.1.
(15)　UK Defence Statistic 2000, Table 2.5 ; UK Defence Statistic 2011,Table 2.3.
(16)　UK Defence Statistic 2011, Table 1.1, Chart to Table 1.1.
(17)　Cm5566,Vol. 2, paras. 50-53.
(18)　Ibid., paras. 53-68.
(19)　Cm6785 : Intelligence and Security Committee, Report into the London Terrorist Attacks on 7 July 2005, Presented to Parliament by the Prime Minister by Command of Her Majesty May 2006, HMSO ; Cm7617 : Intelligence and Security Committee, Could 7/7 Have Been Prevented?, Review of the Intelligence on the London Terrorist Attacks on 7 July 2005, Presented to Parliament by the Prime Minister by Command of Her Majesty, May 2009 ; HC1087 : Report of the Official Account of the Bombings in London on 7th July 2005 Ordered by the House of Commons to be printed 11th May 2006, TSO ; London Assembly 7 July Review Committee, follow-up report, August 2007.
(20)　Home Office, Home Office Statistical Bulletin, 19/11, 15 December 2011, p. 8, Table. 1.01.
(21)　Ibid., p. 10, Table. 1.03.
(22)　Ibid., p. 9, Table. 1.02.
(23)　Ibid., p. 11, Table. 1.04.
(24)　Ibid., p. 18, Table. 2.01.
(25)　Cm 8123 : The HM Government, United Kingdom's Strategy for Countering

Terrorism, Presented to Parliament by the Secretary of State for the Home Department by Command of Her Majesty, TSO, 2011, foreword, paras. [1.4], [1. 5].
(26) Ibid., paras. [1.8], [1.9].
(27) Ibid., foreword, paras. [1.2], [3].
(28) Ibid., paras. [1.13], [1.14], [1.16].
(29) Jeremy Green, Police Officers Guide (London, B.A.Hons, 2011), p. 1.
(30) HC157 : Ministry of Defence Police and Guarding Agency, Annual Report and Accounts 2004-2005, Presented to the House of Commons pursuant to section 7 of the Government Resources and Accounts Act 2000, Ordered by the House of Commons to be printed 27 July 2005, TSO, p. 33.
(31) The Ministry of Defence Police Act, articles. 1-2.
(32) Anti-terrorism, Crime and Security Act 2001 c24, articles. 98-99 ; Ministry of Defence Police and Guarding Agency, Corporate Plan 2005-2010 / Business Plan 2005-2006, London, MODP, 2005, p. 3.
(33) HC157, p. 3 ; HC238 : Ministry of Defence Police and Guarding Agency, Annual Report and Accounts 2009-2010, Presented to the House of Commons pursuant to section 7 of the Government Resources and Accounts Act 2000, Ordered by the House of Commons to be printed 27 July 2010, TSO, 2010, p. 4.
(34) HC238, p. 7.
(35) Ibid., pp. 12-14.
(36) Ibid., p. 27.
(37) A. T. H. Smith, "Offences against the State, Public Order, Public Morality and Decency" in D. Feldman ed., *English Public Law*, 2nd ed. (Oxford, 2009), p. 1161.
(38) イギリスにおける反テロ法の経験の歴史的蓄積について、C. Walker, "Terrorism and Criminal Justice : Past, Present and Future" (2004) Crim. L. R. 55 ; C. Walker, *Blackstone's Guide to the Anti-terrorism Legislation* (Oxford, 2002). なお、2000年「テロリズム法」制定以前について、L. K. Donohue, *Counter-Terrorist Law and Emergency Powers in the United Kingdom 1922-2000* (Irish Academic Press,2001)。
(39) A. Horne, "Reviewing counter-terrorism legislation", in House of Commons Library Research, Key Issues for the New Parliament 2010, p. 90. 2000年「テロリズム法」は、「内容よりも構造的な」変化（包括性、恒久性）が注目されると言われる（C. Walker, "Clamping Down on Terrorists in the United Kingdom", Journal

of International Criminal Justice 4 (2006), p. 1139.)。
(40) Explanatory Notes to Terrorism Act 2000, para. 8.
(41) 2000年「反テロリズム法」の「テロリズム」の定義は、次の3要素に整理される (J. Alder, *Constitutional and Administrative Law*, 10th ed., (Palglave,2011), p. 538.)。

　第1、次の5つの範疇のいずれかに該当する「行動の利用または威嚇」が存在しなければならない。

　①「人に対する重大な暴力」、②「財産に対する重大な損害」、③「行動を実行する者以外の人の生命を危険に晒す」こと、④「公衆または公衆の一部の健康または安全に対する重大な危険」、⑤「電子システムに対して重大な干渉または妨害を行うこと」。

　第2、「行動」は、「政治的、宗教的またはイデオロギー上の目的」を促進することを意図したものでなければならない。

　第3、行動は、「政府または国際的政府組織に影響を及ぼし、または公衆もしくはその一部を脅迫する意図」を持っていなければならない。
(42) Alder, above note (41), p. 538.
(43) Explanatory Notes to the Terrorism Act 2000.
(44) ヨーロッパ人権委員 (European Commissioner for Human Rights to the Council of Europe) によって評された (cited in *A v United Kingdom* (2009) 49 E. H. R. R. 29, para. 104.)。
(45) A. Tomkins, "Legislating against Terror: the Anti‐terrorism、Crime and Security Act 2001" [2002] Public Law, pp. 207-212 ; C. Turpin and A. Tomkins, *British Government and the Constitution*, 7th ed. (Cambridge, 2011), p. 771.
(46) 倉持孝司「2001年反テロ法をめぐる『司法的プロセス』と『政治的プロセス』」愛知学院大学・国際研究センター紀要8号 (2001年) 31頁以下。
(47) 倉持・前掲注 (46)。
(48) 当該者が「テロに関連する」活動にさらに関わることを制限・防止することを企図した予防的命令 (preventive orders) だとされる (Explanatory Note to the Prevention of Terrorism Act 2005, para. 3.)。また、義務違反は、犯罪である。
(49) Home Office, Legislation against Terrorism: A Summary of the Government Proposals.
(50) 2005年テロリズム防止に関するヨーロッパ評議会条約 (Council of Europe Convention on the Prevention of Terrorism) の実施のために同法を利用。
(51) Explanatory Notes to the Counter Terrorism Act 2008.
(52) Explanatory Notes to the Terrorist Asset Freezing etc. Act 2010.

(53) このように、主要法律に後続の法律によって修正を加えて行くのは一般に行われることであるが、結果、非常に複雑な仕組みになる（Horne, above note (39), p. 90.）。
　イギリスの反テロ法について、初川満『緊急事態と人権』（信山社、2007年）、同「英国テロ規制法の分析」同編『テロリズムの法的規制』（信山社、2009年）所収、121頁以下、岡久慶「英国2005年テロリズム防止法」外国の立法226号（2005年）44頁、同「2006年テロリズム法─『邪悪な思想』との闘い」外国の立法228号（2006年）82頁、同「2006年テロリズム法」外国の立法229号（2006年）4頁、など。
(54) HC Debs., 13th July 2010, cols. 797-809.
(55) 「再検討」作業は、内務省の一部局である安全保障および対テロリズム本部によって行われた。内務大臣は、「再検討」についての独立の監視を前公訴局長官Lord Macdonaldに依頼した。その報告書は、Home Office, Review of Counter-Terrorism and Security Powers : A Report by Lord Macdonald of River Glaven QC, Cm 8003（2011）である。なお、対テロリズム戦略の全体は「CONTEST」（CONTEST : The United Kingdom's Strategy for Countering Terrorism, Cm 8123（2011））において述べられる。
(56) Home Office, Review of Counter-Terrorism and Security Powers : Review Findings and Recommendations, Cm 8004（2011）, p. 4.
(57) Home Office, Review of Counter-Terrorism and Security Powers : Review Findings and Recommendations, Cm 8004（2011）, pp. 4-6.
(58) 2000年「テロリズム法」第5章「反テロリスト権限」は、一方で、警察は、テロリストであると合理的に疑いをもつ（reasonably suspect）者（a person）を、当該者がテロリストであるという証拠を構成し得る物を所持しているかどうか発見するために、停止させ捜索を行うことができるとし（43条）（ただし、本権限は、自動車を停止させることには及ぶが捜索することには及ばない（2012年自由保護法（Protection of Freedoms Act 2012）は、警官は、当該者と同時に自動車も捜索できるとし、さらに、警察がテロ目的で自動車が利用されていると合理的に疑いをもつ場合、当該自動車を停止させ捜索する権限を規定した））、他方で、警官は、テロに関連して用いられ得る物品の捜索のために上級職員によって授権された時間内（ただし、48時間を超える場合には、内務大臣による確認が必要である）・区域内で歩行者あるいは自動車を停止させ捜索を行うことができるとする（この場合、警官は、当該物品が現存するとの疑いをもっているか否かは問わない）（44-46条）。
　このように、本権限についての立法の枠組みは広範であって、停止・捜索権限の濫用の危険性が問題視された。2000年「テロリズム法」44条の利用の増加（2006-07年の約4万2000件が2008-09年には25万件を超えた。ただし、2009-10年は約10万件に減少）は、権限行使に対する実効的抑制が存在しないことを示しているとされる

(Home Office, Review of Counter-Terrorism and Security Powers: Review Findings and Recommendations, Cm 8004 (2011), p. 15)。

　警察が、武器見本市での学生の集団示威行為参加予定者およびジャーナリストに対して2000年法44条を適用した事件において、貴族院は、限定的・一時的制約はECHR 5条の自由の剥奪には該当せず、同8条のプライバシーに対する「干渉」は正当化されるので、比例性審査はテロ事件には緩やかに適用されるべきであるとした (*R (Gillan) v Metropolitan Police Commissioner* [2006] UKHL 12)。これに対して、ヨーロッパ人権裁判所は、当該立法は、広範に過ぎ、司法による監視を含む保護手段が不十分であり、それ故「法に従っ（た）」ものとはいえないとしてプライバシーに対する権利を保障するECHR 8条に違反するとした (*Gillan and Quinton v United Kingdom* (2010) 50 EHRR 45)（江島晶子「現代社会における『公共の福祉』論と人権の再生力：Gillan事件ヨーロッパ人権裁判所判決（警察による停止・捜索）と自由保護法案」明治大学法科大学院論集10（2012年）77頁）。

　また、2012年「自由保護法」によって上記2000年「テロリズム法」44-47条を廃止したが、それに替えて上級警察職員に当該者がテロリストであり、あるいは自動車がテロ目的で利用されているという証拠を構成する物を捜索するために自動車および歩行者を停止させ捜索することを授権する権限を規定した（この授権は、テロ行為が起きるであろうと合理的に疑いをもち、権限の授権がテロ行為を防止するために必要であると合理的に考える場合に行われる）。

(59)　アジア社会出身者に対する過剰な利用が問題視され、それは、警察が人種的プロファイリングを採用していることを示しており平等に反するとされた (Home Office, Review of Counter-Terrorism and Security Powers: Review Findings and Recommendations, Cm 8004 (2011), pp. 15-16.)。

(60)　新たに2012年「自由保護法」(Protection of Freedoms Act 2012) が制定され、2000年「捜査権限規制法」を修正し、地方当局は、秘密捜査専門技術（コミュニケーション・データの取得・開示、指定監視の利用、秘密の人的情報源）の利用には司法部の承認が必要とされる。

(61)　2000年「テロリズム法」第2章「非合法化組織」は、同法付則第2で列挙した非合法化組織に所属すること（または所属していると公言すること）あるいはそれを支持すること（支持を勧誘すること）を犯罪とする（11条1項）。内務大臣は、当該組織が「テロに関係している (concerned in terrorism) と確信する」（「確信」の合理的根拠を示す必要はない）場合に、付則第2の非合法化組織の加除・修正を行うことができる。ここで「テロに関係している」場合とは、テロ行為の実行あるいは参加、テロの準備、テロの助長・奨励（テロ行為の実行あるいは準備の違法な奨励などを含む（最後のものは、2006年「テロリズム法」で追加された））その他テロに関係する

場合である（3条）。

　「再検討」で問題とされたのは、2000年「テロリズム法」の基準外にある憎悪あるいは暴力の他の形体を支持あるいは扇動する組織を非合法化（禁止）する権限が存在しないということであった。「再検討」の結論は、「テロリズム」の定義を拡大すること、あるいは憎悪および暴力を扇動する組織を包含しようとして非合法化基準を低くすることは、反比例的であり、かつ表現の自由という基礎的原則に対して意図せざる帰結をもたらすことになるとして、当該組織が違法な活動に従事した場合には、犯罪訴追で対処すべきだとした（Home Office, Review of Counter-Terrorism and Security Powers: Review Findings and Recommendations, Cm 8004 (2011), p. 32)。

(62) Explanatory Notes to the Protection of Freedom Act 2012.「再検討」は、14日間以上の起訴前拘禁に服した者は11名、その内 6 名が27-28日間拘禁され、その内 3 名が起訴されたとする。これは、拘禁期間の延長の必要性を問うものといえる（Home Office, Review of Counter-Terrorism and Security Powers: Review Findings and Recommendations, Cm 8004 (2011), p. 8)。

(63) Explanatory Notes to the Prevention of Terrorism Act 2005.

(64) Turpin & Tomkins, above note (9), p. 786. 江島晶子「『安全と自由』の議論における裁判所の役割―ヨーロッパ人権条約・2005年テロリズム防止法（イギリス）・コントロール・オーダー――」法律論叢81巻 2 = 3 号（2008年）61頁。

(65) Joint Committee on Human Rights, Counter-Terrorism Policy and Human Rights (Tenth Report): Counter-Terrorism Bill, 20th Report of Session 2007-08, HL 108, HC 554, paras. 82-89.

(66) Home Office, Review of Counter-Terrorism and Security Powers: Review Findings and Recommendations, Cm 8004 (2011), pp. 41-43.

(67) Explanatory Notes to the Terrorism Prevention and Investigation Measures Act 2011, para. 15.

(68) Home Office, Review of Counter-Terrorism and Security Powers: Review Findings and Recommendations, Cm 8004 (2011), p. 43. Explanatory Notes to the Terrorism Prevention and Investigation Measures Act 2011, para. 16.

(69) Home Office, Review of Counter-Terrorism and Security Powers: Review Findings and Recommendations, Cm 8004 (2011), p. 43. Explanatory Notes to the Terrorism Prevention and Investigation Measures Act 2011, para. 16.

(70) Liberty, Control Order /TPIM/comparison.

(71) Statewatch, vol. 21, no. 3.

(72) Alder, above note (41), p. 536.

(73) Home Office, Review of Counter-Terrorism and Security Powers: A Report

by Lord Macdonald of River Glaven QC, Cm 8003 (2011).

(74) Joint Committee on Human Rights, Counter-Terrorism Policy and Human Rights (Seventeenth Report): Bringing Human Rights Back In, 16th Report of Session 2009-10, HL Paper 86, HC 111 (2010), para. 16.

(75) Joint Committee on Human Rights, Counter-Terrorism Policy and Human Rights (Seventeenth Report): Bringing Human Rights Back In, 16th Report of Session 2009-10, HL Paper 86, HC 111 (2010), paras. 5, 16-24.

　合同テロリズム分析センター (Joint Terrorism Analysis Centre (JTAC)) は、2003年に国家保安局 (Security Service) 本部に設置され、同長官に対して責任を負うものである。16の省庁からの代表者によって構成され、国内外の国際テロリズムに関する情報の分析・評価を行い、脅威のレベルを5段階で設定する。人権両院合同委員会は、JTACの脅威レベルの設定と政府の「公の緊急事態」の存否に関する評価は別個のものだとしても (CONTEST, above note (55), para. 2.26.)、政府は、JTACの脅威レベルの評価と全く独立して脅威のレベル決定できるとするのは受け入れられないとした (Joint Committee on Human Rights, Counter-Terrorism Policy and Human Rights (Seventeenth Report): Bringing Human Rights Back In, 16th Report of Session 20090-10, HL Paper 86, HC 111 (2010), para. 15.)。

第4章　イギリスの非常事態対処権限における人権と法の支配
UK Human Rights and the Rule of Law in Emergency Powers

（著者）John McEldowney　（訳者）梅川正美/倉持孝司

概　要

　イギリスにおいて法の支配を支えている人権保護は、非常事態対処権限が発動される際に、しばしば困難な状況に直面する。本章は、国家安全保障に関する「特別弁護人」の使用と民事訴訟における「非公開資料手続」の拡大についての議論に焦点をしぼっている。「特別弁護人」は、国家安全保障のための国外退去強制に関する事件で初めて使われたが、その後、刑事訴訟手続においても使用されるようになり、重大な国家安全保障上の争点が提起された訴訟でも使われてきている。政府は2011年10月に緑書『正義および安全保障』を発表し、2012年に「正義および安全保障法案」を提出したが、この法案は「非公開資料手続」を民事訴訟手続において拡大する提案を含んでおり、非常なる論争を引き起こしている。

　人権、国家安全保障および法の支配の間に適切なバランスを保持して正義を担保するためにはどうすればいいか、この問題は今日の政府にとって難問をなしている。被告人の利益と公益の保護との間に適切なバランスを見出すための最も良い方法は何か、この点について最高裁判所は検討を続けてきた。機密情報を保護する諸準則が、そのことによる司法権保護への侵害に対する強固な規制を及ぼすことなく、司法制度においてより広範かつ頻繁に適用されるようになるならば、これはきわめて危険なことである。

はじめに

　法の支配、議会のアカウンタビリティをもった民主主義制度、裁判所の独立性、これらの点で、イギリスは国際的に評価されてきた。しかし、テロリズムは国家安全保障と法の支配にとって深刻な脅威をもたらしている。そこで、国家安全保障の利益と、個人の自由保護との、両者の適切なバランスを確保することは、国家にとっても、法の支配の維持にとっても、きわめて難しいことになってきた。故ビンガム裁判官 Lord Bingham[1] は、法の支配がいかに各種典拠で発見しうるかを記録している。すなわち、コモン・ロー伝統、2005年「憲法改革法」(Constitutional Reform Act 2005) 第1条、1948年世界人権宣言、独立した司法権の権威においてである。

　人権についてはイデオロギー的な対立が非常に大きいし、この対立は法の支配の権威を形成する際に非常に大きな影響を及ぼしている。しかも勝利した側は、その勝利について評価する際に、法の支配で結果を弁護する。法の支配の厳密な性格は明確ではないが、このことこそが法の支配を適用するときの曖昧さをもたらしている。この問題は、法の支配についての、どの議論にも含まれている。法の支配の権威を問題にする論者は、法の支配の意味について非常に違った解釈がされていることを引き合いに出す。

　イギリスは、テロリスト集団による過激な暴力の使用に打ち勝つために、永い戦いをしてきた。しかし最近のテロリズムは北アイルランドからイギリス本土に広がってきており、例えば2005年7月7日のテロ事件を引き起こしている。アメリカ合衆国のブッシュ政権によって定義された「対テロ戦争」は、テロリストと戦う際の効率を優先し、テロリストの活動に先んじた先制的行動の方針を採用しており、法の支配の原理に挑戦するものであった。先制的方法が規範になることによって、「ゲームのルール」において市民的自由はあまり重視されなくなった。法の支配よりも国家安全保障が優先されたのである。

　反テロリスト措置に関する司法的解釈は、法の支配についての執政府の解釈と司法部の独立性に関する際限のない論争をひきおこしている。本章で

は、法の支配、人権およびテロリズムが、執政府に対する司法による規制という文脈で考察される。特にその際の規制は「非公開資料手続」(Closed Material Procedure (CMP)) と、指名された「特別弁護人」(Special Advocate) を使った、いわゆる「秘密裁判所」の使用に関するものである。最後に、利益衡量をいかに行うか、この点について行われている論争について触れることにする。

1　人権──歴史的オデッセイ

　何年も前にさかのぼると、イギリスでは、ヨーロッパ人権条約を国内法化することには抵抗があった。この点についてはいくつかの説明が可能である。もっともはっきりした説明は、イギリス法は、ヨーロッパの司法制度とは違い、ローマ法伝統よりもコモン・ローの制度に基礎を持っているというものである。イギリスの憲法的な制度は、中世の時代から進化したものであり、書かれた憲法を基礎とすることのない法典化されない慣習や多くの諸準則を通じて進化してきた。しかもこの進化は国会主権として尊重される永い議会的伝統を伴っている。

　マグナ・カルタは正義の諸理念を提供した。すなわち、法が、遅滞なく、裁判所の合法的裁判によって、正義をもたらすことをイギリスの市民に保証したのである。国会の伝統的な役割は、市民が直面する諸苦情を解決するための議論の場となることによって、あるいは国会私制定法 (private Act of Parliament) を制定することによって、離婚を認めたり、財産上の紛争を解決したり、民事紛争を解決するための、法的権威であった。

　市民に市民的自由を保障しているというイギリスの国際的な高い評価は、その諸権利がマグナ・カルタと、同輩の判断に基礎づけられる陪審員裁判と、強固で独立した司法部との結合によって保護されているという信念に基づいている。国会制定法の究極の権威は、18世紀以来、裁判所によって認められていた。国会が主権をもっているからこそ、国会制定法は、たとえその判決がイギリスでの最高の上訴裁判所である貴族院のものであったとしても、判決を覆す力をもっていた。これが、国会と裁判所のバランスを決めて

いた[2]。

　しかし19世紀の末までに、政治権力の実際の姿によって、国会主権が、結局その時の政府の主権を意味するようになってしまった。これが、イギリス憲法のユニークな性格の1つをもたらした。つまり、政府が、立法的な決定については、司法的にほとんど規制されることなく、行うことができるようになったのである。

　憲法が書かれておらず政府中心のものになったことによって、時の政府は、国会主権を使って、社会的・経済的な立法を行うことができるようになった。だから、政治的な決定を行う者たちは、硬性の憲法であれば立法権力の行使に対して課されたであろう制約の多くを受けることなく、社会的な変化をもたらすことができるのである。2大政党は権力を争っている。もっとも、公務員は、恒久的であり政治的に中立であり、1つの政権から次の政権への継続性を維持するために努力している。主には自己規制を基礎としている抑制と均衡は政府の政権運営の姿勢に依存してきた。

　加えて、裁判所は政府の権力濫用を抑制する役割を担ってきた。コモン・ロー伝統によって、裁判官は、それぞれの訴訟ごとに法原則を発展させることができる。裁判所が独立性を保つことによって、たとえ実際には、あまりはっきりせず不安定なこともあるとしても、法の支配の理念を維持することができた。

　司法判決を最終的に覆す国会の潜在的な権力があるとしても、裁判官たちは、永年にわたって、各裁判によってコモン・ローの一部としてイギリス市民の多くの法的権利を発展させ続けてきた。法的救済手段の文化は、積極的諸権利の文化よりも、満足すべきものであると思われる。

　1960年代の中葉において裁判所で発展させられたところの、自然的正義など実質的な行政法上の諸権利は、今日の行政法の基礎を形成した。これこそが、恣意的な、または非合理的な諸決定からの実質的な保護を提供している。積極的に書かれた諸権利がなかったとしても、このことが裁判所の裁量を妨げたとは思われない。しかし同時に、特別に保障された諸権利が定められていなかったことが、イギリスの市民によって諸権利が享受される方法に隙間を残したことは明らかである。

1966年から1995年末までに、イギリスはヨーロッパ人権裁判所において60件の裁判に関与した[3]。そのうちの少なくとも半分の訴訟において、同裁判所は何らかのヨーロッパ人権条約違反を認定した。イギリスの立法には欠陥があったし、多くの場合、市民は救済が与えられなかった。ヨーロッパ人権条約を国内に編入せよという政治的意見は確実に増加した。

最初は圧力団体から意見が出された。次に、1980年代に、重要な法律家からの意見が出た。特に当時現職の法官貴族であったスカーマン裁判官 Lord Scarman[4] がそのように主張して「現代の権利章典」によってヨーロッパ人権条約を国内に編入するように提案した。その後の5年間に、上級の現職の裁判官たちがこの提案に賛成した。最も熱心だったのが控訴院裁判官のシドリー裁判官 Lord Justice Sedley[5] であった。彼は1996年から1997年にウォリック大学で講義を行ったが、この中で、彼は「書かれた権利章典」[6]の重要性を強調した。

労働党は1997年に政権を獲得する前の総選挙マニフェストで、憲法改革の一環として権利章典を制定することを約束した。その結果、1998年「人権法」（Human Rights Act 1998）は、はじめてイギリスの市民がヨーロッパ人権条約上の権利を実現するために国内の裁判所に訴えることを可能にした。イギリス法は非常なる不安定な時期に入っている。裁判官の諸判決を通じることによって、人権を基礎とした文化に移行する時期に移行しつつあるのである。これは苦痛を伴うしかも長期的な過程になるだろう。これまでの古くからの憲法的な仮定が点検を受けることになるだろう。

市民を保護するために「人権に基礎づけられたアプローチ」をとることは、コモン・ローの過去の多くの経験とは非常に違うものである。残念なことであるが、コモン・ローは、専門的な公法の発展については、それがどのようなものであれ抑制してきた。他方で、権利よりも救済手段の制度を優先させてきた。国会主権の原理はコモン・ローに対する法的優越性を与えられ、裁判所が、立法的権威を通じて行使される政治的権力にほとんど制約を及ぼさないようにしたのである。

1885年にダイシーは、イングランドは行政法に匹敵するものを持たないと述べたが、この主張は、17世紀と18世紀に発展してきたイングランド行政法

の多くの特徴を不明瞭なものにしてしまった。ダイシーによれば、公職者に対しても通常の市民に対しても、平等に、通常の法が適用されなければならない。国家と市民の関係は、個人としての市民間の関係と基本的には違わない。通常の裁判所は行政権の恣意的な行使を統制して苦情を救済することができる。このようにダイシーは信じていた。

　ダイシーの信念の中心には法の支配の理念があった。すなわち国家は何ら特別の権力を持っておらず、個別の公務員は、その制定法上の権限の行使に関して、通常の裁判所での裁判を受けるのである。しかし司法的な態度は、より広く定義された権利という方向へとコモン・ローを発展させるように変化した。その画期は1960年代の一連の裁判にある。それ以来、イギリスの行政法が継続的に発展してきている。*Ridge v Baldwin* 事件[7]、*Padfield v Minister of Agriculture, Fisheries and Food* 事件[8]、*Wednesbury* 事件判決での非合理性の展開[9]、これらは裁判所が事前判断アプローチをとることを可能にした。裁判所は、行政法に対する体系的アプローチを展開するために過去の不履行の事例に依拠する代わりに、立法の不作為によって残されたギャップを、自らの主体的な行為によって埋めたのである。その結果は明らかであった。裁判官は、司法審査を発展させるための新しいツールを身に付ける準備ができたという自信を得た。1977年の最高裁判所規則第53号が出されたが、これは司法審査申請に関する制度と手続きを編成するものであった。

　次の2つの画期となる判決が司法の自信の程度を示している。1983年の *O' Reilly v Mackman* 事件[10] で、貴族院は、行政法に関する事件に関しては高等法院の合議法廷が裁判の排他的（一部の例外を除いてではあるが）管轄権を持つとした。*Council of the Civil Service Union* 事件に関する判決[11] では、貴族院は、コモン・ローの諸原則について、一種の司法的法典化（judicial codification）の作業を行った。司法審査の根拠が含んでいるものは非合理性（unreasonableness）、不合理性（irrationality）、比例性（proportionality）、手続的不適切性（impropriety）である。注目すべきことであるが、非合理性の法理は1998年人権法の下で必要になったより高度の基準と適合するために強化されなければならないだろう[12]。

　一方における創造的な司法部の積極主義と、他方における立法の結果とし

て、裁判官は司法審査をいつ行うかという点についての広い裁量権を発展させた。この柔軟性は、裁判所が、法的な価値のない訴訟を、その初期の段階で排除して時間を節約し、行政裁判所のための専門的な裁判管轄権を創造することを可能にした。訴訟は3か月以内に、迅速に提起されなければならない。申請者の当事者適格は、その請求の実体によって判断され、裁判所は何らかの救済を与えるかどうかの裁量権を持っている。

2 人権と法の支配

　まず1998年「人権法」の主な特徴について簡単に触れておくことが有益だろう。この法律は2000年10月2日にイングランドとウェールズで施行されたのだが、ヨーロッパ人権条約の多くを国内法に編入したものである。ヨーロッパ人権条約は第二次世界大戦に対する対応として起草されたものであり、イギリスの立法起草スタイルに大きな影響を受けている。

　ヨーロッパ人権条約における権利の実質的な内容は、消極的自由すなわち「正当化できない干渉からの自由」として広い意味の用語法で書かれた法的権利に限定されている。ヨーロッパ人権条約には、自由および安全に対する権利（5条）、公正な裁判を受ける権利（6条）、法律によらないで処罰を受けることはないという権利（7条）などが含まれている。生命に対する権利（2条）や拷問からの自由に対する権利（3条）さらに奴隷の状態と強制労働の禁止（4条）も書かれている。また宗教に関する諸個人の自由やプライヴァシーに対する権利および集会の自由（8～12条）もある。このような諸権利については、それが経済的、社会的あるいは政治的意味をもつ諸問題への潜在的な影響力を、形式的に考慮することすらなく、非常に狭く解釈されてきた。

　1998年「人権法」は、司法部と研究者たちからの引き続く圧力によって立法されるにいたった。権利章典のための多くの草案が作られていた（最もよく知られた草案はレスター卿 Lord Lester のものである）[13]にもかかわらず、政府は人権法案の起草を国会の法案作成の専門官に行わせた。その形式は、議員個人による議員提出法案を起草するときの様式よりも、むしろ政府提出法案を

起草するときの様式の影響を受けていた。もし議員提出法案の様式を採用していれば、法案は政府が好むものとは違うものになったであろう。1998年「人権法」はこの種のモデルとみられている。しかしこれは、1972年「ECに関する法律」(European Communities Act 1972) に比べると、条約上の義務の編入の方法においては特徴がある。国会主権を優先したために、1998年「人権法」はある国会制定法が違憲であるとか違法であると宣言する権限を裁判所に与えてはいない。裁判所が行いうることは、審査の対象となっている立法と1998年「人権法」との非適合について裁定することまで、である。この法律が施行されて以来、「非適合宣言」(declaration of incompatibility) は 3 回行われている(14)。しかし、その非適合について解決するのは裁判所ではなく国会である。裁判所は、ストラスブルグの人権裁判所の判例に拘束されているわけではなく、むしろその判決を実行することがあるだろう。

　1998年「人権法」以前のヨーロッパ人権条約上の権利の発展は、ストラスブルグの人権裁判所の多くの判決がイギリス法のヨーロッパ人権条約違反を認定したので、権利がどのように理解されるかということに関して重要な影響を及ぼしていた(15)。最も重要なものの 1 つは1978年の *Ireland v UK* 事件に関するヨーロッパ人権裁判所の判決である。これによれば、1971年 8 月から1975年12月の間における北アイルランド当局による拘禁と強制収容の運用は、拷問ではないがヨーロッパ人権条約第 3 条の下での非人道的で品位を傷付ける取扱いに該当するものであった。この認定は、逮捕と拘禁および強制収容が司法外的な利用の下で運用される手続の文脈でのことであった。この判決の含意は、執政府による強制収容を批判する強力な推定をする際に、深い影響を及ぼすことが明らかになった。被疑者引渡しもまた論争を引き起こすものであった。1989年の *Soering v UK* 事件では、死刑判決の可能性が、さらには「死刑囚棟」制度の一部としての非人道的で品位を傷付ける取扱いおよび刑罰の可能性がヨーロッパ人権条約第 3 条に違反していた。イギリス法には、このような懸念にこたえるために利用可能な実効的な救済がなかった。

3 テロリズムと人権

　イギリスは、アメリカ合衆国と同様、2001年の9月11日の攻撃に対して本格的な措置をとった。2001年「反テロリズム、犯罪及び安全保障法」(Anti-Terrorism, Crime and Security Act 2001) は、多くの安全保障の論点に対応するものであったが、特に、外国のイスラム教徒の過激派がイギリスの安全保障にとって主な脅威であるという点を問題にしている。外国籍の者からの脅威に対する伝統的な対応は、被疑者の刑事訴追か、あるいは被疑者の本国への退去強制か、このどちらかであった。

　北アイルランドの経験以来の裁判なしでの拘禁については議論の多いところであったし効果的なものでもなかった。これは可能ではあっても、最も好まれた選択肢であったわけではない。刑事訴追が直面した問題は、証拠が司法部によって審査されるだろうという点にあった。しかも、もし裁判が公開の裁判所で行われるなら国家保安局等が公開の審査に付されるという問題もあった。もし証拠が確証されないなら、その証拠の真実性についての新たな問題が発生する。拷問や抑圧的な取り調べがあったという主張が行われれば、証拠が許容されないかもしれない。

　被疑者の国外退去強制もまた、この処分が伴うリスクという法的問題に直面する。被疑者をいったん帰国させれば本国で拷問にあうかもしれないという懸念があるからである。ヨーロッパ人権条約は、拷問や不当な扱いを特に禁じているし、国際法に関する事項として、拷問の危険性があるときはその国への退去強行を禁じている。

　2001年法の第4部は、執政府がテロリストとしての疑いを持つ者を、国外退去を強制できないときは収監することを許している。同法において必要とされている嫌疑は、刑事裁判で必要とされる合理的な疑いを超えるものである必要はなく、概ね国家保安局の証拠に依拠している。この証拠は合理的な確信のみに依拠しており、通常の刑事裁判所によって審査されうるものではない。被拘禁者としての被疑者は、特別の審判所である特別入国管理不服審査委員会にアピールする権利を持っている。しかしこの権利は制限されてい

る。被疑者は、自己に関する証拠や自己の拘禁理由を知る資格を持たないからである。「特別弁護人」として知られる特別に安全保障上の身元調査を受けた法律家が被拘禁者の代理人になることができる。

　この法律はきびしく批判され、法的異議申立ての対象となった。2004年の有名な *Belmarsh* 事件[16]では、2001年法の人権的含意が問題にされた。貴族院は2001年法第23条はヨーロッパ人権条約第5条および第14条に適合しないとして「非適合宣言」を行った。これに対応するために政府は2005年「テロリズム防止法」(Prevention of Terrorism Act 2005) を導入した。この法律もまた国会での厳しい審議と修正にあった。*Belmarsh* 事件で問題にされたことは、外国人が自国民よりも不利な扱いを受けているということであった。2005年法の諸目的は、当該被疑者の国籍に関係なく、免脱 (derogation) を必要とする「規制命令」(control order) および免脱を必要としない「規制命令」を導入することである。この目的は、立法が裁判所によって異議を提示されない状態を確保するために、ヨーロッパ人権条約第5条との適合性を十分に達成しようとすることである。

　貴族院は、2005年法について非常に多面的に検討する機会を得た。裁判官は「規制命令」制度はヨーロッパ人権条約第5条に適合するという結論を概ね出した。しかし2005年法に基づく諸制度について多くの留保があった。これが、公正な裁判を受ける権利についてのヨーロッパ人権条約第6条との適合性についての問題を引き起こした。貴族院が出した結論[17]によれば、「規制命令」を発せられた者は、提起された争点がその法的代理人によって十分に取り扱われるようにするために、主張に関する十分な情報を与えられなければならない。公開資料すなわちそれ自体秘密資料でない事件の場合、公正な裁判の要件は、一般的主張によっては満たされず、具体的な主張によって正確かつ十分な情報が与えられなければならない。これは、政府がある機密情報を開示しようとしないとき、特別の一連の問題を引き起こす。2005年法の下での「規制命令」の使用についての司法的懸念は同法の廃止につながった。

4 海外で得られた情報に関する司法による審査とノリッジ・ファーマカル事件の原則

　拷問によって、または非人道的で品位を傷付ける取扱いによって得られた情報はイギリスの裁判所では許容されない(18)。この原理は、情報が外国での拘禁によって得られたものであるとき、さらにイギリス以外の当局によって行われた取調べの結果得られたものであるとき、またはイギリスの当局の直接統制下ではないところで行われた拷問の結果得られたものであるとき、しばしばより複雑なものになる。R (on the application of Mohamed) v Secretary of State for Foreign and Commonwealth Affairs 事件(19) は、この問題の複雑さを示している。イギリスの住民であったビンヤン・モハメッド氏 Binyan Mohamed は、2008年にアメリカ合衆国で拘禁され、グアンタナモ収容所に入れられたが、このときから事件が始まっている。彼の逮捕についての詳細と状況を示していると彼が主張する情報はイギリス政府に保管されているはずだとして、彼はその情報の開示を請求した。彼は、この情報開示に関して外務大臣に対する司法審査を請求したのである。拷問に関する彼の主張には、2002年のパキスタンでの彼の逮捕およびその後の拘禁の時期を含んでいた。彼は2004年にグアンタナモに移送される前にモロッコとアフガニスタンに送られている。また、彼の主な議論は、彼を拷問した者はイギリスの諜報職員から質問と資料を受け取っていたという主張を基礎としていた。モハメッド氏が開示請求した情報は、彼の信じるところによれば、彼が拷問を受けたことを示しており、アメリカ軍事裁判所での彼の裁判で彼の防御を支えるものになるはずであった。

　モハメッド氏の主張は、重要な不法行為原則の適用に依拠していた。この原則は、Norwich Pharmacal Co. v Customs and Excise Commissioners 事件（ノリッジ・ファーマカル事件）の原則として知られており、知的財産権に関する紛争においてよく用いられるものである。ノリッジ・ファーマカル事件(20) で明らかにされた原則では、開示命令は、イングランド、ウェールズあるいは北アイルランドの裁判所が行うことができるが、それは、もし権利

侵害が証明されれば、その後、開示命令が行われるということを前提としていた。ノリッジ・ファーマカル事件での命令の条件は、実際の権利侵害者によって行われた権利侵害が存在すること、その命令が必要とされていること、命令が対象としている者が、その権利侵害に関与しているか、権利侵害を可能にした者でなければならないこと、および求められている情報は権利侵害者に対する訴えを可能にするものに違いないということを示すことに依拠している。

　モハメッド氏の裁判は、ノリッジ・ファーマカル事件の原則が安全保障の文脈で適用された最初のものである。外務省が強く主張したことは、ノリッジ・ファーマカル事件の原則は機密情報関係の主張で使用するにはふさわしくないものであり、イギリスとアメリカ合衆国の間での機密情報のやり取りに対して深刻な危険をもたらすだろうということである。このシステムは「制御原理」(control principle) の下で行われるところの、機密情報の交換を支えている。この「制御原理」の理論は、交換された機密情報は情報の発信者の制御の下にとどまるというものであるとされている。この理論の合理性は、情報の発信者のみがその情報の性格、すなわち、その情報がなぜ機密として扱われなければならないのか、さらにその資料が扱われる際の精確な基礎について、十分に理解することができる点にあるとされている。この理論は、各国の諜報機関の相互の尊重と互恵性によって支えられている。イギリスは、アメリカ合衆国と機密情報を共有するとき、この原理を踏まえている。イギリス政府は、裁判所において、「制御原理」の理論に関する主張を発展させ、政府が保持しているモハメッド氏に関するいかなる情報も開示されるべきではないと主張した。

　イギリスの裁判所は、モハメッド氏が開示請求している情報について、ノリッジ・ファーマカル事件の原則を適用し、彼に対して開示されるべきかどうかを判断しなければならないという困難な問題に直面した。政府は、開示を防止する公益に基づく免責証明書を求めた。これは部分的に成功した。事実審裁判官が、もしそれが正義の利益のために必要であれば情報を開示するかどうか、この点について衡量テストをする方向を選んだからである。特に、外務大臣が開示したくなかったのは特定の機密情報の7つのパラグラフ

第4章　イギリスの非常事態対処権限における人権と法の支配　　105

であった。アメリカ合衆国の関係機関は、アメリカの裁判所で類似した請求に直面したとき、開示請求への反対を緩和し、一部の情報開示には同意した。この事件がイギリスの控訴院で2010年に検討されたとき、しばらく時間がかかった。控訴院は、ノリッジ・ファーマカル事件の原則に従って、関係資料の開示を許可した。この間にアメリカの裁判所は、イギリスの外務大臣によって強く争われた7つのパラグラフで述べられている情報の多くをすでに利用可能なものとした。イギリスの控訴院の判決に従って、アメリカの裁判所は7つのパラグラフの公表を許可したものの、同時に、アメリカ合衆国の関係機関は、その資料は機密指定されており開示されるべきではないと主張した。

　イギリスとアメリカのそれぞれの裁判所の対立する見解における「膠着状態」は、法的な文化の違いによるばかりでなく、安全保障と機密情報の問題に関しての執政府の影響力に対する司法的コントロールについてのアプローチの違いとして説明される。

　アメリカ合衆国の関係機関は、アメリカの安全保障を尊重する姿勢をとったが、イギリスの裁判所は、国家安全保障よりも拷問を規制する準則に大きな優先権を与えた[21]。イギリスの連立政府は、安全保障関連の事件にノリッジ・ファーマカル事件の原則を適用することについては懸念を維持している。すなわちその原則の適用の結果として、イギリスとアメリカの政府間での安全保障関連資料を交換することができなくなるのではないかという懸念である。政府はその緑書において、その後「正義および安全保障法案」第13条で規定されているが、ノリッジ・ファーマカル事件の原則の適用を制限し、「機密情報」の開示を禁止することを提案している。これは国務大臣の主導による証明過程を通じて行われることになる。法案のこの部分が立法過程の一部として受容されるかどうかは今後よく見きわめなければならない。

5　「非公開資料手続」と2012年「正義および安全保障法案」

　国家安全保障に係る「非公開資料手続」の適用は、機密情報についての審理が部分的ではあれ非公開で行われるならば、この審理手続が「秘密司法」

の懸念を引き起こすことになる。「非公開資料手続」は、公開および非公開のいずれの法廷をも含んでいる手続きの一部である。被告人と法的代理人は、公開の手続きであれば通常の法廷における手続きに従うが、手続きのうちの非公開の部分については参加することはできない。この手続きの全体を掌握するためには「特別弁護人」[22]の選任が必要である。「特別弁護人」は、国家保安局によって特別に身元調査を受けた者であり特別な訓練を受けたバリスタである。「特別弁護人」は公開と非公開の両方の法廷に参加することができる。公開されている法廷では、彼は被告人およびその法的代理人に接触することができる。「特別弁護人」は機密情報を知ることができる。この目的のために選任されているのであって被告人を依頼者とするわけではない。しかし、被告人もその弁護人も出席していない非公開の法廷において被告人の利益を擁護しなければならない。「特別弁護人」は1997年「入国管理不服審査法」で創設されたものであり、これは入国管理不服申立が機密資料を扱うからであった。「特別弁護人」は、安全保障関連の事項を含む訴訟や、機密情報の保護を必要とする訴訟で、より広く使われるようになった。「特別弁護人」を任命したからといって、何が機密であるかという問題、あるいは何が公開されてよいかという問題が、簡単な問題に変わるわけではない。これは裁判所の問題であって国務大臣の問題ではない。

　非公開資料の分析のために非公開法廷を使うという制度は、移民の国外退去に関する法廷制度以来、長い歴史を持っている。「特別弁護人」の使用は、特別入国管理不服審査委員会の一部で、またその他の関連機関で行われたが、いずれも、国家安全保障とテロリズムの事件に関する機密情報を扱うものであった[23]。この制度の目的は明らかである。「特別弁護人」の制度は、ヨーロッパ人権条約の下の判例法のみならず、自然的正義についてのコモン・ロー原則の必要性にこたえるためのものである。概していえば、これは公正な代理と法的助言を受けること、および個人の権利を尊重する公正な裁判と手続きを受けることを含んでいる。この諸原則について解釈するときは、権利と国家利益の保護との間のバランスをとるように考慮しなければならない。

　いくつかの重要な事件[24]で「非公開資料手続」の運用については、自然

的正義の準則、および被告人に対する公正、さらに被告人個人の権利の解釈との整合性という観点から考えられてきた。Secretary of State for the Home Department v MB 事件[25] では、情報開示のためのいかなる制度の下でも、交渉の課題とされるべきではない訴訟手続上の中核的で最小限の権利の運用に対して強い司法的支持があった。ヨーロッパ人権裁判所が、A v United Kingdom 事件で同意したことであるが、情報が非公開で行われた裁判では、訴訟当事者である個人に対する主張事実の主な本質的部分に関する知識が、その本人に与えられないという結果になる。

この欠点は、「特別弁護人」の制度で、ある程度は緩和されるだろう。しかし、この制度は、自己に対する主張事実が何なのかわからないまま拘禁された者に十分な保護手段を提供するためには、適切な制度とはいえないだろう。これらの諸事件は、「規制命令」の運用と、拘禁されている者の必要性の間で発生する諸問題に関するものである。この必要性というのは、拘禁されている者に対して、その法的代理人に効果的な指図を与えることができるほどの十分な情報を与えるための必要性である。裁判所にとって、線を引くのは困難である。被告人が現実的な防御をできるようにする機会を与えるという意味で、破棄することのできない中核的で最小限の基準がある。

このアプローチは、Bank Mellat v HM Treasury 事件[26] で認められており、これは最小限の基準がどの程度必要かという争点を解決した。この判決は国家機関に明確な指標を与えている。それによれば、公衆をテロリズムの危険から守る重要性は、機密資料を公開しないことから発生する危険という文脈で考えられなければならない。これは、裁判官が情報の公開が必要であると決定するための好機を提供する。もし政府がこの段階に入ることを了承しないなら、そのときは、政府が裁判からそのような情報を撤去することになり、これは裁判の崩壊をもたらすだろう。「規制命令」が機能している場合、「規制命令」は、政府が開示しようとしている資料が主張事実を支えるものでない場合には破棄されるべきだろう。

とくに被告人に対する主要事実の「核心的部分」あるいは「訴訟の基礎」(gist of the case) テストを満たすと言われるものについて、現在の制度について多くの曖昧さが残る。考慮の対象になっている資料の性質が、非常に問

題になる線を引くことになるだろう。2011年のタリク Tariq 氏[27]についての雇用審判所の事件であるが、タリク氏は内務省の移民関係の職員であった。彼の兄弟が逮捕された。その兄弟にはテロリスト犯罪の疑いがかけられたが、起訴されることなく釈放された。タリク氏が関与したという情報はなかった。しかし彼の兄弟が逮捕されたことによって、彼の安全保障上の人物保証は取り消された。国務大臣によれば、これは国家の利益のために必要なことであった。雇用審判所は、タリク氏によって起こされた不当解雇の訴えに対して「非公開資料手続」を使った。タリク氏は「非公開資料手続」の使用はヨーロッパ人権条約第6条の権利に一致していないと主張した。

　最高裁判所は「非公開資料手続」はヨーロッパ人権条約第6条に適合すると判断した。「非公開資料手続」は国家安全保障の観点からして正当化できるとした。これに続く主な分析は、雇用審判所が「特別弁護人」手続の運用も含めた手続を全体として管理することができることを明らかにした。「訴訟の基礎」原理の運用は、国家安全保障と公益の文脈で考えられなければならない。臣民の自由を守る境界線を引くことは困難である。この裁判は主には、安全保障上の人物保証と、結果的にそれに関係する雇用の権利を取り上げたものである。

　これが、政府の提案している2012年「正義および安全保障法案」において、現在、問題になっていることである。これは、人権と安全保障の間の適切な基準を設定するうえでの、さらなる異議申立の例となっている。一面では、その目的は、諜報および安全保障に関する諸機関に対する監督を強化することである。他面では、しかもこの面がより論争を呼んでいるが、民事裁判所で非公開資料の使用についての手続をはじめて許すものである。緑書『正義および安全保障』[28]は、政府提案の主な論点を明らかにしているが、それによれば、政府は国家安全保障に関する訴訟について配慮するために、民事の法廷において「非公開資料手続」を使用することを計画している。緑書によれば、グアンタナモで収容された者によって提起されている損害賠償の請求、あるいは「規制命令」に対するアピール、さらに国外退去強制と入国に関する決定などから生じる民事裁判の数が次第に増加している。多くの裁判では、拘禁に関する透明性を確保するために、または拘禁を再審査する

ために、主には民事訴訟手続が使われる。提案の理論的根拠は、司法部による審査という要素を残しながら、イギリスとアメリカ合衆国などの主な政府間の情報の交換を保証するところにある。

現行法では、機密情報を排除する主な方法は「公益に基づく免責証明書」(Public Interest Immunity Certificate (PII)) を使うことである。これは長い伝統をもつコモン・ロー上の請求[29]であり、主にはクラウンのために提起することができる民事上の請求[30]と関連している。事実審裁判官は、証拠の開示が公益を侵害することが明らかになった場合には、証拠を開示するかどうかを決定することができる。この手続きは大臣が「公益に基づく免責証明書」に署名することによって開始される。裁判官はこの裁判における諸利害の利益衡量について決定しなければならない。

「公益に基づく免責証明書」の使用は、民事訴訟手続では、古くから行われている。この証明書を刑事訴訟において使うことについては非常なる論争的議論がある。「スコット調査委員会」(the Scott inquiry) は、この証明書の使用に関する詳細な議論の多くの公的資料を調査した[31]。調査委員会が設置されたのは、今はすでに存在していないが、コベントリーの工作機械会社であったマトリックス・チャーチル Matrix Churchill の何人かの取締役の起訴に失敗した後である。1992年11月、工作機械会社のマトリックス・チャーチルがイラクに対して違法な武器輸出を行ったことに関しての3人の前取締役の裁判は、前大臣であったアラン・クラーク Alan Clark が証言を行った後、崩壊した。彼は、政府の省が、輸出許可を出したとき、その装備の性質について、知っていたことを明らかにした。この事実にもかかわらず、4人の大臣が「公益に基づく免責証明書」に署名して、機密文書が弁護人に対して公開されることを阻もうとした。しかも、被告人の1人が何年にもわたって、諜報機関に情報を提供していたことも明らかになった。上記証明書への大臣の署名は、政府の政策の実態を国会で完全に明らかにすることもまた阻むことになった。裁判が崩壊してすぐに、このようなやり方についての公衆の批判を受けて、首相はリチャード・スコット卿 Sir Richard Scott を責任者とする調査委員会を設置した。本委員会の目的は、裁判に至る事情と政府大臣の役割を明らかにすることであった。

リチャード・スコット卿が解明したところによれば、マトリックス・チャーチルの取締役の裁判に際して、法務総裁は次のことについて明らかにしなかったことは間違いであった。すなわち、当時の商務委員会の長であったヘスルタイン Heseltine 氏は「公益に基づく免責証明書」への署名に同意することに気が進まなかったことについてである[32]。2番目の批判は、法務総裁の「公益に基づく免責証明書」に関する法の解釈に間違いがあったことに向けられた。法務総裁は、大臣がその証明書に署名するよう請求されたときは署名しなければならないと、誤って主張していたのである。さらなる批判は何人かの大臣にも向けられた。特に大臣がその証明書に署名したときの理由が問題にされた。スコット報告は、法務総裁がその証明書の署名を扱う方法のいくつかの決定的な欠陥と、当該裁判の事実審裁判官にすでに明らかにされていた内容を解明した。

「公益に基づく免責証明書」は多くの論点を含んでいる。この証明書の使用は、国際関係および犯罪の防止と発見に関連した情報の開示の保護に係る機密情報に及ぶ。その使用に関する詳細なカタログは存在しない。主要な問題は、機密事項に関する司法的裁量の運用である。その使用の利点は、被告人の視点からすると、それは裁判所の通常の手続きの一部であることにある。これが意味するところは、司法部の裁量の範囲が、訴訟資料の広い検討というよりも、裁判官が裁判所の面前にある証拠調べをすることができるところに狭く限定されていることである。国家の観点からする欠点は、その制限された役割が、公開されるかもしれない証拠を十分制限するものにならないだろうという点である。争点に関する事実審理を止めるような事情は非常に少ない。このことは、政府に対して実際上の打撃となる請求が行われるとき、政府の法律家にとっての懸念を引き起こすだろう。

「公益に基づく免責証明書」についての制限された権限に関する批判によって、政府は、民事裁判では「非公開資料手続」の使用が適切かもしれない、という提案をするに至った。別の場所で外国の機関によって拘禁された結果として不当な取扱いを受けたと主張する請求者によって起こされた2011年の *Al Rawi* 事件[33]に関する最高裁判所による複雑な決定によって、立法の必要が発生した。彼らの民事上の請求は、不当な取り扱いと不法行為と損

第 4 章　イギリスの非常事態対処権限における人権と法の支配　*111*

害賠償に関する責任があるとする主張から起こされていた。しかし、この不当な取り扱いなどの主張が立脚する資料は、国家保安局によれば、公益を害する真実の危険なしには公開され得るものではなかった。国家保安局は、非公開の訴答手続きにおいてなら資料を公開するとしたが、「特別弁護人」による審査に服することを除いて、当該請求者およびその法的代理人には公開しなかった。最高裁判所の多数派は「非公開資料手続」が採用されるためには明示的な立法が必要であり、この役割は、司法部の裁量では行いえないものであると主張した。しかしマンス裁判官 Lord Mance とヘイル裁判官 Baroness Hale は「非公開資料手続」は裁判所の管轄権の範囲内のものであるとして賛成しなかった。

　Al Rawi 事件での多数派による判決に従って、政府の最初の提案は「非公開資料手続」を国務大臣の請求によって用いるというものであった。すなわちその請求は、「正義のために訴訟を進行させることを可能にするために、それが絶対的に必要な場合」に行いうるとした。これは、司法審査と類似した諸原則での、事実審裁判官による審査を可能にするだろう。これは後になって、公益という広い表現ではなく国家安全保障を害するであろう公開に修正された。しかしながら、これを提案する権限が国務大臣にあるべきだという見解は、現在実際に行われている司法部の裁量の運用を政府の裁量に置き換えるものである。さらに「特別弁護人」と請求者の間での可能なコミュニケーションのレベルの問題と、これがいかにして適切に規制されるかという問題がある。

　「非公開資料手続」を刑事裁判から民事裁判にまで拡大しようとする政府の提案は高度に論争的なものである。最初の前提は「公益に基づく免責証明書」の制度は、主たる裁判の一部として審理されるべき証拠の採用を許すためというよりも、むしろ主にはその証拠を排除するために使われており、不相当であるというものである。「非公開資料手続」は、ほとんどの機密情報に関して非公開の手続きを伴うものではあるが、主張が検討されることを可能としている。しかも、事実審理が、「公益に基づく免責証明書」においてよりも、より多くの資料に接近することを可能とする傾向がある。

　クレイグ Craig 教授[34]が主張したように、事実審理が初めは「公益に基

づく免責証明書」を利用して手続きを進め、その後、請求されれば「非公開資料手続」を使うことを、妨害するものは何もない。しかし、政府の戦略には、「非公開資料手続」の利用が可能なときは「公益に基づく免責証明書」の利用の余地をほとんど残さない傾向がある(35)。これについては両院人権合同委員会（the Joint Committee on Human Rights）(36)から厳しい批判を受けたし、連立政府の中でも非常なる政治的議論を引き起こした。両院人権合同委員会によれば、「公益に基づく免責証明書」の下では裁判官は正義の諸利益の一般的な文脈で、比較衡量をすることができる。しかしこれは「非公開資料手続」においては不可能である。主要な課題は、もし情報の開示が公益を害するときは、その情報は開示されないということを保証することである。

裁判所の裁量の焦点を比較衡量を行うという基準からそらすことによる危険は、その手続きの性格、すなわち、「特別弁護人」および主張に対する請求者からの論駁がないことから引き出せる含意故に「非公開資料手続」に不相応の重要性が与えられるということである。2012年「正義および安全保障法案」第6条第2項における提案では、裁判所は、訴訟手続が国家安全保障に損害を及ぼすであろう資料の開示を必要とするときは「非公開資料手続」を採用しなければならないとされている。

「特別弁護人」の制度の効果についての懸念もある。その制度は、すでに述べたように1997年「特別入国管理不服審査委員会法」の下で設けられ、その後、より広く使用されてきた。MI5、MI6および政府の情報収集センターであるGCHQからの資料に対するこれらの諸機関の懸念を扱うために狭く定義されているので、例えば、中東での釈放聴聞手続(37)のように、証人の脅迫を扱う通常の刑事手続でそれを使用することが懸念事項になっている。これもまたテロリズムのひそかに忍びこむ潜行性の効果と、テロリズム関係事項の保護がひそかに司法制度の日常的な運営に忍び込む効果の一例である。「特別弁護人」を活動させることは、通常法の下で諸個人に与えられる保護を一般的に弱くするし、有効な司法的監視の深さを減少させるものである。「特別弁護人」の関与する手続きについては、2009年の*A v UK*事件(38)の判決でも、特別弁護人の利用自体は法的には是認されるとしながらも、その効果への疑念が表明されている。

結 論

　イギリスの人権に関するアプローチは、テロリスト被疑者の保護、取り調べおよび拘禁と事実審理の手続きの面で、不均質であることが明らかになった。今もなお継続している「対テロ戦争」を戦うための刑事裁判制度は、北アイルランドの多くの教訓をふまえて形成された。これはかならずしも簡単なことではなかった。北アイルランドのテロリズムは多くの特殊な問題に特化したものである。特に、その歴史と、北アイルランドの統治に関する政治的および宗教的な合意を作り出すうえでの失敗が原因となっている。たしかに教訓は引き出されるべきであっただろう。しかし同時に明らかなことは、これを「モデル」とした、あるいは定型とした解決方法は、特殊なニーズを基礎としており特殊な解決を必要とするところの、異なる理由を持ったテロリズムに直面したとき、ほとんど機能しないものである。文化的、宗教的および人種的な相違は、それら自体が格別な説明を有しており、共通の原因や共通の解決策を発見することができると思うのは幻想であることがわかった。

　事態は、特に1998年「人権法」が2000年10月に施行されたことによってさらに変化した。イギリスの多くの事件がストラスブルグの人権裁判所に持ちだされた。特に1978年の *Ireland v UK* 事件では、イギリス政府はヨーロッパ人権条約第3条に違反しているとされた。これは逮捕、拘禁および強制収容に関する司法手続外の権限の利用による行動であり、これが非人道的で品位を傷付ける取扱いの問題をもっているとされた。

　2005年「テロリズム防止法」による「規制命令」制度は多くの議論ののち廃止され、そのかわりに、2011年「テロリズム防止及び捜査措置法」(Terrorism Prevention and Investigative Measures Act 2011) が制定された。この法律によれば、国務大臣は、一定の条件が満たされれば、諸個人に対して、各種のテロリズム防止および捜査措置を、通知によって課すことができる。この新しい制度が、公衆の保護と、諸個人の権利の間の適切なバランスをもたらすうえでどの程度効果を発揮するか、よく見定めなければならない。

「非公開資料手続」を刑事手続から民事手続にまで拡大して使用することに関する現在の論争は、手続的正義の諸理念にとっての重要な含意をもつ重大な問題となっている。被告人が自己の法律家によって代理されていないとき、さらに当人が法廷に出席できないとき、この訴訟手続においての「非公開資料手続」の使用によって、たとえ国家は保護されたとしても、諸個人の人権は保護されるのか、この点に関する基本的な論点を提起している[39]。民事裁判所で「非公開資料手続」を使用しようとする現在の提案は、議論すべき点を含んでいる。「秘密裁判所」という非難は、アメリカ合衆国で拷問されたという主張が提起した問題がその手続きによって得られた証拠の適法性と信頼性を掘り崩すものとなるとき、深刻な懸念をひきおこす。虐待されたという主張を支える可能性がある資料は、排除されるかもしれないし、取り調べの実態と被疑者の引渡しに関する疑いをもたらす訴訟に適用されるかもしれない。いずれの訴訟手続きにおいてもイギリスが果たしてきた役割は、もし何らかの役割があった場合であるが、決して明らかではない。

執政府と司法府のそれぞれが保持している権限の間の適切なバランスをとることによって、国家が法の支配を守ることを、たとえテロリズムと「対テロ戦争」のための弁明に直面している場合でも、確実なものとしなければならない。「非公開資料手続」はそれ自体再検討ヒヤリングを受けなければならない。これによって適切なバランスが保障され、いずれの立法の条件も満たされるのである。裁判所が審査するための権限は、いかなる執政府の影響からも、強く保護される必要がある。これによってはじめて法の支配が守られ、公正に適用されるのである。

(1)　Lord Bingham, *The Rule of Law*, (Penguin Books, 2011), Also see : Stephen Sedley, *Ashes and Sparks*, (Cambridge University Press, 2011).
(2)　K. D. Ewing, "The Human Rights Act and Parliamentary Democracy" (1999) 62 M. L. R. 79.
(3)　C. A. Gearty (ed), *European Civil Liberties and the European Convention on Human Rights*, (Martinus Nijhaff, 1997), p. 84. Also see : K. D. Ewing and C. A Gearty, *The Struggle for Civil Liberties*, (O. U. P., 2000), R. Blackburn and J. Polakiewicz, eds., *Fundamental Rights in Europe,* (O. U. P., 2001).

(4) スカーマン卿は、人権に関する議論が行われていた1970年代後半にはウォリック大学 University of Warwick 総長であった。
(5) An Honorary Professor of the University of Warwick and senior appeal court judge.
(6) See: Rt Hon Lord Nolan of Brasted and Sir Stephen Sedley, *The Making and Remaking of the British Constitution*, (Blackstone Press, 1997).
(7) [1964] AC 40.
(8) [1968] AC 997.
(9) [1948] 1 KB 233.
(10) [1983] 2 AC 237.
(11) *Council of Civil Service Unions (CCSU) v Minister for the Civil Service* [1985] AC 374.
(12) *R v Secretary of State for the Home Department ex parte Daly* [2001] 2 WLR 1622.
(13) レスター卿（Lord Lester (Anthony Lester)）は、イギリスにおける指導的人権弁護士であり、貴族院に多くの法案草案を提出した。また、次の成文憲法案作成チームのメンバーでもある。Institute for Public Policy Research, *A Written Constitution for the UK*, London, 1989.
(14) See: *R (on the application of Alconbury Developments Ltd.) v Secretary of State for the Environment, Transport and the Regions* [2001] 2 WLR 1389, *Wilson v First County Trust Ltd*. [2001] 3 All ER 229, *R (on the application of H) v North and East Region Mental Health Review Tribunal* [2001] 3 WLR 512.
(15) See: House of Commons Library: *UK Cases at the European Court of Human Rights since 1975*, SN/IA/5611 (14th February, 2012).
(16) *A and others v Secretary of State for the Home Department* [2004] UKHL 56
(17) A. Kavanagh," Judging the Judges under the Human Rights Act: Deterrence, Disillusionment and the "War on terror"" [2009] P. L. 287. Also see: A. Kavanagh, "Special Advocates, Control Orders and the Right to a Fair Trial" (2010) 73 M. L. R. 836. M. Garrod, "Deportation of Suspected Terrorists with Real Risk of Torture: The House of Lords Decision in Abu Qatada" (2010) M. L. R. 631.
(18) *R. v H*. [2004] UKHL 3., See: Stephen Sedley, op. cit., p. 368. K. D. Ewing, *Bonfire of the Liberties*, (O. U. P., 2011), pp. 228-234.
(19) [2010] EWCA Civ. 65.
(20) [1974] AC 133.
(21) See: The FCO, Binyan Mohamed Case 10th February 2010 and House of

Lords Library Note, *Justice and Security Bill* (HL Bill 27 of 2012-13) LLN 2012/24. June, 2012.

(22) See: House of Commons Library, *Special Advocates and Closed Material Procedures,* SN/HA/6285 (25th June 2012).

(23) The Proscribed Organisations Appeal Commission, the Employment Tribunal in cases involving national security, control order cases under the Prevention of Terrorism Act 2005, financial restriction proceedings under the Counter Terrorism Act 2008 and the Sentence Review Commission and Parole Commission in Northern Ireland.

(24) *A. v Secretary of State for the Home Department* [2005] 2 AC 68.

(25) [2008] 1 AC 440.

(26) [2010] 3 WLR 1090.

(27) *Tariq v Home Office* [2011] UKSC 35.

(28) Justice and Security Green Paper, Cm 8194 (October 2011).

(29) *Inquiry into the Export of Defence Equipment and Dual-Use Goods to Iraq and Related Prosecutions,* HC 115 (1995-6) 15th February 1996, chaired by Sir Richard Scott, hereinafter the Scott Inquiry. See: J. F. McEldowney, "The Scott Report: Inquiries, Parliamentary Accountability and Government Control in Britain" (1997) *Democratization* Vol. 4 No, 4, pp. 135-156; *Strategic Export Controls Annual Report 2003* (1st June 2004) See: Claire Taylor, *UK Defence Procurement Policy,* House of Commons Research Paper 03/78.

(30) See: Economic and Social Research Council, *Public Interest in UK Courts Project: Public Interest Immunity* (11th June 2012).

(31) DTI/256. 19746, 19748, 19754 Scott Report C1. 66-1. 150.

(32) See: J. F. McEldowney, "The Scott Report: Inquiries, Parliamentary Accountability and Government Control in Britain" (1997) *Democratization* Vol. 4 No, 4, pp. 135-156.

(33) *Al Rawi* [2011] UKSC 34.

(34) P. Craig, *Administrative Law,* 6th edition, (Sweet and Maxwell, 2012), pp. 298-408.

(35) House of Lords Library Note, *Justice and Security Bill* (HL Bill 27 of 2012-13) LLN 2012/024. June, 2012.

(36) JCHR, *The Justice and Security Green Paper,* HL Paper, 286, HC1777, Session 2010-12 (4th April 2012).

(37) JUSTICE, *Secret Evidence,* (June, 2009), para. 184. See: Constitutional

Affairs Committee, *The Operation of the Special Immigration Appeals Commission and Special Advocates*, HC 323-1(2005).
(38) *A v UK,* application no 3455/05 19th February 2009.
(39) See : A. Zuckerman, "Closed Material Procedure-Denial of Natural Justice : Al Rawi v Security Service" (2011) 30 C. J. Q. 345.

第5章　フランスの安全保障とテロ対策
―― 近年の組織再編とその背景 ――

西　村　　　茂

> **概　要**
>
> 　フランスの国防政策は、国際情勢の変化に対応して、この間重要な変化を遂げてきた。「国外からの攻撃に対する防衛」という考えを中心にした国防は、より広い国家安全保障政策の一部として再定義された。その背景には、国防の課題においては、対外的関係だけでなく国内の脅威が主要な役割を演じるようになったとの認識、とくに新しいテロが核兵器や化学・生物兵器を使用する深刻なものとなる可能性から、国防と国内治安の連携が重要となったとの判断があった。
>
> 　このような政策変化に対応した組織再編も行われてきた。大統領が主宰する国防・国家安全保障会議が創設され、事務レベルの組織も強化されて、全体として大統領への権限集中が進んだ。
>
> 　軍備面の変化では、徴兵制廃止により兵員を20年間で約30万人削減しつつ、装備ではハイテク化を推進するという特徴が見られ、軍備計画法に基づいて段階的に進められてきた。
>
> 　国際環境の不安定性が増大したことから、急変事態に備えてあらゆるリスクを考慮することが求められるようになって、平常時の危機対応に備えた公権力の組織化とくに諜報活動の強化も追求されてきた。複数存在していた諜報機関の再編や、内務省と国防省に分割されていた「２重の警察力」に関する組織改革が実行された。

はじめに

　本稿では、主として公文書資料[1]により、1994年以後のフランスにおける安全保障政策およびテロ対策の基本的方針概略とそれに依拠する組織再編を検討する。

　冷戦終結などの戦略環境の変化を踏まえ、徴兵制廃止、装備ハイテク化と人員削減、国際的協働の重視を打ち出した『国防白書1994』から、大統領が主宰し国内治安と国防の問題すべてを決定する「国防・国家安全保障会議」、および諜報に関する戦略を決定する「諜報会議」を創設した「2009年12月24日のデクレ」までがその対象である[2]。

　以下まず1において、独立した政策領域としての「国防」が、「国家安全保障」というより広い概念に包摂されて国防と国内治安との連携が重視されるようになった理念上の変化を整理し、次に2で、大統領を頂点とする国家安全保障に関する権限配分と組織の現状を確認する。3では歴史的に国家安全保障の基本方針の変遷をフォローし、さらに4ではテロ対策法制と関連組織改革について検討したい。

1　国防 défense から国家安全保障 sécurité nationale へ

　フランスでは、「2009年-2014年の軍備計画及び国防の諸規定に関する2009年7月29日の法律第2009-928号」(以下、2009年7月29日の法律) により[3]、「国防」より上位に「国家安全保障」をおくという理念上の重要な変化があった。

　『国防法典』の「L.第1111-1条」において、あらゆる規定に先立って「国家安全保障」が、次のように規定されている。

　「国家安全保障戦略は、国民の生命に害を及ぼすあらゆる脅威および危険、とくに住民の保護、領土の一体性および共和国の制度の永続性に関するものを特定すること、ならびに公権力がそれらに対してとるべき対応を決定すること、を目的とする」[4]

　これに対して、この法改正以前の『国防法典』では、「国家安全保障」で

はなく「国防」を上位の範疇として、次のように述べられていた。

　　「国防は、常に、あらゆる事態において、また、あらゆる形態の侵略に対し、領土の安全および一体性並びに住民の生活を保障することを目的とする」[5]

すなわち2009年に法律レベルにおいて、上位の概念が「国防」から「国家安全保障」に変更されたのであるが、この2概念の関係が問題となる。

「国防」を上位概念としていた「2009年7月29日の法律」以前では、「国防」の内容として次の3つの政策分野が含まれるという整理がなされてきた[6]。

①軍事防衛 défense militaire
②経済防衛 défense économique
③民間防衛 défense civile[7]

これが現在の『国防法典』では、「国家安全保障」を構成する各政策は次のような領域に整理されている[8]。

①国防 politique de défense
②国内治安および民間安全保障 politiques de sécurité intérieure et de sécurité civile
③経済安全保障 politique de sécurité économique
④外交活動 l'action diplomatique

以前のように「国防」という上位概念の中に、非軍事的な「経済防衛」「民間防衛」を含むという整理ではなくなったこと、国防と国内治安を含む上位概念「国家安全保障」が設定されたことが変化のポイントといえる[9]。

現在の4区分は[10]、その分野を担当する各大臣（国防、内務、経済予算、外務）の責任分担に対応している[11]。

以前の「国防」は、国外からの攻撃への防衛、もしくは国益のための対外活動という考えを中心にし、軍事・経済・民間という3領域の「国防政策」であった。それに対して現在では、「国防」は独立した政策領域としてではなく、より広い「国家安全保障」の一部で、国内治安さらには外交とも連携

すべきものと再定義されたといえる。

「国防から国家安全保障」へという変化において、国防大臣は他の大臣と連携して安全保障にあたるという位置づけが明確にされたといえる。このうち後で検討する組織改革との関連で重要な点は、国防を担当する国防大臣と、「国内治安政策および民間安全保障政策の準備と執行」[12]に責任を持つ内務大臣とが、協働して「国家安全保障」に関与するという位置づけである（大統領が主宰する国防・国家安全保障会議がそれを担保する）。

「2009年7月29日の法律」は、国防と国内治安の連携が重要であるとの認識を背景としていた。この認識の直接の契機は、分散的で国境を越えてつながり大量の犠牲者を出すこと自体が目的の「新しいタイプのテロ」であった[13]。これによって「国防」と「国内治安」という伝統的な2分割の見直しが促進され[14]、この法律制定につながった。その結果「国内治安」と「国防」を包括する「国家安全保障」という政策領域が定義されたといえる。

2　国家安全保障の権限配分と組織

大統領

> 大統領

大統領は「軍隊の長」であり、軍事力の行使、核兵器使用を決定する。また、国防と安全保障に関わる国内外のすべての問題を決定する「国防・国家安全保障会議」を主宰する。この会議の主宰、さらには閣議決定される政令（デクレ・オルドナンス）に署名する権限が、国防政策における大統領の優位（首相・国防大臣に対する）を保障している。

> 国防・国家安全保障会議 conseil de défence et de sécurité nationale

この会議は、「国防・国家安全保障会議および国防・国家安全保障事務総局2009年12月24日のデクレ2009-1657号」（以下、2009年12月24日のデクレ）[15]によって創設された。国防・国家安全保障会議（以下、CDSN）は大統領が主宰する、関係閣僚だけをメンバーとした閣僚会議である。メンバーは首相の他、国防、内務、経済、予算、外務の各大臣である。

その権限は、国防と国民の安全に関わる国内外のすべての問題に及ぶ。こ

の組織再編によって、国内治安と国防の問題が1つの会議で議論されることとなった訳である。

　CDSNの前身組織の1つである国内治安会議 Conseil de sécurité intérieur は、1986年国内での一連の爆弾テロをうけて、シラク首相（大統領はミッテランで「保革同居政権」時代）によって、首相を議長とし関係閣僚をメンバーとして創設された。したがって当初、この会議は国内治安の分野で、首相が主導性を発揮するためのものであった[16]。

　その後、2001年の「9.11テロ」をうけ、大統領となったシラクが、国内治安の位置づけを高める目的から、大統領自らが、国内治安会議を主宰するように位置づけを変更した。また会議の事務局長も大統領が任命する職に変え（以前は首相官房長の職務の1つ）、元パリ警視総監が任命された。すなわちこの再編から、大統領の直接的関与が国防に加えて、国内治安にまで拡大していたのである。

　このような経緯をもつ国内治安会議が、サルコジ大統領の下、「2009年12月24日のデクレ」により、国防会議と統合され、CDSNに再編された。CDSNのモデルは、合衆国の国家安全保障評議会といわれている。

　「2009年12月24日のデクレ」は、国家安全保障における諜報の重要性にもとづいて、CDSNの「特別な形態 formation spécialisée」として、大統領を議長とする諜報会議 conseil national du renseignement（以下、CNR）も創設した。

　CNRは、国防・国家安全保障会議の権限のうちの諜報分野に特化したものであり、諜報分野に関して大統領に助言する諜報統括官 coordonnateur national du renseignement が、国防・国家安全保障事務総局の事務総長と協力し、諜報会議の議題を準備し報告するとともに、会議の決定実施を監督する体制が創られた。これらの点でも、CDSN創設が国防と国内治安の連携および大統領権限強化[17]を狙いとしていたことが分かる。

首相

首相　大統領の関与が強い政策分野において、首相の役割はどのようなものであるのか？

両者の関係は一般的に、大統領が主宰する会議が決定することを、首相は実施させるという役割分担関係にある。また政府の政策に関しては、首相のみが議会に対して責任を負うという立場にある。

　「2009年7月29日の法律」の第5条は、首相の責任について新たに次のように規定した。「首相は、国家安全保障に関して政府の活動を指導する」、「首相は重大な危機にあたって公権力の活動を準備、調整する。また、経済的諜報に関して政府の活動を調整する」

　しかし、大統領の権限強化とは対照的に、国家安全保障政策における首相の役割は、いぜんとして曖昧なままであると評価されている[18]。

　首相の当該権限行使を補佐し、大統領府とも緊密な関係をもちつつ、国防政策の準備、関係機関の調整と決定実施に責任を負っているのが国防・国家安全保障事務総局 secrétariat général de défence et de sécurité nationale（以下、SGDSN）である。次にこの組織について検討する。

国防・国家安全保障事務総局　SGDSN は首相の下に置かれている事務組織で、CDSN を設置した同じデクレにより、前身の国防事務総局 secrétariat général de la défense nationale SGDN が再編成されたものである。したがって、この組織創設もすでに述べた CDSN と同じ目的をもったものであった。すなわち組織再編により、事務総局の職務は、国防だけでなく国家安全保障の戦略問題全体に拡大されたのである。

　具体的には、軍備計画、核抑止政策、国内治安計画、経済・エネルギー安全保障、テロリズムとの戦い、危機対応計画と広範囲の分野に権限が及んでいる[19]。閣僚レベルの CDSN の創設と対応し、事務局レベルでも国防と国内治安を連携させたものである。

　そもそも大統領府には、国防政策を立案実施する事務組織は置かれておらず、大統領が首相や国防省から独立して政策の詳細を準備している訳ではない。大統領が主宰する CDSN の準備・調整などの仕事は、首相府の下にあるこの SGDSN が行っている[20]。

　以上のように国防事務総局の国防・国家安全保障事務総局への再編は、国防会議と国内治安会議とを統合した国家安全保障会議と合わせて、全体とし

て大統領への権限集中を行いながら、テロ対策を強化して国防と国内治安の連携を緊密にすることを目的としたものであったと評価できる。

国防省

国防大臣　　国防大臣は、「国防政策の準備と実施に責任を負う。とくに装備、組織、管理、雇用関係、軍隊の動員に責任を負う。また、軍隊と兵役を管轄し、軍隊が維持、装備、訓練に必要な手段を持つように監督する。」さらに「国防計画、対外的軍事的諜報、危機の予測、軍事産業政策、軍事研究、軍事部門の社会政策、軍備輸出政策の作成・実施に責任をもつ。」[21]

以上のように、国防大臣の権限は広範囲に及ぶが、国防大臣は、大統領・首相の方針に従って政策を執行するだけでなく、軍人たちが「政治当局 autorité politique」と呼ぶポストの1つであり、かつ軍隊の要求を大統領・首相・議会に理解させる役割を持つものである[22]。

国防省の組織　　国防大臣の下に、次の3組織が存在する体制である[23]。
　①統合参謀本部総長 Le Chef d'état-major des armées と、その下の3軍参謀総長（陸軍、海軍、空軍）。
　②管理総局 Le secrétaire général pour l'administration
　③兵器総局 Le Délégué général pour l'Armement

軍事組織が大臣の政治的統制に服するとともに、先に触れたように、軍事産業政策、軍備輸出政策の作成・実施まで管轄しているのが特徴となっている。

これを担うのが兵器総局であり、ヨーロッパ第1の軍事研究機関を自負している。また、国際的義務の尊重と国防産業発展の経済利点を強調しつつ、武器輸出の促進を喧伝している[24]。

3 国家安全保障の基本方針と軍備計画の変遷

『国防白書1994』：冷戦終結による変化

内容　フランスにおいて白書は「公共政策の諸目標、実施枠組み、選択肢を定義する」と位置づけられている[25]。

『国防白書1994』（1994年6月）[26]は、前回の1972年白書から22年ぶりに作成されたものであった。当時はミッテラン大統領の下で、右派のバラデュールが首相という「同居政権」時代であった。

この時点で白書を作成した目的は次の3つとしている[27]。

①より適切な時代認識
②長期的見通しに立つ国防政策
③国民に対する説明と国民の支持

①については次のような認識を表明している。

ソビエト連邦の消滅は東西の冷戦を終わらせるとともに、フランスが経験したことのない不確定・不安定の時代を開いた。具体的には、もはや国境が即時直接に脅かされることがなくなり、唯一の「敵・地域・同盟」に体現される明確な脅威は消失した。そのためフランスの国防にとって決定的な諸要因を定義することが死活的にもかかわらず困難な作業となっている。さらにこれまでの弱点として諜報活動を指摘している。

②については、長期間を要することを強調している。兵員の面では、その育成、技能形成に時間がかかること、装備面でも開発生産サイクルは長期にわたるため、作戦上の要請、技術水準、財源を考慮すると2005年～2010年に配備されるものを計画する必要があることから15年～20年の長期計画が策定されるべきである、としている。

③については国民の支持および参加を強調する。国防政策は政府の責任であり、国民に対して問題の所在、議論の要点とともに、国防政策の意義がいささかも減じていない（平和とは「国防の配当金」である）こと説明しなければならない、としている。

白書は「戦略環境」を6点に整理しつつ、全体として「過渡期」であることを強調する[28]。

　①2大ブロックの対立が消滅し、各国は国際的な統合と解体の間で揺れ動いている。東西対立や南北対立という図式はもはや意味をもたない。逆に、豊かな国と貧しい国の対立図式は格差拡大によりいまだに有効である。ソ連は消滅したがロシアは軍事大国として存続していることを考慮すべきである。また古典的な戦争に発展する地域紛争も存在する。

　②各地域の主要国の軍備水準は、通常兵器において上昇しているだけでなく、大量破壊兵器の拡散もみられる。拡散は、核兵器、生物兵器、化学兵器、弾道ミサイルの輸出と自国開発という2つの形態で進行している。

　③厳密には軍事的でない脅威であるテロリズムや組織犯罪が国家安全保障において考慮されねばならない。グローバリゼーションがこれらを容易にしている要因である。フランスはとくにテロの標的となっている。宗教的民族的過激主義がテロリズムの源泉であり、とりわけイスラム過激派が疑いなく最大の憂慮すべき脅威である。

　④グローバリゼーションから国防政策を再検討し、危機管理におけるメディアの役割に配慮した措置が必要となっている。

　⑤国際的なシステム、国際的あるいは地域的な政治組織はいまだに新たな状況に適合していない。フランスはこの分野で選択肢を提案すべきである。

　⑥西ヨーロッパは、一体となった防衛体制を確立すべきである。

　このような基本目的の下で作成された白書の兵員・装備面に関する方針内容をまとめると、冷戦終結による戦略環境の変化を踏まえた上で、兵員を削減しつつ、装備はハイテク化するという作業を同時に進めるというものであった。

　この白書以前の10年間ですでに10万5000人削減が実行され、兵員は70万人規模から60万人に減少していた。陸軍だけで1983年の33万人から24万にまで縮小され、15の師団は9つに再編されていた。また海軍の拠点は1981年の175から1993年には113へ縮小再編され、空軍の戦闘機は450機から400機となっていた。

　『国防白書1994』はこの流れを継続し加速するものとなった。

1997-2002軍備計画法　1995年5月17日に大統領に就任したシラクは、ミッテラン大統領時代の軍備計画法（1994年6月23日の法律）⁽²⁹⁾に変えて計画年度途中で「1997年-2002年の軍備計画に関する1996年7月2日の法律第96-589号」（1997-2002軍備計画法）を制定した⁽³⁰⁾。計画は、自らの任期が切れる2002年までを対象とするものとなった。

　その内容は『国防白書1994』の方針を受け継ぎ⁽³¹⁾、徴兵制度廃止による軍隊のプロ化への転換を基本とし⁽³²⁾、兵力と国防支出の削減を進めるものであった⁽³³⁾。

　国防支出については、当時の軍人サイドの要求側に立つ国防大臣の増額要求（とくに装備近代化関連総額400億フラン）を、首相・財務大臣が減額する形で決着した。シラク大統領は1996年初段階では増額容認姿勢であったが、結局減額を受け入れた⁽³⁴⁾。

　兵員については職業軍人を1997年の30万4108人から2002年33万12人へ増員する一方で、徴兵を16万9525人から2万7171人へ削減する計画であり、「軍隊」の規模として47万3633人から35万7183人への大幅な削減となった。国防省の予算定員合計では54万8508人から44万206人への減員となった（省の文民職員を7万4875人から8万3023人に増員する計画を含む数値）⁽³⁵⁾。

　装備の面では近代化を図り、新型の潜水艦搭載ミサイルや航空機搭載ミサイルの開発による核戦力の質的向上および地上発射型核ミサイルの全廃、国際競争力強化のための国防産業の再編などの内容となっていた。

2003-2008軍備計画法　「2003年-2008年の軍備計画に関する2003年1月27日の法律第2003-73号」（2003-2008軍備計画法）⁽³⁶⁾は『国防白書1994』の基本線に沿った前回の軍事計画法を受け継ぐ内容のものとなった。

　兵員の計画をみると、国防省の2002年（当初予算）定員43万6221人から2008年44万6653人と微増とした上で、増員分はとくに諜報活動能力の強化に振り向けられる計画と規定された。また増員分のうち7000人は「国内治安」にあたる憲兵隊の人員計画に組み込まれたことも特徴的であった⁽³⁷⁾。

　装備の強化のために計画期間中の国防省予算は、2003年136億5000万ユーロから2008年150億8000万ユーロへの増額が計画された⁽³⁸⁾。

装備の重点投資は、指揮・情報機能の強化、展開・機動能力の向上などに向けられた。具体的には、無人偵察機の発注やA-400M輸送機、ラファール戦闘機、ルクレール戦車の取得のほか、英国との協力による通常動力推進型の空母の建造などが計画された[39]。

『国防・国家安全保障白書2008』：「9.11テロ」の影響

2007年5月16日、サルコジ大統領が誕生する。この新政権の国防政策を評価する基本資料が2008年6月17日に大統領に提出された『国防・国家安全保障白書2008』[40]とそれを踏まえた「2009年-2014年の軍備計画および国防の諸規定に関する2009年7月29日の法律第2009-928号」(2009-2014軍備計画法)[41]である。この2文書は国防省として「国防政策を遂行するための基軸と手段を決定する枠組み」とされるものであった[42]。

白書の内容　『国防・国家安全保障白書2008』は、国防関連組織の再編を打ち出したのが大きな特徴となった。フランスの国防組織のあり方は2008年までは、1959年1月7日のオルドナンスから実質的な変更がなかったといわれるが[43]、サルコジ新大統領誕生とその意向を反映したこの白書は、組織改革の直接の契機となったことはすでに2で紹介した。以下では、戦略に関わる内容について検討する。

『国防・国家安全保障白書2008』は、『国防白書1994』以後グローバリゼーションにより世界は根底から変化し、驚くべき情報伝播の加速、人・物の流通速度が、安全保障の前提条件を変えてしまったという認識にたつ。白書自身の表現では『国防白書1972』は「核抑止政策の白書」、『国防白書1994』は「予測と海外活動の白書」、『国防・国家安全保障白書2008』は「グローバリゼーション時代に相応しい国家安全保障戦略の白書」である。

グローバリゼーションとともにこの白書の背景にあったのは2001年「9.11テロ」である。あるいは安全保障政策に対する「9.11テロ」のインパクトの分析こそグローバリゼーションの認識の根底にあったというべきである。サルコジ大統領は白書を踏まえた演説（2008年6月17日）において[44]、最大かつ緊急の脅威はテロ攻撃だとし、「脅威はそこにある。それは現実のもので、あすには核や化学・生物兵器といった新しい、より深刻な形態をとりうる」

と述べた。このような認識の帰結として「国防と国内治安の緊密な関連」が重視されたのが白書の特徴といえる(45)。

白書では、「国家安全保障戦略の目標」として次の3点をあげる(46)。

①国民と領土の防衛
②ヨーロッパおよび国際的な安全保障へのフランスの貢献
③フランス国民を国家に結びつけている共和制の諸価値（民主主義、自由、連帯、正義）を防衛すること

これらの目標に沿って、フランスの安全保障はさらにグローバルに考察されるべきであり、戦略は、国外安全保障と国内安全保障を包括し、軍事的手段だけでなく非軍事的・経済的・外交的手段によるべきであることが強調される。

あらゆるリスクと脅威を考慮することが求められるために、戦略上最も重視されるのが「予測・準備・迅速な対応」である。ここから、「国家安全保障を指導する諸原則」が論じられている(47)。

①予測—反応 anticipation-réactivité
国際環境の不確定性、予知不可能性は、不意の出来事や戦略的急変事態の危険に備えることを余儀なくさせる。

②耐衝撃性 resilience
これは、国・社会が侵略・大惨事に耐え、正常に機能する能力を急速に回復させる意思・能力と定義される。そのため平常時に危機対応に備えておく公権力の組織化が求められ、とくに諜報・分析・決定の能力が重視される。

③充分な戦力保持
フランスを巻き込む戦争は確率は低くとも、いぜんとして想定しておくべき事態である。そのために充分な戦力保持が必要である。

新戦略は、次の5つの機能に依拠する(48)。

①知識と予測 connaissance et anticipation
②予防 prévention
③抑止 dissuasion

④防御 protection
⑤海外での介入 intervention

　①知識と予測は、さらに5つに細分類されている。a. 諜報、b. 潜在的紛争地帯の知識、c. 外交活動、d. 未来予測、e. 情報管理、である。
　②の予防は、危機の出現・悪化を回避すること。その手段は、外交、経済、軍事、司法、文化など多元的であり、国家、欧州、国際の各レベルでの調整を連携を取ることである。とくに予防的外交を重視し、緊張を低減させること、開発計画に安全保障の観点を統合すること、現地の知識による国家間の信頼醸成、危機を回避する地域能力の強化などが提唱されている。
　③抑止とは、フランスの国防政策の伝統であるところの核抑止力の保持であり、いぜんとしてフランスの戦略の基盤であることが確認されている。
　④防御は、意図的な攻撃（テロリズム、サイバーテロ、弾道ミサイル攻撃）、非意図的な脅威（致死率の高い伝染病、自然災害、科学技術のもたらす破局）に対応することである。そのため国内治安、民間安全保障、軍事力の間の協調を可能にする新たな組織が必要である。
　⑤海外での介入は、海外派遣される部隊による、非軍事的、軍事的手段の行使により、国家安全保障への攻撃を阻止・限定すること、さらに国際紛争への介入がその内容となる。
　白書は、以上の5つの戦略機能を強化し、柔軟に組み合わせながら今後15年間の戦略環境の変化に対応していくとした。

2009-2014軍備計画法　『国防・国家安全保障白書2008』にもとづくこの軍備計画法は、白書で示された新戦略実施の第1段階と位置づけられた[49]。
　フランスの国家安全保障において死活的な意味を持つのは、いまや4地域からなる広大な地理的範囲（①大西洋〜西アフリカ〜インド洋に至る「危機の弧」、②ヨーロッパ大陸、③サハラ以南のアフリカ、④アジア）であることを指摘する。また国防の課題においては、対外的関係だけでなく「国内の脅威」が主要な役割を演じるという認識から、フランスの領土と国民は、聖戦主義の影響下にあるテロリズム、長距離弾道ミサイルを有する新興国、の軍事的脅威に直接

図表5-1　フランスの軍隊（Armed forces - Annual strength）[56]

年	1990	1995	2000	2005	2007	2008	2009	2010	2011
千人	548	502	394	357	354	347	239	234	227

（資料）Financial and Economic Data Relating to NATO Defence : Defence expenditures of NATO Countries（1990-2011）, Press Release（2012）047.

さらされていることが何よりもまず強調されている[50]。

このような認識の下に装備、人員を整える中期的計画が「2009-2014軍備計画法」である。その内容は、すでに触れた国防・国家安全保障会議および国家諜報会議の創設を除いて、基本的方向性として、それまでの軍備計画法を引き継いでいると評価できる。具体的にはEUの安全保障面での強化と対北米関係の刷新[51]、装備関係予算の増額（2008年153億6000万ユーロから2014年176億8000万ユーロ、2008年物価水準）[52]、兵員の人員削減などである。

装備関係では、ラファール戦闘機、攻撃ヘリコプター・ティグル（ティーガー）、防空駆逐艦、歩兵戦闘用装甲車両（VBCI）の購入などが計画された。この計画の装備充実策は予算に反映され2008年154億ユーロから2009年170億ユーロに増額された。

文民を含む国防省の予算定員（上限）については、2009年31万4200人から2014年27万6000人へと削減が計画されていた[53]。このうち「軍人」の総定員は2008年の27万1000人から2014-2015年22万5000人（陸軍13万1000人、海軍4万4000人、空軍5万人）と4万6000人削減が計画された。

実際の国防省定員数（実働）をみると、2009年30万9848人、2010年30万

図表5-2　装備支出執行額（1995年-2010年）[60]　　　　　　　（単位：億ユーロ）

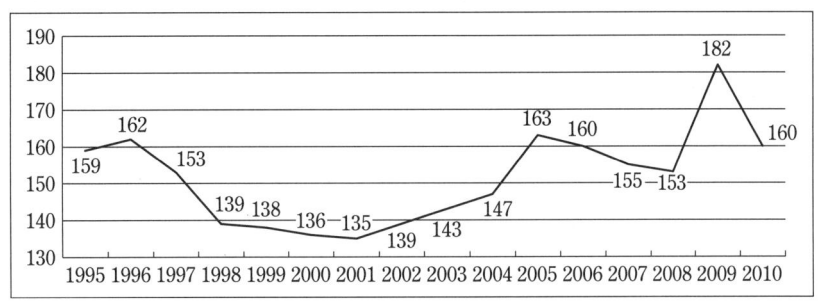

年	1995	1996	1997	1998	1999	2000	2001	2002	2003	2004	2005	2006	2007	2008	2009	2010
額	159	162	153	139	138	136	135	139	143	147	163	160	155	153	182	160

（資料）Rapport d'exécution budgétaire 2011-LPM 2009-2014. p. 11.

2367人と計画通り実施されつつある(54)。

軍人の削減も2011年予算定員はすでに22万8656人となっており計画に沿って進んでいる(55)。統計データの数値が異なるが、NATOの資料を参照すると、徴兵制廃止と兵員削減計画によって1990-2011年の間に大幅な削減が行われたことを確認できる（図表5-1）。

人員削減と装備関係充実の方針を反映した予算計画は、2009年322億3000万ユーロから2014年309億ユーロとわずかな減額が計画されていた(57)。実際は2013年度予算案では314億ユーロとなっている(58)。

装備関係支出の長期的推移は、各期の「軍事計画法」(1997-2002、2003-2008、2009-2014) によって形成されてきたといえる。公表されている軍備計画法の実施状況に関する最新の報告書によると(59)、1985年～1996年（ミッテラン大統領の任期とほぼ重なる）には期間中つねに159億ユーロ（2010年物価水準）を上回っていた。それが1997年以後は、大幅に削減され2001年には最低の135億ユーロにまで引き下げられた。逆に、2009年には182億ユーロと歴史的に高い水準となった（図表5-2）。

4　テロ対策

2001年の「9.11テロ」以後、テロ対策は国防との連携が意識され、ある意味では国防の最重要課題になった。ここまで検討してきた安全保障政策には、とくに2008年白書以後、政策体系において、また2009年末以降は組織上も、テロ対策の分野が含まれていたが、以下では、とくにこの分野に焦点をあてて検討したい。

テロ対策法の特徴

フランスは、亡命者や政治難民を受け入れる伝統を持ち、旧植民地から多くのイスラム人口を受け入れてきた。しかし皮肉なことに、この歴史がイスラム過激主義組織と連携する土壌を国内に作り出してきたのである(61)。

テロ対策は、1970年代から展開されてきたが(62)、1986年に「テロリズムとの闘いおよび国の安全の侵害に関する1986年9月9日の法律第86-1020

号」[63]が制定され、はじめて刑事訴訟法典に「テロ犯罪」が列挙されることになった[64]。

　フランスは、多くのテロの標的となってきたため、テロ対策に積極的に取り組んできた国であることは間違いない。テロ対策を専門に担う諸組織が設置されるとともに、とくにテロ関連訴追はパリ検事局と予審判事に集中することで、テロ捜査に関するノウハウが集積されてきたといわれている[65]。

　2006年以前のフランスにおけるテロ対策の特徴は次の4点であった[66]。
　①テロ犯罪を未然に防止する。
　②テロを特別な犯罪と位置づける。
　③テロ犯罪に対しては特別な司法手続きを適用する。
　④テロ犯罪に対しては刑罰を加重する。

　その後、2005年7月7日のロンドン同時多発テロ事件において、監視カメラが犯人の割出し、逮捕に威力を発揮したことがきっかけとなり「テロとの闘い並びに安全・国境検査の諸規定に関する2006年1月23日の法律第2006-64号」（以下、2006年1月23日の法律）[67] が制定された。法律は、次の11章33か条から成っていた[68]。

　第1章　ビデオ監視カメラに関する規定
　第2章　テロ行為に参加している疑いのある者の電話・電子交信に関する
　　　　　テクニカル・データの移動および伝達の監督に関する規定
　第3章　個人情報の自動処理に関する規定
　第4章　テロの抑圧および刑の執行に関する規定
　第5章　テロ行為の犠牲者に関する規定
　第6章　フランス国籍の剥奪に関する規定
　第7章　テレビに関する規定
　第8章　テロ活動の資金調達に対する闘いに関する規定
　第9章　安全の私的活動および空港の安全に関する規定
　第10章　海外に関する規定
　第11章　最終規定

　この「2006年1月23日の法律」は、これまでのテロ対策の特徴を受け継ぐものと評価できる。その基本的内容は、これまでのテロを未然に防止する諜

報活動とくに監視活動を一層強化するため行政警察に個人データにアクセスする権限を認めたこと、特別な司法手続きの適用範囲を拡大したこと[69]、などであった。ただし法案段階の議論では、憲法評議会が、行政警察の情報収集の目的として、テロの未然防止だけでなく、その鎮圧をもあげていた点について、犯罪の鎮圧は司法警察の権限に属しており、司法権力の指揮または監視の外にある行政警察にこれを認めることは権力分離の原則を定めた憲法に違反するという判断を下した[70]。

諜報組織の再編：2008-09年

フランスのテロ対策組織についてはこれまで、次の2つの特徴＝弱点が指摘されていた[71]。

①国外テロと国内テロのそれぞれについて諜報機関が異なる。
②内務省（国家警察）と国防省（憲兵隊）の2重の警察力[72]

具体的には、ここで検討する組織再編以前は次のように構成されていた[73]。

◎内務省・国家警察総局 Direction général de la police nationale
・国内諜報活動担当の国土監視局 Direction de la surveillance du territoire（以下 DST）[74]
・総合諜報局 Direction centrale des renseignements généraux（以下 DCRG）[75]
・捜査担当の中央司法警察局テロ対策課 Division Nationale Anti-Terroriste
◎国防省
・憲兵隊 Gendarmerie nationale とくに治安介入部隊 Groupe d'intervention de la gendarmerie nationale
・対外安全総局 Direction générale de la sécurité extérieure

2008-09年の組織再編は、弱点に対応するものであるとともに、諜報活動の位置づけを高めるものであった。再編の内容はまとめると次の2点である。

①大統領関連の組織改革として、大統領を議長とする諜報会議 conseil national du renseignement と大統領を補佐し助言する諜報統括官 coordonnateur national du renseignement の設置。

②内務省関連の組織改革として、国内諜報局 Direction centrale des renseignements intérieur の創設、憲兵隊の管轄を国防大臣から内務大臣に移管。

諜報会議　この会議は、すでに紹介したように国防・国家安全保障会議を設置した2009年12月24日のデクレによって国防・国家安全保障会議の「特別な形態」として創設された。

会議は、大統領が主宰し、首相、関係閣僚、関係局長により構成され、国防・国家安全保障事務局が準備、全体の調整を行うという体制である。その権限は、諜報に関する戦略と優先事項を決定すること、および諜報関連諸組織の人的・技術的手段の計画を策定することである。この組織改革によって、「諜報関連諸組織のより一貫した活動に貢献する」ことが期待された[76]。

諜報統括官　諜報分野に関して大統領に助言する役割を有する諜報統括官が創設された。その役割は、国防・国家安全保障事務局の事務総長と協力し、諜報会議の議題を準備し報告するとともに、会議の決定実施を監督することである。これは、大統領府が国防・国家安全保障に関する政策立案の実働組織を持たず、その役割を首相府に置かれた事務総長に依存している体制を維持しつつも、諜報に関して大統領の関与をこれまで以上に高めるシステムと評価できる。

内務省の組織再編

国内諜報局の創設　内務大臣の直下に7部門（5局と2庁）が置かれているが[77]、その1つが国家警察総局である。総局長は、閣議で任命される。

この総局の下に10部局（7局とその他）が置かれているが[78]、国内諜報局（以下 DCRI）はその1つとして、「国内諜報局の役割と組織に関する2008年6月27日のデクレ」で創設された[79]。

第5章　フランスの安全保障とテロ対策　　*137*

　その前身は、先に述べた国土監視局DSTと総合諜報局DCRGであり、DCRIはそれらの統合再編であった。統合の目的は、DSTの中央レベルの能力とDCRGの地方組織を結合すること、とくに諜報活動の位置づけを高め関連する活動を統合することにあった(80)。また、DCRIは諜報活動と特殊な司法警察活動（重要犯罪・凶悪犯罪の捜査を担当）(81)を統合するものでもあり、「フランスのFBI」が目標であったともいわれる(82)。

　DCRIの権限については、デクレ第1条において「共和国の領土内における、国家の基本的利益への攻撃と想定できるあらゆる活動と、領土内において戦う権限を有する」とされている。具体的には、活動の未然防止、テロ行為の防止・鎮圧への参加、通信の監視、個人・集団の監視への参加などとなっている。

憲兵隊の組織再編　　憲兵隊は、「憲兵隊に関する2009年8月3日の法律第2009-971号」(83)によって、国防大臣から内務大臣の管轄に移された。内務大臣は、憲兵隊の組織、管理、雇用条件、装備に責任を負うことになり(84)、その結果、国家警察と憲兵隊という「2重の警察力」は、内務省所管として統合された(85)。

おわりに

　本稿では、主として公文書資料により、1994年以後のフランスにおける安全保障政策およびテロ対策の基本的方針概略とそれに依拠する組織再編を検討してきた。

　1では、2009年に法律レベルにおいて、上位の概念が「国防」から「国家安全保障」に変更されたことを確認した。軍事・経済・民間という3領域の「国防政策」は、国外からの攻撃に対する防衛および国益のための対外活動を中心にしていた。それに対して現在「国防」は、より広い「国家安全保障政策」にふくまれることになり、国内治安さらには外交とも連携すべきものと再定義されたのでる。

　2では、大統領を頂点とする国家安全保障に関する権限配分と組織の現状を整理した。2009年に創設された「国防・国家安全保障会議」は、大統領が

主宰する関係閣僚だけをメンバーとした閣僚会議で、権限は、国防と国民の安全に関わる国内外のすべての問題に及ぶ。この組織再編によって、国内治安と国防の問題が1つの会議で議論されることとなった。この会議に対応する事務組織が首相の下に置かれる「国防・国家安全保障事務総局」である。事務総局の職務も、組織再編により国防と国家安全保障の戦略問題全体に拡大されたものとなった。

　3では、長期的見通しに立つ国防政策を、適切な時代認識のもとに作成するとともに、国民に対する説明と国民による支持獲得を目的とする文書である『白書』と、その具体化としての「中期計画」である「軍備計画法」を分析することで、フランスにおける国防の兵員・装備に関する基本方針の変遷を検証した。白書に関しては、この間の戦略環境の変化に沿って1990年代までの核抑止政策中心の戦略から、『国防白書1994』で明確な脅威が消滅した冷戦終結後の「予測活動」を重視した戦略への転換、『国防・国家安全保障白書2008』における「グローバリゼーション」に対応し「9.11テロ」後の戦略の模索を整理した。「軍備計画法」の分析では、兵員と装備関係支出の長期的トレンドを整理し、軍備の面で兵員の大幅な削減と新規装備の充実が進められてきたことを確認した。

　最後に4では、テロ対策法制と関連組織改革について検討し、諜報活動の位置づけを高めるという基本方針から、諜報機関と警察組織の弱点克服を目的とした2008-09年の組織再編を検討した。その内容は、一方では、大統領を議長とする諜報会議と大統領を補佐する諜報統括官の創設による大統領の関与強化であり、他方では、内務省の組織再編による国内諜報局創設および憲兵隊の管轄（国防省から移管）によって諜報活動・警察活動の組織統一を実現したことであった。この組織再編によってフランスのテロ対策はさらに集中・強化されたといえる。

（1）　本稿が参照した法律、デクレ（政令）、白書は、法令に関する政府公式サイトであるLegifrance http://www.legifrance.gouv.fr/ ならびに首相府・法行政情報局の公式サイトであるLa Documentation française http://www.ladocumentation-francaise.fr/ による。また他の公文書資料として国防省・内務省など公式ホームページ掲載文書も参照した。以下では注が煩雑になることを避けるため、これらの文書

　　　　　　　　　　　　　　　　第５章　フランスの安全保障とテロ対策　　*139*

　　についてはアドレスは省略し、サイト名・省の名称のみを記した。なお最終アクセス
　　は2012年10月7日である。
（２）　2012年５月６日に当選したオランド大統領の国防政策については、新たに国防白
　　書委員会が設置（2012年７月26日）されている。しかし、本稿執筆時点でいまだ目立
　　った改訂作業は進行していない。したがって本稿はサルコジ大統領時代（2012年４
　　月）までのフランスの国防政策を検討対象としている。
（３）　LOI n° 2009-928 du 29 juillet 2009 relative à la programmation militaire pour
　　les années 2009 à 2014 et portant diverses dispositions concernant la défense
　　（Legifrance 参照）。
（４）　『国防法典』の「立法編」第１部「国防の一般原則」第１編「国防の方針」第１
　　タイトル「一般原則」L.第1111-1条（Legifrance 参照）。
（５）　旧条文は次の文献による。矢部明宏「フランスの国防法典」『外国の立法』No.
　　240、2009年、171頁。http://www.ndl.go.jp/jp/data/publication/legis/240/024004.
　　pdf
（６）　服部有希「フランスの大規模災害対策法制」『外国の立法』No.251、2012年、
　　124頁。http://dl.ndl.go.jp/view/download/digidepo_3487060_po_02510005.pdf?
　　contentNo=1「2009年７月29日の法律」前後の変化および諸概念の整理は、服部有
　　希の紹介に依拠している。ただし法律条文にもとづき訳語の一部を変更した。
（７）　「2009年７月29日の法律」以前の区分では、まず軍事的防衛 défense militaire と
　　非軍事的防衛 défense non militaire に分けた上で、非軍事的防衛が民間防衛 défense
　　civile および経済防衛 défense économique から成るものと考えられていた。服部有
　　希、前掲論文124頁。
（８）　服部有希、前掲論文124頁。『国防法典』では、「立法編」第１部第１編第４タイ
　　トル「国防における各大臣の責任」第２章「各大臣に関する規定」L.第1142-1条
　　〜L.第1142-1条（Legifrance 参照）において、「安全保障」に関する国防、内務、
　　経済予算、外務、司法の各大臣の責任が規定されている。しかしこのうち司法大臣の
　　条文には「安全保障」の文言がなく、「刑事上の活動」と「刑の執行」における責任
　　を規定しているのみなので、本稿では、安全保障政策領域の検討から除外した。
（９）　ただし法典の名称は「国防」のままであり、「国内治安」という用語も使用され
　　続けている。
（10）　次のような３区分をしている論者もいる。「国家安全保障」または「グローバル
　　な国家安全保障」という、より広い軍事的で警察的な概念が提起されるようになり、
　　その中に、①国防、②治安と民間安全保障、③外交・経済、が含まれている。J.-C.
　　Mallet, La 〈securité nationale〉, un concept militaire ou policier? F. Ocqueteau
　　(dossier réarisé par), Polices et politiques de sécurité : concilier efficacité et

respect des libertés, *Problèmes politiques et sociaux*, n° 972, mai 2010, p. 13.

(11) ただし、この所管の分類が政策決定過程の実態とどのように一致しているかは、検証されるべき課題である。たとえば、国防政策を「決定」するのは実際は国防大臣ではなく、あくまでも大統領である。

(12) 『国防法典』「立法編」第1部第1編第4タイトル「国防における各大臣の責任」第2章「各大臣に関する規定」の内務大臣に関するL.第1142-2条（Legifrance参照）。

(13) テロ組織が国民の日常生活に完全に溶け込んで「同定が不可能」であり、インターネットによって「テロの世界化」が生じている。高山直也「フランスのテロリズム対策」『外国の立法』No.228、2006年、114頁。http://www.ndl.go.jp/jp/data/publication/legis/228/022807.pdf。

(14) 新しいテロは「戦場もなければ明確な軍事組織も存在しない、新しいタイプの対立を生み出した。大量破壊兵器の使用も辞さない敵が標的とするのは、明らかに一般市民である。フランスは…開かれた先進社会であり、それ故にこのような新しいタイプの脅威に対しては特に脆弱である」。フランス大使館サイト掲載の文書「フランスの対外および防衛政策について最近の関係資料」http://www.ambafrance-jp.org/IMG/pdf/Politique_defense.pdf。

(15) le décret n° 2009-1657 du 24 décembre 2009 relatif au conseil de défense et de sécurité nationale et au secrétariat général de la défense et de la sécurité nationale. (Legifrance参照)。このデクレは後述する『国防・国家安全保障白書2008』とすでに紹介した「2009年7月29日の法律」（国防と国内治安の連携が重要との認識から「国防」にかえて「国家安全保障」を上位概念とした）の方針を受け継いだものであった。

(16) 国内治安会議は「保革同居政権」が解消された1993-97年の間は休止状態となったが、1997年、ジョスパン首相（シラク大統領との「保革同居政権」時代）の下で再稼働した。

(17) Jean Massot, *Le chef de l'Etat, chef des armées*, LGDJ, 2011, p. 49.

(18) Jean Massot, op. cit., p. 49. 大統領と首相の関係については、大統領与党と議会与党が一致するときとしないときで異なる。一致する場合は大統領の権力は強くなる。大統領が方向性を決定し、首相はそれを実施するという役割分担になる。しかし、両者の与党が不一致の「同居政権」の場合（たとえば左派大統領と右派多数の議会）では、大統領は、外交と国防の分野でのみアクティブな役割を保持し、首相がそれ以外の分野で権限を掌握した状態となる。したがっていずれの場合にも、国防政策における大統領の優越は変わらないのである。

(19) SGDSNの公式ホームページより。http://www.sgdsn.gouv.fr/

(20) SGDSN 再編後の事務総長は、2004年7月以来 SGDN 事務総長であった Francis Delon が引き継ぎ（2010年1月13日）、オランド大統領とエロー首相の新政権誕生後も留任している（2012年10月8日現在）。http://www.sgdsn.gouv.fr/site_rubrique49.html 旧国防事務総長のポストは1962年7月18日に設置されていた。
(21) 『国防法典』「立法編」第1部第1編第4タイトル「国防における各大臣の責任」第2章「各大臣に関する規定」L.第1142-1条（Legifrance 参照）。
(22) S. Cohen, Le pouvoir politique et l'armée, Pascal Boniface, et al, *Pouvoirs, N° 125 : L'armée française*, Seuil, 2008, p. 24.
(23) 国防省ホームページ掲載の組織図。
(24) 国防省兵器総局のホームページより。
(25) 国防省ホームページの軍備計画法に関する文章（2012年3月12日付）より。
(26) *Livre Blanc sur la défense nationale 1994*（La Documentation française 参照）。
(27) *Livre Blanc sur la défense nationale 1994*, pp. 4-6.
(28) pp. 7-22.
(29) 『国防白書1994』の方針を受けて「1995年-2000年の軍備計画に関する1994年6月23日の法律第94-507号」LOI no 94-507 du 23 juin 1994 relative à la programmation militaire pour les années 1995 à 2000 が成立した。しかし、この計画は2年後にシラク大統領の下で改訂されたため、本稿では、検討を省略した。
(30) LOI no 96-589 du 2 juillet 1996 relative à la programmation militaire pour les années 1997 à 2002（Legifrance 参照）。
(31) この軍備計画法が『国防白書1994』と「断絶」しているというイロンデルの評価があるが、白書、法律ともに冷戦終結という前提にたち、兵員削減と装備のハイテク化という方向で国防支出を削減するという内容であり、「断絶」はないと考える。Bastien Irondelle, La réforme des armées en France : genèse d'une décision politique, Pierre Pascallon (sous la direction de), *La Vème République, 1958-2008 : 50 ans de politique de défense*, L'Harmattan, 2008, p. 210.
(32) イロンデルによれば、この改革はシラク大統領の決断によるところが大きい。Bastien Irondelle, op. cit., p. 259. なお徴兵制を廃止する法律は1997年10月に成立（「1997年10月28日の法律第97-1019号」LOI no 97-1019 du 28 octobre 1997 portant réforme du service national）。徴兵制廃止は2003年1月1日をもって実施された。その内容は、18歳の青年に対する1年間の国民役務義務を廃止し、それに換えて16歳から18歳の男女すべてに対して1日の防衛準備召集を義務化するものであった。
(33) 1994年に策定された以前の計画に比べ、計画期間内の国防支出の総額を約18％の縮小するものであった。内容と評価については防衛庁『平成11年版防衛白書』の関連

部分を参照した。http://www.clearing.mod.go.jp/hakusho_data/1999/honmon/frame/at1101020103.htm.

(34) Bastien Irondelle, *La réforme des armées en France : Sociologie de la décision*, Les Presses de Sciences Po, 2011, pp. 298-300.

(35) 「1997-2002軍備計画法」の第3条。ただし数値は条文になく官報の図に記載された。

(36) LOI n° 2003-73 du 27 janvier 2003 relative à la programmation militaire pour les années 2003 à 2008（Legifrance参照）。

(37) 「2003-2008軍備計画法」の附属報告 ANNEXE RAPPORT の第2部「軍備計画2003-2008」の兵員 Les effectifs の箇所による（Legifrance参照）。

(38) 「2003-2008軍備計画法」の第2条。国防費の1985年からの5年単位の統計をみると、1995年までの増加、1995年～2000年の減少、2000年～2005年の増加（1995年水準に戻る）という推移になっており、1997-2002軍備計画法と2003-2008軍備計画法の対照性が明確になる。J.-P. Maury, Les limites de l'Europe de la défense, Pierre Pascallon（sous la direction de), op. cit., p. 214.

(39) 内容と評価については防衛省『平成19年版防衛白書』の関連部分を参照した。
http://www.clearing.mod.go.jp/hakusho_data/2007/2007/html/j1283300.html

(40) *Livre blanc sur la défense et la sécurité nationale de 2008*（La Documentation française参照）。

(41) すでに第1章で紹介した「2009年7月29日の法律」である。以前の軍備計画法と比較すると「国防の諸規定」に関する改正が同時に行われた点が、この軍備計画法の特徴である。

(42) 国防省ホームページの軍備計画法に関する文章（2012年1月5日付）より。

(43) Jean-François Daguzan, Les institution de défense et sécurité, P. Tronquoy（sous la direction de), *État et sécurité, Cahiers française* n° 360, La Documentation française, janvier-février 2011, p. 31.

(44) 大統領府ホームページのアーカイブ archives より。Discours du Président de la République, Nicolas Sarkozy, sur la Défense et la Sécurité Nationale, Porte de Versailles, 17 juin 2008.

(45) Jean-François Daguzan,op. cit., p. 32. とくに『国防白書1994』と比較して強調された新たな機能は「諜報と未来予測」たとえばテロのルートに関する諜報と捜査であった。Bernard Squarcini, La nouvelle organisation du renseignment intérieur français, F. Ocqueteau (dossier réarisé par), *Polices et politiques de sécurité : concilier efficacité et respect des libertés, Problèmes politiques et sociaux*, n° 972, mai 2010, p. 60.

(46) *Livre blanc sur la défense et la sécurité nationale de 2008*, p. 62.
(47) *Livre blanc sur la défense et la sécurité nationale de 2008*, pp. 63-64.
(48) *Livre blanc sur la défense et la sécurité nationale de 2008*, pp. 65-71.
(49) 「2009-2014軍備計画法」の附属報告 RAPPORT ANNEXÉ による（Legifrance 参照）。
(50) 前掲 RAPPORT ANNEXÉ の「1. La politique de défense dans la stratégie de sécurité nationale de la France, 1.1. La mondialisation et la nouvelle stratégie de sécurité nationale による。
(51) フランスは2009年4月、NATOの統合軍事機構へ復帰した。
(52) 前掲 RAPPORT ANNEXÉ の「6. Les ressources, 6.1. La priorité à l'investissement dans les équipements」による。
(53) 「2009-2014軍備計画法」第4条に具体的数値が書かれている。
(54) 会計検査院ホームページより。COUR DES COMPTES, *Le bilan à mi-parcours de la loi de programmation militaire*（Juillet 2012, Synthese du Rapport public thematique）.
(55) 国防省の統計である *Les chiffres clés de la défense 2012* によれば、2011年予算における国防省の予算定員は29万6493人（軍人22万8656人、文民6万7837人）となっている。
(56) Financial and Economic Data Relating to NATO Defence : Defence expenditures of NATO Countries (1990-2011), Press Release (2012) 047 issued on 13 Apr. 2012, p. 10.
http://www.nato.int/cps/en/natolive/news_85966.htm?mode=pressrelease
(57) 「2009-2014軍備計画法」の第3条。
(58) 国防省ホームページより。
(59) 国防省ホームページ、Rapport d'exécution budgétaire 2011 - LPM 2009-2014. p. 11.
(60) 2010年物価水準。Rapport d'exécution budgétaire 2011 - LPM 2009-2014. p. 11.
(61) 水越英明「イスラム過激主義によるテロへの対応―欧州及びロシアの対応」。日本国際問題研究所ホームページ http://www2.jiia.or.jp/pdf/global_issues/islam-terror/09_mizugoe.pdf
(62) 1978年には軍と警察の共同による「戒厳令の一歩手前」の体制であるヴィジピラット Vigipirate と呼ばれる警戒体制が生まれている。新井誠「フランスにおけるテロ対策法制」大沢秀介・小川剛編『市民生活の自由と安全 各国のテロ対策法制』成文堂、2006年、126-7頁。
(63) Loi no 86-1020 du 9 septembre 1986 relative à la lutte contre le terrorisme et

aux atteintes à la sûreteé de l'Etat（Legifrance 参照）.
(64) 1986年9月9日の法律と「1992年の新刑法典」のテロリズム関連の規定については、次の論文が詳しい。熊沢卓「フランス共和国におけるテロリズムに対する国内法的規制1および2」『広島法学』22巻3号および4号、1999年。
(65) 新井誠、前掲書130頁。高山直也、前掲論文116頁。
(66) 高山直也、前掲論文115頁。
(67) Loi no 2006-64 du 23 janvier 2006 relative à la lutte contre le terrorisme et portant dispositions diverses relatives à la sécurité et aux contrôles frontaliers（Legifrance 参照）.
(68) 高山直也、前掲論文119頁。
(69) 2006年以前は、テロ犯罪に対して特別な司法手続きが適用されるのは「刑務所の門まで」、それから先は普通法が適用されていたため、首尾一貫性を欠いていたとの反省から、刑の執行について決定する権限は、受刑者の拘留地又は居住地にかかわらず、パリ大審裁判所の行刑裁判官 Juge de l'application des peines、パリ行刑裁判所 tribunal de l'application des peines およびパリ控訴院の行刑部 chambre de l'application だけがもつとした。高山直也、前掲論文127頁。
(70) 市民生活との関係における「安全に関する法律のあやうさ」という点について、本稿では言及できなかったが新井誠の論文を参照されたい。ただし新井論文は2006年1月23日の法律以前のテロ対策法制の分析である。
(71) 新井誠、前掲書125頁。
(72) 内務省が管轄する国家警察は都市部のみを担当し、憲兵隊（農村・郊外）と分業している関係が批判されてきた。
(73) 本稿で検討する組織再編以前（2006年時点）についての紹介は、高山直也、前掲論文115-116頁に依拠している。
(74) 高山直也、前掲論文115頁。DSTは1944年に創設された対スパイ活動組織。その任務は、①防諜、②対テロ、③経済的科学的財産の保護（核・生物・化学・弾道兵器の拡散又は組織的重大犯罪対策を含む）。1986年からDSTには司法警察としての権限も付与された。イスラム過激主義のテロの分野において捜査活動をおこなっていた。
(75) 高山直也　前掲論文115頁。DCRGは1907年創設された諜報活動組織。賭博場やレース競技も監視。その任務は、テロや民主主義と共和国の価値を攻撃するグループ又は個人との闘い、都市（郊外）の暴力や地下経済、密売との闘い。
(76) Bernard Squarcini, op. cit., p. 61.
(77) 内務省の解説文書「組織図」（2012年8月1日更新）による。
(78) 国家警察総局ホームページの文書「組織」による。

(79) Décret n° 2008-609 du 27 juin 2008 relatif aux missions et à l'organisation de la direction centrale du renseignement intérieur（Legifrance 参照）．
(80) Bernard Squarcini, op. cit., p. 59.
(81) すでに述べたように前身の DST には1986年から司法警察としての権限も付与されていた。
(82) 内務省ホームページの文書「DCRI 創設」による。
(83) LOI n° 2009-971 du 3 août 2009 relative à la gendarmerie nationale（Legifrance 参照）．
(84) ただし例外的に、国外における作戦への参加にあたっては国防大臣の管轄下に入るとされた。
(85) 組織改革の直接の要因とは別に、2005年秋に発生した都市暴動以来、「身近な都市警察」政策が失敗し、国家警察が「軍隊化」（より抑圧的な武器を使用して秩序維持を優先）したことで「警察と憲兵隊の相互接近」という事態が生じていた。この事実も2009年組織改革の背景といえる。F. Ocqueteau, Avant-propos, F. Ocqueteau, op. cit., pp. 7-8.

第6章　ドイツの安全保障とテロ対策
―――安全保障・連邦軍・テロ対策の変容との関連で―――

中　谷　　　毅

概　要

　ドイツはナチズムによる国家テロを経験した国であるが、戦後の西ドイツでテロといえば極左によるそれを指すことが多かった。近年では、2011年11月に発覚したツヴィッカウの極右グループによる長年にわたる連続殺人事件が、事件当時の捜査における不手際の浮上、極右勢力の取り締まりの議論と相まって、大きな話題になった。この種のテロの問題は、基本的に内務、司法の管轄であり、警察および情報機関（特に憲法擁護庁）、さらには法的措置によって取り締まられてきた。
　しかし、2001年9月11日の同時多発テロのような、新しいタイプのテロが発生したことで、テロ対策の守備範囲が広くなり、これに従事するアクターも多様化していった。また、冷戦の終結に伴う安全保障観の変容も見られた。こうした状況下、ドイツでは「拡大化安全保障」という概念のもとでテロ対策が講じられるようになり、国内的安全保障を担ってきた機関だけでなく、対外的安全保障担当の諸機関もその対策に向き合う必要が出てきた。特に、連邦軍は国際的な危機管理の軍隊として改革されていくなかでその活動の幅を広げ、少しずつではあるが国内外でのテロ対策にも活動の場を見出しつつある。
　それでは、連邦軍を中心とした対外的安全保障担当諸機関は、テロ対策に直接的、間接的に繋がるどのような活動に取り組んでいるのであろうか。そして、こうした取り組みが進展していくなかで、どのような問題が生じているのであろうか。

はじめに――本章の課題

　21世紀の国際社会における難題、その1つとして（国際）テロリズムを挙げることができよう。そして、程度の差こそあれ、世界各国にとってこの問題への取り組みは焦眉の急である。特に2001年9月11日のアメリカにおける同時多発テロ以降、安全保障におけるテロの位置づけが格段に高まり、国内外でのテロ対策が講じられるようになっていった。

　ドイツ連邦共和国（以下、ドイツ）も例外ではない。この国では戦後、テロ対策は国際的な協力も含めて内務・警察、情報機関、司法の管轄、すなわち内務・司法政策であったし、今日でもそうであるが、9.11テロ事件以降、既に始まっていた安全保障概念の変容過程と相まって、もはや防衛省など対外的安全保障を担当する諸機関にとっても看過しえない関心事項になっていった。本稿では対外的安全保障を担当する防衛省・連邦軍がテロをいかに認識し、いかに対応しようとしているのかという問題を中心に、「拡大化安全保障」の時代におけるドイツのテロ対策を検討すること、換言すれば、外交・安全保障政策におけるテロ対策およびそれに関連する活動の検討が主な課題である。

　本章ではまず、テロ対策は基本的には国内的安全保障（Innere Sicherheit）を担当する諸機関の問題と考えられていた経緯を確認する。次に、冷戦終結後に安全保障概念が変容していくなかで、9.11テロ事件以降テロがどのように位置づけられてきたかを把握したうえで、対外的安全保障（Äußere Sicherheit）を担当する防衛省・連邦軍を中心にした諸機関が取り組むテロ対策を3つの視点（非軍事的貢献としてのアクションプラン、多国間協力での取り組み、連邦軍の国内出動を巡る動き）から考える。

1　ドイツにおけるテロリズムとその対策の歩み

治安としてのテロリズム対策

　西ドイツにおいて「国内的安全保障」という概念が政治議論のテーマにな

ったのは、1960年代末の学生による抗議運動の展開においてであった。その際の含意は、冷戦時代における外部からの脅威とは対照的に、社会の内部から発生する脅威から社会および国家を守るということであった[1]。したがって、国内的安全保障は日本語の公安・治安にほぼ対応するといえようが、これらの日本語に対応するドイツ語には公共の安全（保障）（Öffentliche Sicherheit）という概念が既に存在していた[2]。西ドイツのテロ対策は基本的にこの国内的安全保障という枠組みで、また1960年代末以降頻発する過激派、特に左翼過激派（極左）によるテロとの戦いという文脈で捉えることができる。

　ミュンヘン・オリンピック事件までは、テロリストによる活動はドイツ人や海外からの亡命者の過激派によるもので、爆発物の使用、殺害する標的への襲撃などという形で現れた。また、1960年代末にはイスラエルに対するパレスチナ人の行動がハイジャックとして現れた。そして1972年9月、パレスチナ人過激派によるミュンヘン・オリンピック選手村のイスラエル人への襲撃が発生するのであるが、人質解放に失敗し、死傷者を出したこの事件はテロに対する認識に大きな影響を、そして同時に後のテロ対策への教訓を与えることになった。すなわち、この事件は国際テロリズムという認識と同時に、こうしたテロの脅威が今後も存続するという認識を刻印した。その結果、内務省、さらには外務省がそれまで以上にテロとの戦いには国際的な協力が必要であるとの考えに達し、ECや国連といった国際的な協調の枠組みを模索していくことにもなった。

　また、具体的な措置として設立されたのが対テロ特殊部隊のGSG9（Grenzschutzgruppe 9：国境警備隊第9分隊）であった。以前から警察や情報機関における改革が始まっており、既に内務省でこれに相応する計画が議論されてはいたが、部隊の設置がミュンヘンでの事件への直接の対応であったことは間違いない。さらに、1975年2月のベルリンCDU委員長P. ローレンツの誘拐事件の際に、一連の危機対策本部の活動が首相のもとにある超党派的委員会において調整され、情報のやり取りや決定が効率的に行われた。この枠組みは法的根拠や正式な決議に基づいておらず、法治国家的観点からすれば疑わしいものであったが、後に、例えば1977年の秋にも機能することになる[3]。

こうした経過のなかで、赤軍派などの過激派グループによるテロに対抗して治安を確保すべく、1971年に人身略取罪（刑法第239a条）、人質罪（同法第239b条）、1976年にテロリスト結社結成罪（同法第129a条）などのテロリズム対策関連法規が整備されていった[4]。その後も米軍基地への襲撃など、テロ事件がなくなることはなかった。1990年10月のドイツ統一と前後しても、1989年11月にドイツ銀行頭取A. ヘルハウゼンが、1991年4月には信託公社総裁D. K. ローヴェッダーが極左組織に暗殺されるテロが発生するが、従来のテロ対策の枠組みを大きく揺るがすことはなかった。

以上のように、今日の「国際テロリズム」という理解は既にこの時代に存在し、国内的安全保障のための国際的協力の必要性が意識され、2国間あるいはEC、国連など様々なレベルでの協力の枠組み作りが始まる契機になった。ただし、テロ対策を担当する主要機関は内務・警察、司法、そしてせいぜい外務であり、軍隊の出る幕はなかった。ドイツでは歴史的経験から戦後、警察と軍隊の分離原則の貫徹のもと、国内的安全保障の担当は警察、対外的安全保障の担当は軍隊とされ、両者の任務が峻別されてきた。国内で発生した諸事件には警察力で対応するのが原則で、軍隊の出動は極極限られた場合にのみ想定されていた[5]。制度的にもイギリスの防衛省警察、フランスおよびイタリアの憲兵隊に対応する組織は存在しない。ミュンヘン・オリンピック事件など数々のテロ事件を経験した後も警察と軍の任務の峻別という理念に揺らぎはなかったし、実戦においてもそうであった。理念・原則が現実に追越を迫られる事態は発生しない時代であった。

9.11テロ事件とドイツの対応

冷戦終結の余韻醒めやらぬ1993年に発生したニューヨークの世界貿易センター爆破事件、さらに1998年のナイロビのアメリカ大使館爆破事件は、振り返ってみればその後の反米テロの伏線であったといえようが、その犠牲者および被害の規模、さらには手段、多発性、そして何よりもテレビ映像が与えた衝撃などの点で2001年9月11日の同時多発テロは特別な事件であった。

この歴史的事件にドイツはどのように反応したのであろうか。SPD（社会民主党）と緑の党との連立による政権を率いたシュレーダー首相は回想録で

当日の行動に言及しているが、事件を知り彼がまず連絡をとったのがフィッシャー外相、シリー内相、シャーピング防衛相で、彼らと初会合を行っている。続いて、連邦安全保障評議会（Bundessicherheitsrat）を招集し、その後、連邦議会議長や連邦議会に議席を持つ政党の党首などを交えての会談の機会を設けた。また、シュレーダー首相は会議の合間にフランスのシラク大統領、イギリスのブレア首相、ロシアのプーチン大統領にも電話で連絡をとり、さらにその日のうちに出した短いコメントで、「これは文明世界全体に対する宣戦布告である」と述べ、同日のブッシュ大統領宛の電報では、「私の限りない連帯」を表明している[6]。

　こうしたシュレーダー首相の行動だけをみても安全保障上の同盟国が見舞われたテロへの対応が、西ドイツ時代に経験したテロへのそれとは大きく異なっていることが読み取れる。すなわち、彼はすぐに防衛相を含めたメンバーで会談を行い、事件当日以降複数回の連邦安全保障評議会を開催して対応を協議している点である。9.11テロへの対応では内相とならんで、防衛相の存在が大きかった。換言すれば、国内的安全保障担当機関だけでなく、対外的安全保障機関がテロ対策を担う当事者となったのである。実際、ドイツにおける差し迫った脅威はなかったが、シリー内相は国境管理を強化し、空港の、特定の航空会社の、アメリカ、イスラエルおよびユダヤ関連施設の、さらには連邦省庁の安全保障段階を上げるよう命じたし、シャーピング防衛相は連邦軍の数師団の警戒態勢を強め、領空査察を強化するなどした[7]。

　9.11テロ事件後、ドイツ政府が国内的安全保障対策としてまず取り組んだのが法律の整備である。具体的には9.11テロ直後の第1次テロ対策立法、2002年1月に制定された第2次テロ対策立法、共同テロ防止センターの設立、対テロデータベース法の制定などの形で現れた。また、移民政策の文脈で2005年1月に施行された移民法にもテロ対策関連条項が挿入された。2007年には、第2次テロ対策立法がそれを補充する法律により期限延長された。こうした措置により国内の治安を担当する諸機関はテロ対策のための新しい道具を手に入れ、さらに、機関相互間の連携が緊密になることが期待された[8]。その他、後述のように航空安全法を巡って、テロリストに乗っ取られた航空機を連邦軍が撃墜することが議論の対象になった。

P. カッツェンシュタインは9.11テロ事件がアメリカにとって「戦争」であったのに対して、ドイツにとっては「犯罪」であったとし、「ドイツ政府は、グローバルなテロリストのネットワークに打ち勝つには破綻国家におけるテロの根源的な社会的および経済的原因へ注意を払うこと、忍耐強い警察協力、情報の共有、国際的な法手続きが戦争よりも適していると感じた」と述べている[9]。テロを「犯罪」と捉える故に、それへの対応は内務・警察および司法の管轄事項となり、政策分野は内務政策や法政策である。しかし、この犯罪は国内における脅威であると同時に国外からの脅威にもなりうることを、そしてこの脅威に警察権力だけで対抗することが可能なのかという疑念を浮き彫りにした。そこで、拡大化安全保障の観点から対外的安全保障を担当する諸機関を含めて、この脅威に対処する術も必要だとする議論が活発になった。こうしたテロ対策の複雑化は冷戦終結後に見られるようになった安全保障概念の変化という、より大きな枠組みのなかで理解できる。そこで次節では、ドイツにおける安全保障概念の変容について考察する。

2　変容する安全保障

安全保障概念および連邦軍の変容

ドイツでも安全保障政策（Sicherheitspolitik）といえば通常は外交政策や防衛政策と関係が深い対外的な安全保障を指すが、この概念が冷戦後変容していった。東西冷戦期の西ドイツは西側の安全保障機構NATOのメンバーとして東側の脅威に対する抑止の一端を担うと同時に、東との緊張緩和に努力するという安全保障政策を推進した。その際、自発的に「控えめの政治」が展開され、軍事の面でも連邦軍の任務は国土・国民および同盟国の防衛という箍がはめられていた。冷戦期の安全保障においては全体として東側の脅威に対する安全保障観が色濃く刻印されていた。

しかし、東西冷戦終結後の1992年に公表された防衛政策指針における安全保障観は次のように変化している[10]。東からの脅威がなくなったことで、「ドイツはもはや前線国家ではない。代わりに今日ではもっぱら同盟国や友好的パートナーに囲まれている」（第9項）とされる。しかし、東南欧におけ

る不安定などヨーロッパの安全保障政策上の風景は矛盾に満ちた像を提示しており、またヨーロッパは世界の挑戦に直面している（第10項）。そして、当時の安全保障政策上の状況判断から、全政策領域の協力や新しい戦略的視野を反映した「広範囲の安全保障概念」、ナショナルな安全保障の地域的、超地域的、グローバルな相互依存および国際的「安全保障文化」の必要性を反映した「共通の安全保障」といった将来的な安全保障構想の基本的なパラメーターが導き出される（第28項）。

2003年の防衛政策指針により21世紀の連邦軍にとってのパラダイム転換が行われたといわれるが、それ以前の1990年代は過渡的局面と見なすことができる。この時期に統一ドイツの戦力を変化した政治的、軍事的現実に適応させる方策が模索された。そして、この10年間に外国への派兵の回数、集中度、規模、期間が増し、ソマリアやバルカン半島への出動で危機対応軍の負担の限界に至ったが、ここでますますはっきりしたのは、連邦軍の組織および構造が過度に国土・同盟防衛のために整えられていることであった。1999年のNATOの新戦略構想やEUの安全保障アクターに向けての歩みと相まって、1999年から2002年の間に連邦軍の構造が引き締められ、派兵のためにできるだけ適正化されていった[11]。

2003年の防衛政策指針[12]では、防衛は従来の国境でのそれ以上のものになり、紛争および危機の予防、危機の共通の克服および危機のアフタケアを含むようになっているとし、「こうしたことに応じて、防衛は地理的にはもはや限定できず、我々の安全が危険にさらされる所はどこであれ、その確保に貢献する」（第5項）とされる。また、「国際的紛争予防や危機克服のために、そしてテロに対抗して連邦軍を出動させることは派遣軍に向けての連邦軍のさらなる変容に決定的な影響を与える」（第84項）と謳われる。対国際テロ、国際的紛争予防および危機克服が連邦軍の重要任務になったのであり、その任務遂行のために連邦軍は地理的に限定できない範囲で活動することを期待されたのである。

2003年の指針内容を受け継ぎながら、最新の2011年防衛政策指針では「対外的安全保障と国内における公共の安全保障の伝統的な区別は、目下のリスクおよび脅威に鑑みてますますその意義を失ってきている」（第Ⅲ章）という

安全保障観が明示される(13)。このことは、国内的安全保障と対外的安全保障に共通部分が出現したこと、それぞれの管轄機関の協力体制の必要性が出てきたことを示唆してもいる。そして、当然そこでは国内的安全保障における防衛省、連邦軍の任務も含意されていよう。2011年の指針では連邦軍改革との関連で「祖国防護（Heimatschutz）への貢献」という表現が使用され、「祖国防護は国全体の任務である。連邦軍の祖国防護への貢献はドイツ高権領域におけるドイツとその市民の防護のための連邦軍のあらゆる能力を含んでいる」（Ⅵ章）と謳われる。この文脈ではテロ（対策）という直接的な表現はないが、古典的意味での国土防衛などの本来の任務とならんで、「自然災害および重大な災厄事故の場合の、危険なインフラストラクチャーの防護のための、および国内の非常事態での職務上の援助」が現行法内における連邦軍の補助的任務として記されていることから、テロを意識していることは明らかである。

　暴力の脱国家化と相まってテロ攻撃をするアクターや手段が多様化したのに伴い、テロ対策の担当機関も多元化するなか、こうして徐々にではあるがテロ対策を意識した連邦軍の国内出動が想定されるようになってきた。また同時に、本来国内で活動する警察がそのノウハウを伝授すべく、国外へ派遣されるという事態も常態化してきた。その背景には、安全保障理解におけるテロ概念のキーワード化があった。

リスクおよび脅威の源泉としてのテロリズム

　では、上記のように安全保障観が変容していったなかで、テロはどのように認識されたのであろうか。テロ、それも国際的なテロがドイツの対外的安全保障政策において重要な概念として現れるのは9.11テロ事件以降である。1992年の防衛政策指針において「テロ（Terror）」およびそれを含んだ用語は一度も使用されていないが、2003年に公表された新しい指針では多用されている。例えば、9.11事件が世界に大きな衝撃を与え、それに続くテロ襲撃が「いつでも、世界のどこででも起こり得て、誰にでも向かい得る非対称的な危機への意識を高めた」とされる（第18項）。また、「未解決の政治的、エスニックな、宗教的、社会的紛争が国際テロリズム、国際的に活動する組織化

された犯罪、さらには増え続ける移民の動きと結びついてドイツとヨーロッパの安全保障に直接影響を及ぼす」(第25項) という理解が示される。そのうえで、「テロに対する幅広い国際的な提携がこの脅威を効果的に予防し、克服するための基本である」(第28項) との認識が提示される。そして、2006年の安全保障白書『ドイツの安全保障と連邦軍の将来に関する白書』では、9.11テロおよびパリ、マドリード、ロンドンにおける一連のテロは、「我々の安全保障にとり目下最も直接的な危険は国際的な、考え抜いて行動し、国を越えて広がるネットワークと結びついたテロリズムから派生するということを力説している」[(14)] と謳われる。要するに、テロは脅威とされ、様々な紛争と結びついた結果発生すると理解されると同時に、ドイツにとって最も直に襲ってくる危険としても捉えられているのである。

　マドリード (2004年)、ロンドン (2005年)、モスクワ (2010年) でのテロ、また2006年のケルン中央駅でのスーツケース爆弾テロ未遂などを経験した後の2011年に発表された指針では、「リスクや脅威は今日、特に破綻しかけていたり、破綻してしまった国家、国際テロリズム活動、テロ・独裁体制、その破綻の際の革命、犯罪ネットワーク、気候・環境の大災害、移民の展開、天然資源および原料の供給が不足したり困難になったりすることから、また伝染病や疫病、ITのような決定的なインフラストラクチャーの危機によって生じる」、「国際テロリズムはわが国および同盟パートナーの自由と安全保障にとっての本質的な脅威であり続ける」(第2章：戦略的安全保障環境) といった明確な認識が記されている。

3　変容するテロリズム対策とその諸課題

アクションプランによる取り組み

　ドイツの安全保障政策におけるテロ対策への取り組みの一例として、ここではまず連邦政府のアクションプラン「非軍事危機予防、紛争解決および平和構築」(2004年5月) を取り上げる。これは外交、安全保障、経済協力・開発だけでなく内務、財政、教育、環境など広範な担当諸機関が一体となって、また国連、EUなどの様々な国際機関と協力し、さらにはNGOを含め

た民間諸組織の力も利用しながら紛争予防や平和構築を目指すプランであり、非軍事という視点から拡大化安全保障概念に則って構想された危機管理のための行動計画であった。

筆者は以前このプランをシュレーダー政権の外交・安全保障政策との関連で簡単に紹介したことがあるが[15]、今日わが国でも専門家の間で少しずつその存在自体は知られるようになっている。ただし、その存在に言及されるだけで、内容の紹介や検討はなされてこなかった。本稿でも十分に紹介、考察する余裕はないが、改めてこの試みに焦点を当てたい。その理由は、イギリスの紛争予防共同基金（Conflict Prevention Pools）などに比して知名度が格段に低いものの、ドイツのテロ対策を考えるうえで不可欠な取り組みとしても理解できるからである。

このプランは外務省の指揮のもと仕上げられたのであるが、非軍事的危機予防のための3つのテーマ領域が核心を成している。第1は多国間の試みへのドイツの貢献である（第III章）。そこでは、ドイツ政府が危機予防のために貢献できる行動領域および協力できる諸機関が挙げられる。協力機関としては国連、EU、OSCE、NATO、その他、国際的な金融および開発機関などである。行動領域は武器規制、国際関係の法化、地域協力の促進などである。第2は危機予防の戦略的試みである（第IV章）。重視されるのは国家性の保障のための尽力であり、そこでは法治国家、民主主義、人権、治安といった領域で国家が機能しているかがポイントになる。生活の機会を社会的、経済的に確保することと合わせて、市民社会、メディア、文化における平和のための潜在力を促進することが活動領域である。第3は効果的な行動のための前提を創り出すことである（第V章）。行政機関の能力および資源をネット化するための、さらに国家的アクターと非国家的アクターとの協力のための構造を創出することによって非軍事的危機予防の国内的インフラ拡張と奨励が推進されるべきだとされる。そして、上記3領域における諸課題に対して連邦政府の将来的な行動方針のために161項目にわたるアクションが提示されるのであるが、これらは新しい政府イニシアティヴではなく、むしろ政治的宣言、意図表明および実際に革新的な行動の端緒との混合であるという指摘がある[16]。このプランと他のヨーロッパ諸国の紛争予防の試みとの違い

として指摘できるのは、まずは非軍事の要素をはっきりと強調していることであり、もう一点は省庁間調整のみでなく、非国家アクターとの調整に焦点を当てていることである[17]。

危機・紛争の発生に先手を打って予防に努めるアクションプランでは、「テロ予防の一部としての危機予防」という位置づけがなされており、テロと危機予防との関係を次のように記している。「テロリズム予防は特別なジレンマと挑戦のもとにある。一方で、貧困と悪い政府運営がテロリズムの生成を促すとする安易な結びつけは危険な短絡である。しかし他方で、原理主義、くすぶる地域紛争、大量破壊兵器およびテロ攻撃の投入の危険からなる高度に危険な結合はグローバルな協力的安全保障というシステムによってしか解決されえないことは疑いの余地がない。しばしばテロリズム発生の温床となる本質的な政治的および社会的紛争を調停しなければ、こうした課題は満たされない。それ故に、危機予防および紛争処理は国際テロリズムの撲滅に不可欠な要素でもある。危機予防は常にテロリズム予防の一部でもある」(S. 6)。

こうした枠組みで外務省、内務省、防衛省、経済協力開発省、教育研究省といった諸官庁が垣根を越えて国際機関や民間諸団体と協力して危機予防にあたることが目指された。活動実施報告は2006年、2008年、2010年に公表されているが[18]、課題も山積である。そこで最後に、アクションプランを研究し、提言を続けてきたC. ヴェラーによる分析を参考に、その問題点を簡潔に紹介しておく。彼は国内アクター間の調整に分析の焦点を当てた共同論文において、2度の報告書の分析も踏まえて、次のような課題を挙げている[19]。

まず、早期警戒・早期行動の問題である。効果的な紛争予防には、その国や地域における紛争の潜在性に関する体系的な分析が必要になる。しかし、様々なアクター間で紛争のタイプや指標の使用に関する混乱がいまだに存在し、総体的な分析枠組みの意義に対する疑念が生じている。また、それぞれの省庁では早期警戒分析が行われても、情報や異なった評価を架橋する体系的な試みがなかった。これは2つ目の省庁間の連携問題とも関連してくる。このプランの規定により、調整委員会として省庁間舵取りグループが設立さ

れたが、その役割は水平的な調整および情報共有に限定されていた。政策の一貫性の観点からすれば、指揮監督する組織として、次官レベルと密接に連携し、独立した十分な予算と人員を備える必要があるが、現実はそうではなかった。

また、ドイツの平和政策と安全保障政策の統合も達成されていない。例えば、アクションプランと2006年の防衛白書は大きく乖離している。白書ではアクションプランを省庁間安全保障政策の1つの「例」として扱い、その包括的構想をドイツ安全保障政策の「構成要素」の1つと見なしているにすぎない。特に、自らを紛争予防アクターと位置づけようとする防衛省の利害により、非軍事・軍事の協調が難しくなっている。周知の例に、アフガニスタンにおける地域復興チーム（PRT）がある。軍、外務省、経済協力・開発省の関係者からなるこのチームは地方における中央政府の影響力の強化、民間の復興、治安の確保などに従事するが、軍事政策と開発政策の結合がうまくいっていない。資金の共有ができず、省庁が互いをパートナーとしてではなく競合者として認識することが効果的な協力の障碍になっている。

その他、市民社会におけるアクターとの調整の不足という課題がある。現地社会に根差したNGOとの協力は重要であり、地域研究や平和研究の専門家との協力も有益であるが、こうしたアクターとの調整が不十分であった。さらに、政策を実施する前提として必要なものが2つある。まず、世論の関心の喚起である。このプランを周知させるロビー活動により、世論の関心を高めていくことが肝要であるが、政府はこれを怠った。もう1つは、財政上の支援である。この問題は既にアクションプランの採用当時から存在した。2008年には外務省の紛争予防・解決のための予算や経済協力・開発省の予算が個別に増加し、それ自体は賞賛に値するとしても、紛争予防に向けた省庁間行動のための資金プールの努力が欠けている。ヴェラーによれば、このプランが始まってほぼ6年が経過しても、ドイツの紛争予防政策は省庁間競争の分野のままである。

以上のように、ヴェラーの指摘は国内アクター間の関係に限定されているものの多岐にわたり厳しいものであるが、正鵠を射ているといえよう。今後の予防的テロ対策にも彼が挙げた諸課題の克服は不可欠であろう。特に、予

算の共有を含めて省庁間の垣根を越えた協調体制を如何に構築していくかが将来的な最大の課題であると思われる。確かに、アクションプランに多くを期待した者にとっては不十分な結果であったかもしれない。しかし、紛争地域における諸アクターの地道な取り組み（ドイツの警察による現地警察の訓練、NGOと協力した現地での教育活動、学校設立など）も数多く実施されてきたことも事実で、安全保障の捉え方が変容するなかでのこうした試み自体には一定の評価が与えられてしかるべきであろう。アクションプランはテロ対策に限定した計画ではないため、対テロの効果が具体的に視覚化されにくいが、間接的で、遠回りをした予防的対策は今後もドイツにおけるテロ対策の主柱になると思われる。

多国間協力での取り組み

テロに対する国際的な取り組みは国連、EU、OSCE、NATOといった様々な枠組みで、また内務・警察、司法、開発協力など様々な分野で実施されているが、ここでは連邦軍に限定してその活動を概観しておく。

連邦軍は1990年代以降地域紛争の解決に寄与すべく、バルカン半島など海外に活動範囲を広げていくことになったが、テロリズムとの関連でまず言及すべきは、2001年9月11日のテロ事件後に展開された「不朽の自由作戦」への参加である。10月に米英軍のアフガニスタン攻撃が始まると、シュレーダー首相は11月に自己の信任と結び付けて連邦議会に3900名規模の兵士を派遣することへの承認を求めた。そこではABC兵器防禦部隊（約800名）、衛生部隊（約250名）、特殊部隊（約100名）、航空輸送部隊（約500名）、海軍・海軍航空隊（約1800名）、支援部隊（約450名）などの派遣が予定されていた。ドイツはこの作戦で特殊部隊をアフガニスタンに送り、ABC兵器防禦兵力をクウェートに配備し、さらに長年アフリカの角（アフリカ東部の角状に突き出した部分＝ソマリア）沖で海軍が警戒に当たった[20]。ドイツ海軍はこの作戦におけるアフリカの角地域での活動を終えた現在、EUの作戦であるアタランタ（Atalanta）において同地域の海路安全、海賊取締りのための活動に協力している。2012年11月現在、EU、NATO、国連のマンデートに基づいて、連邦軍兵士約6700名が派遣されている。このうち、2001年以降続いている

NATOの作戦 (Operation Active Endeavour) では、ドイツ海軍が地中海でテロを警戒し海域監視を支援している。また、ISAF (国際治安支援部隊) やKFOR (コソヴォ治安維持部隊) による現地の復興・再建への参加は周知のとおりであり、その他、国連レバノン暫定軍における平和確保など様々な活動に参加している(21)。

21世紀に入って以降、連邦軍の国際的派遣においてはEUの枠組みでのそれが存在感を増している。ドイツ軍の派遣がこのようにヨーロッパ化した背景には、平和強制や平和構築におけるNATOとEUの役割分担が反映されている点、さらには2003年のイラクへの介入を巡る欧米間の対立後、ドイツがヨーロッパ安全保障防衛政策 (ESVP) を優先している点が挙げられる(22)。後者との関連で言及すべきは、EUの安全保障戦略文書「よりよい世界のなかの安全なヨーロッパ」(23)、いわゆるソラナ・ペーパーであろう。ここにおいてもテロの脅威が強調され、新しい脅威と共に防衛の最初の前線は海外になることが指摘される。そして、その対応として国際的・多国間の協力の枠組みでの政治的、外交的、軍事的、非軍事的な活動、さらに予防的関与が謳われる。この文書の内容は上述のドイツの安全保障方針と共振するところも多く、それゆえEUという枠組みでの派遣活動が増えているといえる。

冷戦終結後から現在までドイツ連邦軍は変貌の途上にあるが、防衛軍から派遣軍への変容はゆっくりと、不完全にしか進まなかった。ドイツ軍の海外派遣から15年以上たっても、兵士の3％足らずを外国に派遣すると、連邦軍は負荷能力の縁にあるという。改革過程がだらだらと長引く理由は様々であるが、防衛費の問題以外には、特に安全保障政策上の枠条件の変化に追いつかないドイツにおける戦略文化の遅れが挙げられる。連邦軍は既に様々な国際的派遣を数多く果たしてきたが、国際安全保障政策における新しい役割や軍隊の利用に関する公の議論が避けられ、また連邦軍の派遣に関しても、コールからメルケルまでの首相およびリューエからユングまでの防衛相は世論が新たな軍事的課題に徐々に慣れることを選び、ドイツは同盟国から迫られることで益々難しくなる軍事行動に引きずり込まれたとの指摘がある(24)。

ドイツは第2次世界大戦後、シヴィリアンパワーとして地歩を築いてき

た。そのため、現在でも連邦軍の軍事活動には世論の抵抗感が強い。危険を伴うアフガニスタンにおけるISAFからの撤退を求める声が強いのもこうした事情と関連している。テロ対策を含めた危機管理・対応の軍隊として変貌してきた連邦軍であるが、この国は今なお2面性を抱えている。

連邦軍の国内出動を巡る議論

本節ではまず、連邦軍を含めた諸アクターによる非軍事的取り組みを、次に連邦軍による他国間協力を検討した。これらの例では基本的に連邦軍は国外に派遣されるのであったが、最後に、テロ対策における連邦軍の国内出動を巡る議論を簡単に紹介し、検討する。まず、1990年代から9.11テロ事件までの議論を概観しておこう[25]。

基本法における警察と軍の権限配分を巡っては9.11テロ以降ではなく、既に1990年代はじめから議論があった。CDU（キリスト教民主同盟）/CSU（キリスト教社会同盟）議員団長のショイブレは連邦軍の任務の範囲を（NATOの）「域外」の方向だけでなく国内にも拡大しようと一石を投じ、1993年12月、「国内におけるより大きな安全保障上の脅威に際して」連邦軍を投入できるようにしたいと表明した。その際、基本法の改正について熟考されるべきだとされた。こうした主張の背景には脅威の状況が変化したという認識があったが、その一例として国際テロリズムが挙げられた。しかし、彼のこの発言に対しては最大野党SPDが反対し、与党内からもロイトホイザー—シュナレンベルガー法相（FDP）、リューエ防衛相（CDU）が反発した。また、警察労組や刑事労組は連邦軍が対外的安全保障に限定されることを要求した。

1999年初頭、クルド労働者党（PKK）のオジャラン議長の逮捕がドイツ在住のクルド人による全国規模の暴力沙汰に発展した際に、警察力の限界を超えた場合の連邦軍の投入（基本法第87a条第4項）の可能性が議論され、さらに同年夏、軍の国内出動を促す連邦軍統合幕僚長キルヒバッハの主張が議論の契機になった。当時のシャーピング防衛相（SPD）は、連邦軍は組織犯罪、テロリズムに対する戦いには、また国境防備には投入されないとしたが、連邦議会防衛委員会委員長ヴィチョレック（SPD）は基本法がそれに該当することを予定している故に、警察支援のための兵士の投入は総て非難するこ

とはできない旨指摘した。元防衛相のショルツ（CDU）は「横暴な集団移民の危険」や「国家テロリズム」に鑑みて、国境防備は対外的安全保障に関わるとし、連邦軍も国境防備に投入されなければならないとの見解を述べた。

このように、2001年9月11日以降展開していく議論の原型は、基本的にこの時期に提示されていた。SPD、緑の党、PDS（民主社会党）、FDP（自由民主党）の代表者が、軍と警察の任務分離に触れてはならないと指摘した。また、警察の労組や連邦軍連合会（連邦軍関係者の利益団体）なども軍の国内出動に反対した。こうした議論を経験したうえで2001年9月11日を迎えたのである。事件後の新しい状況に答えるべく、SPDのシリー内相は基本法の改正なしに、職務上の援助の形で国内への軍の投入が可能であると表明した。この問題を巡り各政党の論戦は続くことになる。そして、2003年1月のフランクフルトでの軽飛行機ハイジャック事件を最後の一押しに、航空安全法の改正へと進んでいった。

2004年に赤緑連立政権下で成立したこの航空安全法およびそれに対する違憲判決に関してはここでは深入りできないが[26]、この法律はハイジャックされた航空機に対する軍の武力行使を可能にするものであり、これによって初めてテロによる直接の脅威に軍隊が投入されることが予定された。その後、連邦や州で内相を務めた経験があるバウムとヒルシュ（共にFDP）を含めた複数の私人により憲法異議の申し立てがあり、2006年2月の連邦憲法裁判所の判決で違憲とされた。しかし、この判決を不服としてバイエルン州とヘッセン州が規範統制の訴えを起こし、これに対する連邦憲法裁判所の総会決定の結果が2012年8月半ばに公表された。判決の概要とそれに対する諸政党の反応は次のようであった。

違憲判決では、基本法35条第2項および第3項は特殊軍事的武器を伴う軍隊の出動を認めていないとの立場であったが、総会決定では上記条項は「この規定に則った軍隊の出動に際して特殊軍事的武器を使用することを原則的には排除しておらず」、「局限された条件下においてのみ認められる」とされた。要するに、上記条項との関連で「災害規模の通常でない例外状況（ungewöhnliche Ausnahmesituationen katastrophischen Ausmaßes）」と表現される状況下でのみ、武器を用いる軍の出動が認められたのである。この条件には、

「デモをする群衆から、あるいはその群衆によって迫りくる」危険は該当しない点にも決定は言及している。また、軍の出動は（防衛相だけの決定ではなく）、「合議制機関としての政府の決定に基づいてのみ認められる」ことになった。ただし、ガイアー裁判官は補足意見において、「現行法上では総会決定に基づいて、戦闘機は航空安全法第14条第1項の条件下で航空機を追い払い、強制着陸させ、武力を投入すると脅す、あるいは警告射撃をすることは許されるかもしれない」が、乗客と乗務員が搭乗している航空機の撃墜は、「人間の尊厳の保障と結びついた生命の基本権と一致しない」と指摘している[27]。

　連邦憲法裁判所による決定の公表を受けての各政党の見解は様々であった。フリードリヒ内相（CSU）とドゥ・メジエール防衛相（CDU）は決定が連邦政府の法解釈を確認したと強調した。防衛相は判事の決定を評価し、「国家の防護義務は当然ながら安全保障関係当局の管轄問題よりも優先される」と述べた。しかし、内務省は国内的安全保障と対外的安全保障の分離の意義を指摘し、ロイトホイザー-シュナレンベルガー法相は「ドイツ連邦共和国は、連邦軍は支援警察ではないという原則と共に大きくなった」と強調した。SPDの外交専門家のハルトマンは「災害規模の例外状況」の定義がなく、事例も挙げられなかった点を指摘して、「全ての責任事項を置き去りにして、頼りにならない」とし、緑の党のロート党首はこの決定が「難しい決定状況における法的安定」を意味しないと発言した。左翼党は「裏戸からの憲法改正」という言い方をした。また、バイエルン州のヘルマン内相（CSU）は、飛行機の撃墜を審議するために政府全体が特別会議のために集うことは「全く実践的でない」と述べるなど、基本法改正を求める声も聞こえてきた[28]。

　連邦軍の対外的なテロ対策は国際的な危機管理という枠組みのなかで理解できようが、果たしてこの軍隊は将来的に国内にも活動の場を見出していくのであろうか。既述のように、現在でも主要政党間、あるいは主要政党内における見解の統一には程遠く、なおかつ警察労組などの関連組織の反対が根強い。2012年夏の連邦憲法裁判所の決定は今後も学会や政界で議論の対象になるであろうが、現行基本法下での国内出動が容易でないことに変わりはない。

しかしながら、連邦軍の国内出動に理解を示すある安全保障政策の専門家は、国際テロの挑戦にもかかわらず現在でも連邦軍はテロ対策の第一義的な機関ではないとの見解に依拠しながらも、①9.11テロのような航空機によるテロの脅威に際しての断固とした対応、②ドイツ国内における同盟軍施設の防護、③同時多発攻撃に際しての伝統的な安全保障力の充足、④核兵器、放射線物質、生物兵器および化学兵器を用いた攻撃に際しての出動、⑤危険物質を搭載した船舶による脅威から海岸を防護するための出動、⑥国内外におけるエネルギー供給のための脆弱なインフラストラクチャー（パイプラインなど）をテロ攻撃から守るための出動、といった様々な出動の機会を列挙している。彼はテロの脅威の種類と危険性が、事の次第からして連邦軍の出動を必要にするように変化しているのが看取できるとしたうえで、ドイツの政治家がこの種の熟考を行ったが、憲法上の論拠で挫かれたという。そして、憲法学者は通例実定法に目を向けて問題設定に取り組むが、憲法が今でも脅威の状況に適合しているのかという問に目を向けることは少ないと指摘する[29]。テロ対策における国内出動が難しい現状でも、こうした見解が一定の影響力を持っている点には留意してよかろう。

おわりに

かつてはテロ対策において完全に周辺的存在で、対外的安全保障プロパーであった連邦軍は、新しい安全保障観への変容の過程で国土・同盟防衛の軍隊から派遣軍への変貌を余儀なくされ、その主要任務も危機管理・対応へと変わっていった。連邦軍は現在そこに自らの存在基盤を見出し、こうした大きな枠組みのなかでテロ対策、あるいはそれに繋がりうる任務を果たしつつある。ただし、新しい任務における深刻な諸課題が存在しないわけではない。こうした点を中心に、本稿ではドイツにおけるテロ対策を検討してきた。

ドイツにおいてテロは現在でも「犯罪」であり、第一義的には内務・警察、司法の管轄といってよく、限界を孕みながらも国際的にもこの領域での協力が試みられてきたといってよい。したがって、外交・対外的安全保障

担う外務省、防衛省、経済協力・開発省などの諸機関のテロ対策における任務は、基本的には国外における諸問題が自国さらには国際社会に悪影響を及ぼさないようにするための国外活動であり、9.11テロ事件後に直接的にテロに対応したような連邦軍の軍事活動を除けば、間接的、予防的なものになり、その役割は今のところやはり二義的、副次的なものといってよい。もっとも、連邦軍を含めた国家機関、国連やEUなどの国際機関、NGOなどのアクターの関与無しには国外からのテロリズムという難題を克服できないことに鑑みれば、外交・安全保障政策におけるテロ対策も今や既に不可欠な構成要素になっているともいえよう。

ところで、アメリカにおける同時多発テロ以降スペイン、イギリスなどがテロ攻撃の標的になったが、2006年7月にケルン中央駅でスーツケース爆弾が不発のまま見つかった事件を含め、ドイツはこれまでテロ攻撃による大惨事を経験していない。そのため、テロへの関心は惨事を経験した国に比べ低い。また、近年では経済状況、それと連動した失業やインフレ、健康保険制度、移民問題などがドイツ人を含めたヨーロッパ市民における日常の主要関心事になっており、国別の差はあるにしてもヨーロッパ全体においてテロへの関心は必ずしも高いとはいえない[30]。

ただし、テロに対する警戒は現在でも継続しているのであり、仮にもし世界規模でテロ活動が活発化し、ドイツにおいてもテロ事件による惨事、特に9.11テロのような大惨事が発生した場合、テロ対策に伴う様々な問題――安全と自由、情報機関と警察の任務・機能の分離、軍隊と警察の任務・機能の峻別など――の再考が強力に浮上し、より直接的、攻撃的なテロ対策を求める声が強くなる事態は排除できない。その際には国内監視が強化され、テロ対策における連邦軍の任務は国内出動を含め強化されるのであろうか。現行の基本法の規定が窮屈になれば、該当部分が改正されることになるのであろうか。そして、こうした展開が意味するのは、第2次世界大戦後ドイツが形成し、遵守してきた法的、政治的、社会的な国の骨格となる理念、枠組み、大原則が現実の喫緊とされる事態により変更を余儀なくされるということなのである。

（1） Eva Oberloskamp, Das Olympia-Attentat 1972. Politische Lernprozesse im Umgang mit dem transnationalen Terrorismus, Vierteljahresschrift für Zeitgeschichte, 3/2012, S. 338.
（2） シャイパーは「当時はまだ「公共の安全保障」といっていた国内的安全保障は、1970年に文字通り公共事項（*res publica*）になった」（S. 245）とし、1970年以降国民の要望を受けて展開していった連邦レベルにおける犯罪撲滅への取り組みを検討している。Stephan Scheiper, Innere Sicherheit. Politische Anti-Terror-Konzepte in der Bundesrepublik Deutschland während der 70er Jahre, Paderborn: Verlag Ferdinand Schöningh 2010.
（3） Oberloskamp, a. a. O., S. 327-349. 1977年にドイツ経営者連盟会長兼ドイツ産業連盟会長のH. M. シュライヤーが誘拐された際に招集された対策協議には、首相、外相、内相、法相、首相府付国務相および次官、政府スポークスマン、検事総長、刑事庁長官が毎日協議する枠組みと、これらの参加者に連邦議会における諸政党の党首と議員団長、関係諸州の首相を加えて週に1、2回協議する枠組みとが存在した。H. A. ヴィンクラー／後藤俊明・奥田隆男・中谷毅・野田昌吾訳『自由と統一への長い道II―ドイツ近現代史1933-1990年』昭和堂、2008年、330頁。
（4） 武田雅之「ドイツにおけるテロ規正法の分析」、初川満編『テロリズムの法的規制』信山社、2009年、244頁。
（5） 基本法第87a条第4項は「連邦若しくはラントの存立又はその自由で民主的な基本秩序に対する差し迫った危険を防止するために、連邦政府は、第91条第2項の要件が現に存在し、かつ、警察力及び連邦国境警備隊〔の力〕が十分でない場合には、民間の物件を保護するに際し、及び、組織されかつ軍事的に武装した反乱者を鎮圧するに際し、警察及び連邦国境警備隊を支援するために、軍隊を出動させることができる。軍隊の出動は、連邦議会又は連邦参議院の要求があればこれを中止するものとする」と規定している。その他、自然災害や災厄事故の際の出動を規定した第35条第2項、第3項があるが、ここでは省略する（基本法の訳は高田敏・初宿正典編訳『ドイツ憲法集　第6版』信山社、2010年による）。軍隊の国内出勤の厳格な制限および警察と軍隊の任務の分離に関する法的議論の詳細は次の文献を参照のこと。José Martínez, Polizeiliche Verwendung der Streitkräfte, Möglichkeit und Grenzen eines Einsatzes der Bundeswehr im Inneren, Deutsches Verwaltungsblatt, 15. 5. 2004, S. 597-606; Tobias Linke, Innere Sicherheit durch Bundeswehr? Zu Möglichkeiten und Grenzen der Inlandsverwendung der Streitkräfte, Archiv des öffentlichen Rechts, 129 (2004), S. 489-541; Andreas Dietz, Das Primat der Politik in kaiserlicher Armee, Reichswehr, Wehrmacht und Bundes-wehr. Rechtliche Sicherungen der Entscheidungsgewalt über Krieg und Frieden zwischen Politik und

Militär, Tübingen: Mohr Siebeck 2011, S. 552-564, S. 635-651.
（6） Gerhard Schröder, Entscheidungen. Mein Leben in der Politik, Hamburg: Hoffmann und Campe 2006, S. 162-166. ところで、連邦安全保障評議会は安全保障・防衛政策、さらには個々の武器輸出を審議する内閣委員会（Kabinettsausschuss）である。首相府に属し、首相が主催者で議長を務める。現在の他のメンバーは防衛相、外相、内相、財務相、経済相、司法相、経済協力・開発相、首相府長官である。前身は1955年10月創設の連邦防衛評議会（Bundesverteidigungsrat）であったが、1969年11月に現在の名に改名された。時代と共に中核的任務や参加メンバーなどに変化がある。その歴史、任務・権限などに関する詳細は、Kai Zähle, Der Bundessicherheitsrat, in: Der Staat, Bd. 44, 2005, S. 462-482. を参照のこと。また、連邦安全保障評議会が政府の関係閣僚内での審議・調整を行う機能を果たすのに対し、与野党間の議論の場として連邦議会に防衛委員会（Verteidigungsauschuss）が設けられている。
（7） Schröder, a. a. O., S. 171.
（8） 内務政策としてのテロ対策に関しては、坪郷實・高橋進「9.11事件以後における国内政治の変動と市民社会—ドイツとイタリアの比較を中心に」、『テロは政治をいかに変えたか』日本比較政治学会年報第9号、25-51頁。法学からの分析として、武田雅之「ドイツにおけるテロ規制法の分析」、『テロリズムの法的規制』信山社、2009年、243-257頁。渡邊斉志「ドイツにおけるテロリズム対策の現況」、『外国の立法』第228号、2006年。しかし、こうしたテロ対策法制が整備されていくなかで、安全と自由の調整という憲法問題が生じるようになった点にも留意しなければならない。この点に関しては、例えば次の文献を参照のこと。岡田俊幸「ドイツにおけるテロ対策法制—その憲法上の問題点」、大沢秀介・小山剛編『市民生活の自由と安全　各国のテロ対策法制』成文堂、2006年、95-122頁、山内敏弘「ドイツのテロ対策立法の動向と問題点」、『龍谷法学』40-4（2008年）、335-362頁。同じテーマを市民社会との関連で考察したものとして坪郷・高橋、前掲論文。また、2011年11月以降ツヴィッカウの極右テログループによる連続殺人事件の解明が急展開していくなかで警察および情報機関の不手際が次々明らかになり、憲法擁護庁の組織改革（連邦憲法擁護庁と16の州憲法擁護庁の権限配分など）や軍諜報部の廃止が話題になっている。
（9） Peter J. Katzenstein, Same War—Different Views: Germany, Japan, and Counterterrorism, International Organization 57, Fall 2003, pp. 732-733. 因みに、彼によれば、9.11テロは日本にとっては「危機」であった。
（10） Bundesministerium der Verteidigung, Verteidigungspolitische Richtlinien für den Geschäftsbereich des Bundesminister der Verteidigung, 1992.
（11） Ernst-Christoph Meier, Die Verteidigungspolitischen Richtlinien der Bundeswehr im Spannungsfeld zwischen internationalen Anforderungen und nationalen

Beschränkungen, Joachim Krause/Jan C. Irlenkaeuser (Hrsg.), Bundeswehr—Die nächsten 50 Jahre. Anforderungen an deutsche Streitkräfte im 21. Jahrhundert, Opladen: Verlag Barbara Budrich 2006, S. 63-65.

(12) Bundesministerium der Verteidigung, Verteidigungspolitische Richtlinien für den Geschäftsbereich des Bundesminister der Verteidigung, 2003.

(13) Bundesministerium der Verteidigung, Verteidigungspolitische Richtlinien. Nationale Interessen wahren—Internationale Verantwortung übernehmen—Sicherheit gemeinsam gestalten, 2011, S. 6.

(14) Bundesministerium der Verteidigung, Weißbuch 2006 zur Sicherheitspolitik Deutschlands und zur Zukunft der Bundeswehr, 2006 (Online Aufgabe), S. 20.

(15) 中谷毅「ドイツの外交安全保障政策と欧米関係―シュレーダー政権の模索―」、高橋進・坪郷實編『ヨーロッパ・デモクラシーの新世紀―グローバル化時代の挑戦』早稲田大学出版部、2006年、150、159頁。アクションプラン（Aktionsplan "Zivile Krisenprävention, Konfliktlösung und Friedenskonsolidierung"）に関する基本的な説明はこちらを参照されたい。

(16) Sven Bernhard Gareis, Deutschlands Außen-und Sicherheitspolitik. Eine Einführung, 2., aktualisierte Auflage, Opladen & Farmington Hills: Verlag Barbara Budrich 2006, S. 217f.

(17) Frank A. Stengel/Christoph Weller, Action Plan or Faction Plan? Germany's Eclectic Approach to Conflict Prevention, International Peacekeeping, Vol. 17, No. 1, p. 93. この見解によれば、シヴィリアン（独：zivil／英：civilian）な紛争予防とは、まさに非軍事的であると同時に市民社会の諸組織との協力で取り組むべき試みと考えられる。しかし、2006年の第1回報告書では「「非軍事的紛争予防」という概念はそれゆえ軍事的危機予防と一線を画すると理解されうるのではなく、それを含んでいる」と記されており、ヴェラーはこの記述によりアクションプランから政策的本質が奪われたと主張する。Christoph Weller, Aktionsplan Zivile Krisenprävention der Bndesregierung—Jetzt ist dynamische Umsetzung gefordert. Eine Zwischenbilanz nach drei Jahren, INEF Policy Brief, 2/2007, S. 11.

(18) アクションプランによれば、委員会の定期的な会議に基づいて、連邦政府は連邦議会に対して2年に一度報告しなければならない。その結果、これまでCDU/CSUとSPDの大連立政権期の2006年5月（第1回報告書）と2008年5月（第2回報告書）に、さらにはCDU/CSUとFDPの連立政権期の2010年5月（第3回報告書）に実施報告書が公表されている。しかし、2012年度版の報告書はこれまでのところ公刊されていない。Die Bundesregierung, "Sicherheit und Stabilität durch Krisenprävention gemeinsam stärken". 1. Bericht der Bundesregierung über die Umsetzung des

第6章　ドイツの安全保障とテロ対策　　*169*

Aktionsplans "Zivile Krisenprävention, Konfliktlösung und Friedenskonsolidierung", 2006 ; Auswärtiges Amt, Krisenprävention als gemeinsame Aufgabe. 2. Bericht der Bundesregierung über die Umsetzung des Aktionsplans "Zivile Krisenprävention, Konfliktlösung und Friedenskonsolidierung", 2008 ; Die Bundesregierung, 3. Bericht der Bundesregierung über die Umsetzung des Aktionsplans "Zivile Krisenprävention, Konfliktlösung und Friedenskonsolidierung", 2010.

(19)　Frank A. Stengel/Christoph Weller, *op. cit.*, pp. 97-102.

(20)　Martin Wagener, Auf dem Weg zu einer "normalen" Macht? Die Entsendung deutscher Streitkäfte in der Ära Schröder, Sebastian Harnisch/Christos Katsioulis/Marco Overhaus (Hrsg.), Deutsche Sicherheitspolitik. Eine Bilanz der Regierung Schröder, Baden-Baden : Nomos 2004, S. 94-97. Sven Bernhard Gareis, Militärische Auslandseinsätze und die Transformation der Bundeswehr, Thomas Jäger/Alexander Höse/Kai Oppermann (Hrsg.), Deutsche Außenpolitik, 2., aktualisierte und erweiterte Auflage, Wiesbaden : VS Verlag für Sozialwissenschaften 2011, S. 156-161.

(21)　連邦軍が現在海外で展開している様々な活動に関しては、連邦軍のホームページを参照のこと（http://www.bundeswehr.de/portal/a/bwde）。

(22)　Sebastian Harnisch, Die Große Koalition in der Außen-und Sicherheitspolitik : die Selbstbehauptung der Vetospieler, Christoph Engle/Reimut Zohlnhöfer (Hrsg.), Die zweite Große Koalition. Eine Bilanz der Regierung Merkel 2005 -2009, Wiesbaden : VS Verlag für Sozialwissenschaften 2010, S. 510 f.

(23)　A Secure Europe in a Better World. European Security Strategy, 12. December 2003.

(24)　Sven Bernhard Gareis, Militärische Auslandseinsätze und die Transformation der Bundeswehr, Thomas Jäger/Alexander Höse/Kai Oppermann (Hrsg.), a. a. O., S. 161, 164.

(25)　Wilhelm Knelangen, Innere Sicherheit als neue Aufgabe für die Bundeswehr?, Joachim Krause/Jan C. Irlenkaeuser (Hrsg.), a. a. O., S. 262-265.

(26)　航空安全法およびその違憲判決に関しては、山内敏弘、前掲論文、335-362頁および Knelangen, a. a. O., S. 265-269. この憲法異議における実質的争点は、連邦軍をこうしたテロ行為に対する武力行使に出動させることを基本法が認めているかという点、ハイジャックされた航空機を撃墜して乗客の生命を剥奪することが基本法が保障している生命権や人間の尊厳などを侵害することにならないかという点であった（山内、345頁）。

(27)　説明にあたっては、① BVerfG, 2PBvU1/11 vom 3. 7. 2012, Absatz-Nr. (1-89), http://www.bverfg.de/entscheidungen/up20120703_2pbvu000111.html、② Bundesverfassungsgericht, Pressemitteilung Nr. 63/2012 vom 17. August 2012. Beschluss vom 3. Juli 2012, 2PBvU 1/11, Plenarentscheidung des Bundesverfassungsgerichts zum Einsatz der Streitkräfte im Inneren ("Luftsicherheitsgesetz")、http://www.bundesverfassungsgericht.de/pressemitteilungen/bvg12-063.html、③ Karlsruhe erlaubt Bundeswehreinsatz im Inland, http://www.tagesschau.de/inland/bundeswehreinsatz114.html を参照した（アクセスはすべて2012年 8 月18日）。この決定は、連邦憲法裁判所第1法廷による違憲判決（2006年 2 月）を不服としたバイエルン州とヘッセン州の訴えを担当した第 2 法廷が、第 1 法廷の判決と違った判決を出すべく招集した総会によって下された。この裁判では、（1）連邦の立法権限（立法管轄）、（2）特殊軍事的武器を伴う軍隊の出動の合憲性、（3）連邦政府の命令権限、の 3 点に関する判断が示されたが、（2）の合憲性の問題に関しては、16名の裁判官のうち 1 名（ガイアー裁判官：彼は第 1 法廷の判決に関わった唯一の人物である）が反対の立場から補足意見を述べている。本稿では連邦軍の出動に関連して、（2）と（3）のポイントにのみ簡潔に言及した。なお、「災害規模の通常でない例外状況」という概念は①では用いられていないが、②において使用されている。

(28) Bundeswehr‐Beschluss spaltet Regierung, http://www.tagesschau.de/inland/bundeswehreinsatz116.html. また、警察労組は警察による国内的安全保障と連邦軍による対外的安全保障の間の任務分離が実証され、強化されたと捉えた。Karlsruhe billigt militärischen Einsatz im Inland, http://www.faz.net/aktuell/politik/inland/verfassungsgericht-karlsruhe-billigt-militaerischen-einsatz-im-inland-11858874.html（アクセスは双方とも2012年 8 月18日）。

(29) Joachim Krause, Die Zukunft der Bundeswehr in einer sich verändernden Welt, Joachim Krause/Jan C. Irlenkaeuser（Hrsg.）, a. a. O., S. 28-31.

(30) 2003年から2005年までの 6 回のユーロバロメーター（59-64）によると「あなたの国が現在直面する最も重要な 2 つの問題は何ですか」という問にテロを挙げた割合はスペイン、イギリス、デンマーク、オランダなどで高いが、ドイツでは低い。例えば2005年秋のバロメーターによると順に31％、34％、32％、40％、 4 ％であった。Edwin Bakker, Differences in Terrorist Threat Perceptions in Europe, Dieter Mahncke/Jörg Monar（eds.）, International Terrorism. A European Response to a Global Threat?, Brussel : P. I. E. Peter Lang 2006, p. 55. なお、2009年のユーロバロメーター72でも同じ設問があるが、上記の国における割合は順に、12％、 6 ％、 9 ％、 3 ％、 3 ％である。Eurobarometer 72. Public Opinion in the European Union. First Results p. 11.

第7章　イタリアにおける安全保障とテロ対策

鈴　木　桂　樹

概　要

　日本とイタリアの共通点は意外と多い。1860年代の近代国民国家の成立、第1次世界大戦前後の民主化と挫折、ファシズムの台頭と敗戦、戦後復興と経済の高度成長、最近では高齢化と超少子化に悩む国。1党優位体制が長らく続き、主要国のなかで、90年代まで政権交代の経験がない唯2つの国でもあった。

　外交安全保障分野においても、「対米従属」といわれ、「安保タダ乗り」などともいわれてきた。両国は、国際紛争の解決手段としての戦争を否認する憲法をもち、好戦的ナショナリズムと軍国主義への嫌悪、国際的平和構築のためのソフトパワーの選好（経済援助や民主化促進）など安全保障文化の面でも似通う。経済発展重視の陰で軍事や安全保障のテーマが政治や国民的議論の主役になることは稀であった。

　しかし、冷戦の崩壊と9.11事件は2つの国を取り巻く国際環境を大きく揺さぶった。90年代に入り、イタリアでは国内的冷戦構造が崩れ、近隣での国際紛争の発生によって否応なく平和維持活動に参加する機会が拡大する。国民の安全保障認識も徐々に変化の兆しを見せるようになり、テロ対策法制の整備も急速に進んだ。もちろん、そこには財政から人権にいたるまで多岐にわたる課題やジレンマも存在してきた。そうしたイタリアの事例を見ることは、近接比較の好例として、わが国の安全保障をめぐる問題を考える上でも貴重な素材を提供することになる。

はじめに

　試みに、イタリアの在外兵力を例にとってみよう。1985年段階ではシナイ半島停戦監視団とレバノン国連暫定軍の2か所計138人[1]であったものが、2011年にはアフガニスタンなど21か所計7420人[2]と劇的な伸びを示している。イタリア国防省が2002年に17年ぶりに作成した『国防白書（Il libro bianco）』[3]は、国際的取り組みへの参加拡大によって、イタリアは安全保障の「消費者」（consumatore）からその「生産者」（produttore）へと転身したと表現してみせた。この自己評価の真偽は置くとしても、冷戦崩壊と9.11が戦後世界の外交安全保障を取り巻く環境を激変させたことは容易に想像できよう。

　もっとも、当然のことながら、環境変化への適応の仕方は、その国が置かれた状況や文脈によって異なり一様ではない。各国分析にあたっては、冷戦期の安全保障体制およびその形成要因、安全保障上の脅威の内容とその変化、さらには、環境変化を経てもなお持続する政策規定要因の有無など、その国の適応戦略の種差性が明らかにされねばならない。

　本章は、冷戦崩壊と9.11を節目とした、イタリアの安全保障政策の連続と変化の諸側面を、安全保障文化論をイタリアに適用したいくつかの研究[4]に依拠するかたちで概観しようとするものである。以下、戦後イタリアの安全保障の背景と文化を見たうえで、冷戦崩壊と9.11後の変化の諸相を検討し、ついで安全保障ガバナンスの4つの政策次元（予防、保証、強制、防護）での態様を整理する。最後に、防護政策のうちテロ対策の具体的内容を補う。

1　戦後イタリアの安全保障

安全保障の規定要因

　戦後イタリアの政治経済体制は、ファシズムの遺産の払拭を最大の正統性根拠として出発した。権威主義の復活阻止と好戦的ナショナリズムの否定は憲法制定議会の共通認識であり[5]、共和国憲法（1948年1月1日施行）は、「他国民の自由を侵害する手段および国際紛争を解決する方法としての戦争を否

認する」(第11条前段)[6] と謳った。いうまでもなく、こうしたファシズムとの絶縁は、戦後イタリアの外交安全保障分野においても大前提となる[7]。

加えて、地政学的条件と国内政治からの制約が戦後イタリアの外交安全保障を規定する要因として作用した[8]。

イタリアは、ヨーロッパ大陸から突き出た半島であり、地中海のほぼ中央に位置する。この地理的ポジションが国際環境と絡み合う形で地政学的な特徴を生んできたとされる。すなわち、イタリアはヨーロッパの構成国であると同時に、地中海を通じて北アフリカや中東へとつながり、さらに東西冷戦の下でワルシャワ条約機構軍およびソ連黒海艦隊と対峙する前線として位置づく。ヨーロッパ圏 (il cerchio europeo) の国として、イタリアはEEC (欧州経済共同体) の原加盟国となり、常に欧州統合を主張してきた。地中海圏 (il cerchio mediterraneo) の国として、エネルギー確保および国際関係における自立性確保の観点から汎アラブ的立場に基礎を置いてきた。そして西側同盟圏 (il cerchio occidentale) の一員としては、NATOへの加盟とアメリカとの受動的関係を特徴としてきた[9]。戦後イタリアの外交安全保障政策の基本枠組は、「大西洋主義 (Atlanticism)＋ヨーロッパ主義 (Europeanism)＋地中海地域における独自戦術 (autonomous manoeuvre)」によって形成され[10]、これら3つの活動領域の上になりたってきた。

しかし、これらの領域において、活発で積極的なイタリア外交が常に展開されてきたとは言い難い。そこには国内の政治構造からくる制約が作用してきた。戦後イタリアの低調な (basso profilo) 外交政策の理由を分析したパーネビアンコ (A. Panebianco) は、その国内政治の要因として、1) 優位政党 (キリスト教民主党DC) の存在と 2) 反体制政党 (イタリア共産党PCI) の存在、そして 3) 与野党の全面対決を回避しようとする「緊張の分散 (dispersione delle tensioni)」の存在を挙げている。その結果、国内政治の緊張を高めかねない安全保障や軍事政策の非政治化 (spoliticizzazione) を招いたとする[11]。

こうして戦後イタリアの防衛責任と脅威の定義は大西洋同盟、とりわけアメリカに委ねられ、国内政治における軍事・安全保障政策への無関心・軽視を醸成することとなった。イタリアは安全保障の「消費者」として人的・経済的防衛コストの負担軽減を享受したが、その反面で、軍隊の組織編成や装

備の近代化などの課題は先送りされ、特に冷戦終焉後の適応段階において問題を露呈することとなる。

安全保障文化

外交安全保障政策を当該政治共同体が共有するアイデンティティや規範あるいは行為パターン等から把握しようとする安全保障文化論に拠りながら戦後イタリアの安全保障政策について分析したクローチ（O. Croci）らの整理[12]をみてみよう。国際環境の捉え方、ナショナルアイデンティティ、手段の選好、相互関係の選好の4要素からみた戦後イタリアの安全保障文化についての考察である（図表7-1）。

まず、イタリアの政治エリートの国際的政治環境の見方として、liberal-internationalist的視点、つまり、抑止力や勢力均衡よりも国際ルールや制度の増進の方がより秩序ある平和な国際社会の形成に役立つという思考傾向が指摘される。これは、先に見た第2次世界大戦の帰結、すなわちファシズムの遺産の払拭という戦後イタリア国家の創設者たちの強い意志によって形成されたものでもある。特に外交政策においては、好戦的ナショナリズムの否定と法および多元的組織に基礎づけられた新しい国際秩序が求められた。ただし、政治的に脆弱な国家や地域の存在、安定化のための国際的支援や介入の必要性についての認識も徐々に浸透しつつあるともいう。

ナショナルアイデンティティに関しては、「良き人々（brava gente）」、すなわち機知に富み創造的だが強いナショナルアイデンティティや愛国心には乏しい国民として認識される。軍国主義を嫌悪し、戦争は逸脱行為とみなされる。戦後イタリアが徴兵制を採用したのも、権威主義に親和的な職業軍人組織への拒否反応の結果だと説明される。軍事・安全保障政策の軽視や無関心は、こうした資質によっても助長されたといえよう。こうした心性は、国際的・超国家的組織への参加志向としてもあらわれる。

国際環境の捉え方やナショナルアイデンティティにおける特質は、手段や相互関係の選好にも反映される。国際舞台での行動に際して選好される手段は、ソフトで非軍事的手段（経済援助、制度構築、民主化など）であり、強制力行使は極めて限定的なものとして認識される。また多国間主義（multilater-

図表7-1 イタリアの安全保障文化

コアとなる要素	説　明
国際環境の捉え方	基本的に liberal-internationalist 的見方。すなわち、国際的なルールや制度の増進がより秩序ある平和な世界（国際社会）へと導くという信念。ただし、政治的に脆弱な国家の存在、無秩序の地域的・地球的拡散阻止を目的とする国際組織による安定化のための支援や介入の必要性の認識が徐々に拡大。
ナショナルアイデンティティ	「良き人々（brava gente）」としてのイタリア人、ならびに本来的にポスト-ウェストファリアとしてのイタリア国家。すなわち、ナショナリズムと軍国主義の拒否、国際的・超国家的組織への参加に門戸を開く。
手段の選好	ソフトパワーと非軍事的手段（経済援助、制度構築、民主化）の選好。万やむを得ない場合に、危機管理あるいは「平和維持」活動としての強制力の限定的で必要に応じての使用。
相互関係の選好	広範に制度化された多国間主義（UN, NATO, EU）の選好。ただし、必要と考えられた場合には、より限定的な形態、あるいは単独行動した後で国連による正当化を探るというパターンもあり得る。

（資料）Croci, O., Foradori, P., Rosa, P. (2011), Italy as a security actor : New resolve and old inadequacies, Carbone, M. (ed.), *Italy in the post-cold war order. Adaptation, bipartisanship, visibility*, Lexington Books, p. 85.

alism)、具体的には UN、EU、NATO など国際組織のなかでの関係を重視する傾向を示す。

以上のクローチらの簡潔な整理のなかに、冷戦崩壊や9.11などを念頭においた時間軸での変化を読み込んでいく作業は必要であろう。と同時に、ここで示された「安全保障文化」が国際システムの変化を認識し咀嚼する枠組みであることを考えれば、そこには一定の持続性があることにも留意しておく必要がある。

2　冷戦崩壊と9.11のインパクト

国内的冷戦構造の崩壊

戦後世界システムの基本枠組たる東西冷戦の終焉は、それを前提条件として形成されてきた各国の外交安全保障政策の変容あるいは再調整を迫った。

冷戦後の複雑化した脅威に対して既存のNATO体制がその適合性を低下させ、同盟国間（とりわけ米欧間）での不協和音も顕在化した[13]。こうした環境変化のなかで、安全保障政策における受動性、消極性を指摘されてきたイタリアのような国においても新たな政策展開の可能性が広がり、加えて、冷戦後の紛争の舞台がアドリア海を隔てたバルカン半島であったことによって、イタリアは否応なく何らかの能動的対応を迫られることになった。国際組織を通じた平和維持・構築活動への参加が飛躍的に増加することになる。

しかし、冷戦構造の終焉がイタリアに与えたインパクトを考える際にまず指摘しなければならないのは、それが国内の冷戦構造の崩壊へと連動したことである。イタリアの戦後政治システムの特徴は、DCと西欧最大の共産党（PCI）が対峙する構図のなか、DCが社会党（PSI）などを連立与党に組み入れることによって常に政権の中枢に座り続けてきたことにある。それを可能にし正当化する枠組が東西冷戦の世界システムであり、いわば冷戦構造を最も厳しい形で国内政治化したのがイタリアであった。冷戦構造の崩壊は、この「箍（たが）」がはずれたことを意味した。

1992年、ミラノ地検による汚職摘発（「清い手（mani pulite）」作戦）を契機として、戦後イタリアの政治体制を支えてきた諸政党は姿を消していく。DCならびにPSIは霧散し、PCIは解党的出直しをはかって左翼民主党（PDS）へと変身した。他方、フォルツァ・イタリア（FI）や北部同盟（LN）などが政治アリーナに新規参入する。1994年の総選挙以降、ベルルスコーニ（S. Berlusconi）率いる中道右派政権と主にプローディ（R. Prodi）が首班を務めた中道左派政権の2大陣営（bipolarismo）が交互に国政を担うことになった[14]。

こうした国内政治の地殻変動は、安全保障問題の扱われ方にも一定の変化をもたらした。冷戦後のイタリアの安全保障政策を概観したR. アルカーロは、NATO-EU枠組へのコミットメントが維持されたことを指摘したうえで、政治的言説のレベルでは、むしろ各陣営が他陣営とのスタンスの違いを強調する傾向が現れたとする[15]。実態としては、たとえばPCIからPDSへの転換において、冷戦後の新しい環境への適応戦略として、より現実的な路線が採用されており、その意味で国内の政治勢力間の外交安全保障に関する共通項はむしろ拡大していた。1999年にコソボへのイタリア軍派遣を決定し

たのは、中道左派政権であった(16)。しかし、政治的言説のレベルでは、相手陣営とのコントラストが強調され、特にベルルスコーニ中道右派政権は、中道左派政権を欧州偏重路線と断じたうえで、自らを対米同盟重視路線として強調してみせた。ここに見られる安全保障をめぐる議論の「政治化」（politicization/politicizzazione）は、冷戦下におけるこのテーマの非政治化状況と対照をなす変化といえよう。

脅威認識の変化

冷戦崩壊後の世界経済は一層のグロバリゼーションを展開したが、それに見合う政治的戦略的システムを見つけきることができず(17)、中東湾岸地域やバルカン半島での地域紛争を生み出した。さらに、9.11事件の国境を跨いだテロリズムの衝撃によって、国内的安全保障（治安）と国際的安全保障の間の境界線が浸食されていった(18)。こうした展開のなかで、安全保障の前提となる脅威（threat/minaccia）に関する認識も大きく変化する。フォラドーリとローザによる簡潔な整理を見てみよう(19)。

図表7-2からは9.11を挟んで、脅威に関する認識の変化が見て取れる。冷戦期においては、ソビエトおよびワルシャワ条約機構という明確に同定できる安全への脅威を認識することができた。イタリアの安全保障にとってリスクになると認識される地域も冷戦期にはほぼ国境線、つまりイタリア本国が想定されていたが、冷戦崩壊によりそれがバルカンや地中海に地域化し、さらに9.11後はグローバルレベルに拡大した。実際の海外派兵先も、まずバルカン半島の諸紛争に、次いでアフガニスタンやイラクへと拡大していく。

脅威の行為主体についての認識も、9.11後はグローバルテロリズムのネットワークが強く意識されるようになった。破壊的なテロ攻撃、非対称的な戦争、経済的不安定、大量破壊兵器の拡散などが、イタリアにとってのありうる具体的脅威としてイメージされるに至る。また、こうした脅威の深刻度や対応の難度についても厳しい認識となっていく。

こうした状況認識の変化は、政府の公式文書のなかにおいても確認できる。『国防白書2002』の序文で国防大臣A.マルティーノ（A. Martino）は、冷戦の終焉とソ連の崩壊が人種的、民族的、宗教的、経済的緊張を一挙に噴出

図表 7 - 2　イタリアの安全に対する脅威の類型 (1999-2004)

	1999-2001 リージョナルな脅威	2001-2004 グローバルな脅威
脅威のタイプ	リージョナルな不安定／経済の犯罪化／移民圧力／紛争の間接的コスト／環境／麻薬取引	グローバルテロリズム／非対称な戦争／マクロ経済の不安定／在来型の戦争／大量破壊兵器
脅威のエージェンシー	民族的派閥／国際犯罪集団／移民	テロリスト／ゲリラ／国家アクター
脅威の標的	一般市民／経済利益	国家機構／一般市民およびインフラ／経済利益／海外派遣団／人道支援要員
脅威の地理的震源地	リージョナル：バルカン・地中海	グローバル：中東・中央アジア・イスラム圏・朝鮮半島
厳しさの程度	低-中	高-超高
対応	多国間対応 (NATO, UN, EU)	多国間対応／２国間および US 主導アドホック連合
対応のしやすさ	実行可能／大きな危険を伴わない	容易ではない／大きな危険を伴う複雑さ

（資料）Foradori, P., Rosa, P.（2007), Italy : New ambitions and old deficiencies, Kirchner, E. J., Sperling, J.（eds.）, *Global security governance : Competing perceptions of security in 21st century*, Routledge, p. 83.

させたとし、さらに「9.11テロは、地球規模の**安全保障の新たな現実**を決定的に露わにさせ、将来にわたり立ち向かわなければならない脅威が、我々が過去において戦い、ヨーロッパと北アメリカの自由と民主主義を守るために大西洋が結束したことによって勝利した脅威とはまったく異なった性質をもつことを証明した。今日、同様の結束―できれば、より多くの国家の参加を得て―によってテロリズムという捉えどころのない脅威に立ち向かわなければならない」[20]（太字強調原文）と述べる。

　こうした国防大臣の認識は、白書本文の叙述とも重なる。白書第１章の現状分析において、冷戦期の脅威はその震源地が明白で質量ともに測定可能な脅威であったこと、冷戦の終焉は期待された安定に結びつかず、逆に不安定と安全への新たな危機をつくり出したことを挙げ、9.11テロ攻撃が既存の戦略的構図をさらに混乱させ、テロと組織犯罪に由来する新たな危機が国際舞台に現れたとする。「伝統的脅威はもはや存在せず、単に軍事力だけでなく

マネーロンダリングや合法・非合法の取引など多様で巧妙な手段にも基礎を置く地域的リスクが現れる。これらの手段は犯罪目的に使用可能な膨大な資金を生む。／重要なのは非対称的活動の増殖であり、それらが結合し連結することで、将来、国際社会が相対することになるリスクをつくり出す。テロリズムはこうしたリスクの触媒と増殖のファクターである。／安全保障・防衛政策は、今日、文字通りの戦闘能力という伝統的分野に限定することはできず、分野横断的で、しばしば狡猾で、時に実態のない敵にも対峙しなければならなくなっている。」[21]

こうした状況認識は、東西両ブロックの対峙という基本構図を大前提にしたうえで、第3世界諸国の台頭などが両陣営の国際紛争統御能力に与えるネガティブな影響を危惧していた1985年版『国防白書』の認識とは明らかに異なる[22]。総じて、9.11以前の外交防衛の公式文書にはグローバルテロリズムの脅威への言及はない[23]。

世論の動向

『国防白書2002』で国防大臣は、もうひとつの変化として世論の国家安全保障にたいする従来とは異なった傾向に言及し、軍事的安全保障や地政学などのテーマがイタリアにおいても集団的な関心の的になったとする[24]。フォラドーリとローザは世論の動静について、「国際テロリズム」を脅威の認

図表7-3　イタリアの安全への脅威（2003）

	極めて重要	かなり重要	それほど重要ではない	まったく重要ではない	分からない／無回答
国際テロリズム	55.8	35.3	7.8	1.2	0.0
地球温暖化	49.0	39.6	8.6	1.4	1.4
イスラム原理主義	31.1	41.0	18.7	5.6	3.6
イスラエル-パレスチナ紛争	24.7	45.0	18.5	8.0	3.8
南北格差	15.1	50.4	24.1	10.2	0.2
移民	13.9	38.2	29.9	16.9	1.0

（資料）Foradori, P., Rosa, P. (2007), op. cit., p. 77＝Battistelli, F. (2004), *Gli italiani e la guerra : Tra senso di insicurezza e terrorismo internazionale*, Carocci. p. 144.

図表7-4　紛争事態における国軍の使用に対する
　　　　 イタリア人の支持

	紛争の類型	%
石油危機 (1984)	多国間の危機	6
リビア (1986)	2国間の危機	15
湾岸危機 (1990-91)	戦争（国連）	47
コソボ (1999)	戦争（NATO）	38
湾岸域管理 (1988)	平和維持活動	58
ソマリア (1994)	平和維持活動	13
ボスニア (1993-96)	平和維持活動	69
アルバニア (1997)	平和維持活動	59
アフガニスタン (2001)	平和維持活動	63

（資料）Battistelli, F. (2004), *op. cit.*, p. 147.

識対象とする者の割合が9.11を境に激増すること、新しい脅威への対応手段としての軍事力行使をある程度受容するようになっていること、そして脅威への対応組織としてEUやNATOなど多国間組織に期待を寄せていることなどを明らかにしている[25]。

　このうち脅威の認識に関して、97年6月の調査で、「イタリアの安全にとって脅威となる問題」は、南北間の経済的不平等(33%)、テロリズム(24%)、第3世界からの移民(18%)であったものが[26]、図表7-3に見るように、2003年段階では、国際テロリズムが「極めて」と「かなり」の合計で91.1%と最大の脅威と認識されている。もちろん質問項目や選択肢が異なるので単純な比較はできないが、世論の動向の変化は確かに読み取れよう。

　図表7-4は具体的事例に関する軍事力使用の容認度を示すものだが、ソマリア[27]を例外として人道目的の平和維持活動への支持が高い。また、より一般的に、軍事力行使を支持するばあいの目的に関する調査（2002年1月）では、軍事攻撃からの国境線防衛のため(85%)、国際法を順守させるため(74%)、国際テロリズムと戦うため(72%)、不法移民の制御のため(69%)、民族紛争を停止させるため(56%)となっており[28]、状況や目的によって強弱はあるものの、軍事力の利用にたいする受容が進んでいることが分かる。

冷戦崩壊と9.11の展開のなかで、実際の海外派兵の経験が反映されたものとも解されよう。

資源配分

戦後イタリアの軍事予算は、その安全保障文化の影響もあり、NATO加盟国のなかでも低い水準で推移してきた。国防機能費（陸海空軍に割り当てられる予算）を2001年で見ると、イタリアは国内総生産比1.038％、国民1人当り224ユーロであるのに比して、フランスは1.726％、426ユーロ、ドイツは1.186％、297ユーロ、イギリスは2.403％、637ユーロとなっている[29]。その結果、装備の使用年数が長くなることで機動能力が低下し、ひいては同盟国間での技術的、能力的ギャップを生み出す原因にもなってきたとされる[30]。

しかし冷戦崩壊後の国際環境の変化、とりわけ近隣地域での紛争の発生とそれへの介入、そして9.11のインパクトによって、従来の国防のあり方は見直しを迫られることになる。徴兵制を基礎とする伝統的な常備軍のイメージを脱し、危機状況への即応と平和維持活動を担う専門組織への移行が求められた。国防大臣が議会に提出する『防衛予算説明書』2002年版[31]では、改革プロセスの課題として、国際的に求められる地域的危機管理や「平和維持活動」への軍事力の適応、防衛システム全体の有効性の向上、テロなどの新しい脅威やリスクへの対処能力の改善、軍隊が市民社会に対して行う支援機能（組織犯罪との闘い、自然災害時の援助、不法移民阻止など）の再編、防衛システムと市民社会の期待との調和の5つが掲げられ、『国防白書2002』を踏襲し、国防機能費を国内総生産比1.5％にまで引き上げることを目標として提示している。

9.11後の2002年度予算では、国防予算総額が前年比7.0％増、うち国防機能費が8.2％増、とりわけカラビニエーリ（治安警察 Carabinieri）に割り当てられる治安維持機能費が9.1％の伸びを示した（図表7-5）。カラビニエーリは、陸海空軍に次ぐ第4の組織として国防省のなかに位置づけられ、軍隊と警察のふたつの任務を合わせ持つ。祖国防衛や災害非常時における国民財産の保護、軍隊運用計画に基づく内外の軍事活動への参加、平和維持活動にお

182　第1部　欧米の安全保障とテロ対策

図表7-5　国防費配分の推移

(100万ユーロ)

	1999	2000	2001	2002	2003	2004	2005	2006	2007	2008	2009	2010	2011
実質GDP成長率	1.5%	3.7%	1.9%	0.5%	0.0%	1.7%	0.9%	2.2%	1.7%	-1.2%	-5.5%	1.8%	0.4%
国防予算(総計)	15,935.1	16,963.4	17,777.0	19,025.1	19,375.9	19,811.0	19,021.7	17,782.2	20,194.8	21,132.4	20,294.3	20,354.4	20,556.9
GDP比	1.450%	1.456%	1.461%	1.512%	1.489%	1.426%	1.337%	1.202%	1.307%	1.348%	1.334%	1.310%	1.283%
前年比増減	0.43%	6.5%	4.8%	7.0%	1.8%	2.2%	-4.0%	-6.5%	13.6%	4.6%	-4.0%	0.3%	0.9%
国防機能	11,065.5	11,871.8	12,631.4	13,665.6	13,803.4	14,148.9	13,638.6	12,106.7	14,448.8	15,408.3	14,339.5	14,295.0	14,360.2
GDP比	1.007%	1.019%	1.038%	1.086%	1.061%	1.019%	0.958%	0.818%	0.935%	0.983%	0.943%	0.919%	0.896%
前年比増減	-1.46%	7.3%	6.4%	8.2%	1.0%	2.5%	-3.6%	-11.2%	19.3%	6.6%	-6.9%	-0.3%	0.5%
治安維持機能	3,605.7	3,837.2	3,909.2	4,263.7	4,555.7	4,694.9	4,795.3	5,271.4	5,330.8	5,381.1	5,529.2	5,595.1	5,769.9
前年比増減	-0.62%	6.4%	1.9%	9.1%	6.8%	3.1%	2.1%	9.9%	1.1%	0.9%	2.8%	1.2%	3.1%
特別経費	172.7	112.9	234.7	216.9	245.9	238.4	222.5	115.4	111.0	112.2	116.4	150.5	100.7
前年比増減	-38.94%	-11.6%	108.0%	-7.6%	13.4%	-3.1%	-6.7%	-48.1%	3.8%	1.0%	3.8%	29.3%	-33.1%
予備役手当て	1,136.2	1,141.5	1,001.6	879.0	770.9	729.0	365.4	288.7	304.1	230.8	309.2	323.8	326.1
前年比増減	21.21%	0.5%	-12.3%	-12.2%	-12.3%	-5.4%	-49.9%	-21.0%	5.4%	-24.1%	34.0%	4.7%	0.7%

(資料) GDP成長率はEUROSTAT統計。他はMinistero della Difesa, Nota aggiuntiva allo stato di previsione per la Difesa, 各年版 (2003-2011) より作成
※国防財政の分類：国防に関する財政的資源はその目的によって分類される。①国防機能Funzione Difesa：本来的な制度的任務の遂行に関するもので、陸・海・空の3軍に割り当てられる費目。②秩序治安維持機能Funzione Sicurezza Pubblica：カラビニエーリ Arma Carabinieri (治安警察) に割り当てられる費目。③特別経費Funzioni Esterne：国防任務に直接的には結びつかないが、法令によって規定された特別任務を遂行するための費目。④予備役手当てPensioni Provvisorie (2008年以降Trattamento di Ausiliaria)：予備役兵に対する年金・退職金。
他方、予算編成にかかわって、次の3つの「分野settori」に分けられる。①人件費personale：常備軍士および一般役務者の給与・諸手当、徴集兵への経済的給付、予備役兵への手当。②運営費esercizio：軍備が効率的に機能することを保障するための費用 (教育、訓練、武器・原料・施設の維持管理、司令本部・管区・軍区の活動)。③投資的経費investimento：軍備の効果を改善するための経費 (兵器、技術支援、後方支援、施設などの近代化、刷新、研究開発)。①と②は軍事力の「機能(作動)」funzionamentoを担い、③は安全と技術革新を生む耐久財beni durevoliの整備にかかわる。(以上Ministero della Difesa, Libro bianco 2002, 3-1: Articolazione delle spese della Difesaによる)。

図表 7-6　国防費に占める人件費・装備費の割合

	1985-89	1990-94	1995-99	2000	2001	2002	2003	2004	2005	2006	2007	2008	2009
兵力（千人）	504	493	435	381	374	362	325	315	314	309	195	195	197
人件費割合	57.8	63.6	71.8	71.4	72.3	74.0	73.7	75.3	77.1	81.9	72.8	70.8	73.9
装備費割合	19.7	16.3	12.9	14.3	10.3	12.4	12.7	11.9	9.1	7.2	14.0	12.7	11.3

（資料）NATO (2003), *Defense expenditures of NATO countries (1980-2003)* / NATO (2010), *Financial and economic data relating to NATO defence*.
※兵力は陸海空3軍の総計。

ける現地警察組織の再建、陸海空軍に対する憲兵隊任務、外交官の安全確保、治安警察機能などを担い、国内の公共の安全確保や治安警察任務については内務省の指揮下で活動する[32]。カラビニエーリ関連予算の増額は、イタリアの海外派兵が平和維持活動を中心とした多種多様な要請に対応するものであることの表れとしても理解できよう。2003年11月12日、イラク南部ナシーリアのイタリア軍基地爆弾テロの犠牲者19人のうち12人がカラビニエーリだったのは象徴的である（他は陸軍兵士5人、民間人2人）。

　人的、組織的専門性の重視という点では、2000年11月14日法律第331号によって徴兵制の停止が決定され、その後の段階的縮小を経て2007年に完全に職業軍人化した[33]。冷戦崩壊後の多様化した脅威に対して、もはや従来の徴兵制では、軍事組織の専門性の確保と兵士の使命感の維持に限界があることを示すものである。

3　安全保障ガバナンス政策

　冷戦後の環境変化は、脅威認識においても安全保障をめぐる世論の動向においてもさらには予算動向においても一定の変化をイタリアに迫ってきた。では、こうした変化が、グローバルな安全保障へのイタリアのスタンスという次元でどのような特徴を示すのか。クローチやフォラドーリらは、キルヒナーとスパーリング（E. Kirchner, J. Sperling）の安全保障ガバナンスの政策類型[34]（図表7-7）をイタリアに援用して分析している。彼らの叙述をなぞるかたちで見てみよう[35]。

図表7-7　安全保障ガバナンス政策

		【手　段】	
		説得的 (経済的、政治的、外交的)	強制的 (軍事的、警察的)
【機能】	制度構築	予防 Prevention	防護 Protection
	紛争解決	保証 Assurance	強制 Compellence

(資料) Kirchner, E., Sperling, J. (2007), *EU security governance*, Manchester University Press. p. 15. = Croci, O., Foradori, P., Rosa, P., (2011), op. cit., p. 87. に加筆。

予　防

　予防 (prevention) は、民主化を促進することで紛争を未然に防ぐ政策を意味する。経済発展と民主化との間に一定の相関があるとの認識から政府開発援助 (ODA) がその中心的政策となり、移民政策がそれに加わる。

　イタリアのODAについては、①発展途上国の安定が合法・非合法の移民の流れを抑制すること、②世界経済への統合と民間セクターへの支援が途上国を貧困から脱出させること、③貧困の緩和、紛争後の社会制度の再構築への援助を重視することなどが、その政治的、経済的、人道的目的や理由として挙げられる。伝統的には人道主義的動機が重視されてきたが、近年では外交政策上の役割と関連付けて認識される傾向にある。2008年度で見ると、イタリアが派兵していたイラク、アフガニスタン、レバノンがODA受給の上位に位置し、経済援助と外交目的ならびに安全保障の問題がリンケージしていることが見て取れる。

　しかし、こうした経済援助への意欲を示すイタリアではあるが、その支出額レベルで見れば、国際的評価に値するパフォーマンスを示せているわけではない。国連基準のGDP比0.7%、あるいは経済協力開発機構開発委員会構成国の平均0.4%も下回り、2008年時点で0.2%にとどまっている[36]。

　予防政策としての移民政策は、移民受け入れが途上諸国の人口圧力を軽減し、送金を通じて当該国の経済発展に間接的に寄与するという点で開発協力政策と類似的効果を有する、との認識に基づいている。イタリアの歴代政府は総じて移民に寛容な政策をとってきたが[37]、冷戦崩壊後のアルバニアや

コソボなど国際紛争に起因する移民流入や9.11による国際テロの脅威の増大にともなって、移民問題の安全保障上の重要性が増し、防護（protection）政策レベルで議論されることが多くなってきている。

保　証

保証（assurance）は、主に紛争後の国家と市民社会の再建に向けた政策を指す。元々は監視活動を主体としたが、冷戦後は平和支援活動一般を指すものと理解されている。紛争後の復興を想定した人道的介入領域であり、武器の使用は限定的で、しばしば多国間組織を媒介にして行われる。

イタリアの活動参加は、冷戦期においては低調であったが、冷戦後の1990年代以降、主要な国際的平和維持活動への取り組みを積極化させた。国際治安支援部隊・EU警察派遣団（ISAF-EUPOL）としてアフガニスタンに4200人、国連レバノン暫定軍（UNIFIL）に1780人、コソボ国際安全保障部隊（KFOR）として620人など(38)、常時平均約8000人の軍及び文民を紛争地に派遣してきた。

イタリアは、国際警察活動において特に重要な役割を担い、現地の警察組織の再建と訓練などにも大きな役割を果たしてきた。この点で、すでに指摘したように警察スキルと軍隊的規律、訓練と装備を兼ね備えたカラビニエーリの活躍の場が広く、国際的警察任務のほとんどに派遣されている。また、EUによるコソボの「法の支配ミッション（EULEX KOSOVO）」など司法制度構築のために多くの文民専門家が派遣されている。

こうした保証的手法は、イタリアの安全保障文化に親和的であり、それゆえに冷戦後の環境変化のなかでこの分野での存在感を発揮することを可能にしたが、他方では、特に保証と強制（compellence）の境界があいまいな状況のもとでは一定の限界に直面する可能性もある。

強　制

強制（compellence）は、紛争解決における軍事力行使を指す。

イタリアは、冷戦後の地域紛争や9.11後のグローバル化した脅威に対応するため、遠隔地への介入能力をもった機動性と柔軟性と専門性に富んだ戦力

の構築、いわゆる戦力投射能力 (force-projection capacity) の向上に取り組んだ。それは、9.11直後の2002年度国防予算において、2008年就役を目指した新空母「カブール」建造、戦術輸送型NH90ヘリコプター購入、主力戦闘機ユーロファイターへの移行などの項目が盛り込まれた点にも表れている。

しかし、こうした努力が、政府政策体系全体のなかで高い位置付けを受け、中長期的に維持されているとは言い難い。『国防白書2002』等で掲げられた国防機能費GDP比1.5%の目標は達成されず、むしろ1%を切る水準で推移した（図表7-5参照）。予算配分割合での英独仏との格差も、改善されていない[39]。2007年の徴兵制停止完了に至る過程で兵員規模は漸次縮減したが、職業軍人数が増加したこともあり[40]、国防費に占める人件費割合は70%台で推移し、装備費の予算割合に大きな変化はなかった（図表7-6参照）。安全保障文化に加えて、こうした軍事力整備にかかる諸事情が、イタリアに積極的な強制政策の採用を躊躇させる一因にもなっていると言えそうである。

すでに見たように、イタリア軍はグローバルに展開し、一定規模に達している。しかし、このことと強制政策の採用とは別物であることは留意しておく必要がある。冷戦後の国際舞台でのイタリア軍は、そのほとんどが多国間組織による平和支援活動の枠のなかで活用されてきた。それは、海外駐留の存在理由という点でも、また厳しい武器使用基準のもとでの行動を強いられるという点でも、イタリアの強制政策への消極的スタンスの表れであるといえよう。

防　護

防護 (protection) 政策は、外からの脅威から社会を守る伝統的機能を果たそうとする国内および多国間での努力を指す[41]。防護政策には、国境管理のほか、組織犯罪、健康、環境、テロリズムの領域が含まれる。イタリアについてみると、マフィアなどによる組織犯罪への対策は、数十年来、治安政策の最優先課題でありつづけてきた。そこで開発された捜査手法は、テロ対策においても大きな意味をもつことになる。健康への脅威に関しては、長らく認識されてこなかったが、アメリカの炭疽菌事件（2001年）を契機に生物

第7章 イタリアにおける安全保障とテロ対策　187

化学兵器による攻撃への備えを強化し、また食物汚染や院内感染などへの対応にも取り組まれてきた。環境保護に関しては、イタリアは積極的推進を掲げるが、実際のパフォーマンスが芳しくないという問題を抱える。

　しかし、言うまでもなく、9.11後のインパクトを受けてイタリア政府が特に積極的に取り組んだ領域はテロ対策であった。対米支持の強さと宗教的象徴としてのバチカンの存在から、イタリアがテロリズムの標的になるのではないかという懸念も生まれた。また、脅威の具体的な表象として移民の問題が立ち現れたことも大きい。犯罪者の中に占める移民の割合が高いことなどが背景になって、「移民＝犯罪」のイメージが徐々に浸透し、特に、アラブ系ムスリムを麻薬取引やテロ活動に関わる存在として捉える傾向が強まった。移民問題は、予防政策の対象から防護政策の対象へとその比重を移したといえよう。

　こうして、9.11以降、テロ対策の観点からの法整備と捜査手法の拡大が一挙に進むことになる。

4　テロ対策と人権

　各国のテロ対策法制は我が国においてもかなり充実した紹介検討がなされており[42]、イタリアについてもすでに先行研究が存在する。ここでは主に高橋利安の論考に依拠してその概要を整理しておこう[43]。

9.11以前のテロ対策立法

　イタリアにおけるテロ対策立法は、1960年代末から80年代初頭にかけて「鉛の時代（anni di piombo）」と言われた極右・極左による激しい政治テロの経験、ならびにマフィアの組織犯罪に対して採られた「例外的措置」の蓄積が背景となる。ヨーロッパ最大の勢力を誇ったイタリア共産党もテロの標的とされたことから、テロ対策は与野党の共通理解のもとに進められる傾向にあった。

　イタリアにおける本格的なテロ対策法も、極左テロ組織「赤い旅団（brigate rosse）」によるモーロ元首相誘拐・殺害事件（1978年3月16日）を端緒

としたものであった。1979年12月15日緊急法律命令第625号「民主的秩序及び公共の安全を維持するための緊急措置」[44]は多様なテロ活動に対処することを可能にする刑事法上の措置を規定している。主な内容としては、①テロ目的結社罪の新設導入（刑法270条 2 「テロリズム及び民主的秩序の破壊を目的とする結社罪」）、②テロ目的加害罪の新設導入（刑法280条「テロリズムまたは破壊目的による加害」）、③テロ行為又は民主的秩序を破壊する目的で遂行された犯罪に対する刑の加重、そして④テロ犯罪の自首者、中止未遂者、捜査への協力者などいわゆる「改悛者（pentiti）」に対する刑の減免措置などが挙げられる。

テロ犯罪への厳罰主義と改悛者への刑の軽減措置を併用している点が特徴であり、この手法は他のヨーロッパ諸国にも採用されていく。

9.11以降のテロ対策立法

9.11同時多発テロ事件は、それまで専ら国内テロを想定してきたイタリアのテロ対策の盲点を突く結果となった。「国際テロとの戦い」をいち早く掲げたベルルスコーニ政権により一連の国際テロ対策法が制定されていくが、ここでは主要な 2 つの立法について内容を見てみたい。

ひとつは、まさに9.11直後に出された2001年10月18日緊急法律命令第374号「国際テロリズムと闘うための緊急規定」[45]である。まず、テロに関する刑法改正について、①国際テロ規定が挿入され、②テロ結社罪に対する幇助罪が新設された。いずれもこれまでの規定では対応できなかった事犯である。他方、テロ犯罪捜査の警察権強化をねらいとする刑事訴訟法改正としては、①従来は薬物犯罪捜査に限定されてきた警察による秘匿捜査（attività sotto copertura）の合法化、②従来はマフィア犯罪捜査に限定されてきた予防的通信傍受の合法化、③マフィア犯罪に対する捜査手続特例（建物全体またはブロック全体への捜査、身体的自由の制限、財産調査、財物差し押さえと没収）のテロ犯罪への適用などが盛り込まれた。マフィア捜査などに限定的に使われてきた捜査手法が拡大適用されている点が特徴的である。

もうひとつの立法は、ロンドン同時多発テロ（2005年 7 月 7 日）を契機とし、欧州理事会採択「テロとの戦いに関する枠組決定」[46]（2002年 6 月13日）

の国内実施法としても位置付けられる2005年7月27日緊急法律命令第144号「国際テロリズムと闘うための緊急措置」[47]である。主な内容は、テロ目的行為の定義を明確化したことのほか、①国際テロを目的とした人員調達罪と②国際テロを目的とした訓練に対する罪を新設したこと、さらにテロ犯罪捜査及び予防のための措置として、①身元確認のための警察の捜査権限の拡大、②捜査目的の優遇措置としての協力者への滞在許可発給、③マフィア捜査に限定されていた被拘留者との面談、④テロ防止を目的とする外国人の国外退去、⑤通話・通信データの保存規定、⑥通信傍受活動の強化、⑦テロ対策組織の強化（「テロリズム対策部隊」）などが盛り込まれた。一定の条件のもと、DNA鑑定のための頭髪や唾液の強制的な採取、取り調べのための留置時間の延長が可能になり、外国人への退去処分を容易にする内務大臣の権限が強化されることになった。

テロ対策と人権

　テロ対策を理由とする「例外的措置」の拡大は法治主義の原則や人権との緊張関係を高める。それはテロ対策法制のみに限られたことではない。たとえば、9.11を契機に、「災害防護国民サービス（Servizio nazionale della protezione civile）」における激甚災害時の「超法規的措置」が、社会的、政治的重要行事（grandi eventi）にも拡大適用できる旨の決定がなされている[48]。災害対策のなかにもテロ対策や治安対策の要素が混入しつつある。

　他方、捜査手法や権限の強化は誤認逮捕、盗聴や捜査権の乱用、証拠の偽造と情報操作などを生む土壌となる。特に、アラブ系ムスリムが標的とされ、アメリカCIAによるいわゆるレンディション（rendition）事件もイタリアを舞台に発生した。2003年2月17日、エジプト出身で亡命滞在資格をもつ通称アブ・オマル（Abu Omar）[49]がCIAによりテロ容疑をかけられミラノの路上で拉致、秘密裏にドイツ経由でエジプトに移送され14か月にわたり監禁された。後にイタリア国防省の諜報機関（SISMI）の関与も明らかになった[50]。

　9.11の衝撃を受けて、テロ対策は領域横断的で手段拡張的な展開をみせてきたが、法治主義と人権の見地からのチェックシステムの構築は後手に回っ

ていると言わざるをえない。「だれが、だれを、だれから守るのか」「なにが、なにを、なにから守るのか」の判断はかなりの予断と恣意性を内包しているのが現状である。

おわりに

　冷戦崩壊や9.11事件のインパクトによって、イタリアにおいても、安全保障をめぐる政治的言説や世論の反応あるいは脅威の捉え方など、冷戦期とは大きく異なる傾向が現れた。他方、安全保障文化のレベルでは、その基本的な特徴が持続しているようにもみえる。国際ルールや制度構築の増進、多国間主義、多様な非軍事的手段の選好は現在もイタリアの安全保障政策の特徴であり続けている。安全保障の国際的環境そのものが多元化、多様化の様相を深めたことで、イタリアの安全保障文化との間の親和性が増幅されたともいえる。冷戦期に比べ、イタリアの国際的安全保障活動への参加が拡大した一因でもあろう。

　ただ、安全保障政策やテロ対策には財政から人権まで多岐にわたる課題や問題が存在することも明らかである。さらに、国際環境において単独主義的傾向や軍事的強制力への依存が強まれば、イタリアが政策的手詰まり状態に陥ることも容易に想像できる。

　しかし、そうではあっても、またこの先も政治的言説レベルでの喧騒が繰り返されるとしても、安全保障文化の粘着性と経済力や軍事力の現状を考えれば、イタリアの安全保障政策が実際に採りうる選択肢の幅はそう広くはないともいえよう。

（1）　The international institute for strategic studies (1985), *The Military Balance 1985-1986*. p. 53.
（2）　Ministero della Difesa (2011), *Nota Aggiuntiva allo stato di previsione per la Difesa per l'anno 2011*.
（3）　Ministero della Difesa (2002a), *Il libro bianco 2002*.
（4）　特に次の3つの論文に依存している。Croci, O., Foradori, P., Rosa, P. (2011), Italy as a security actor : New resolve and old inadequacies, Carbone, M. (ed.),

Italy in the post-cold war order. Adaptation, bipartisanship, visibility, Lexington Books, pp. 81-102; Foradori, P., Rosa, P. (2008), Italy and defense and security policy, Fabbrini, S., Piattoni, S. (eds.), *Italy in the european union : redefining national interest in a compound polity*, Rowman & Littlefield, pp. 173-190; Foradori, P., Rosa, P. (2007), Italy : New ambitions and old deficiencies, Kirchner, E. J., Sperling, J. (eds.), *Global security governance : Competing perceptions of security in 21st century*, Routledge, pp. 69-92.

(5) Dottori, G., Gasparini, G. (2001), Italy's changing defence policy, *The International Spectator*, vol. 36, no. 4, p. 51.

(6) 同条後段は、「イタリアは、他国と同等の条件のもとで、各国の間に平和と正義を確保する制度に必要な主権の制限に同意する。イタリアは、この目的をめざす国際組織を推進し、助成する」となっており、国連やNATOへの加盟、冷戦終焉後の国際活動への参加を可能にする憲法上の根拠と解釈されている。

(7) なお、軍事力の継続性という点では日独と事情を異にする。イタリアは第2次世界大戦に枢軸国として参戦したが、1943年7月のムッソリーニ解任、休戦協定締結、同10月の国王政権（バドリオ政権）による対独宣戦布告、そしてその後約2年間の内戦状態のなかで、王党派政府軍はファシスト政権軍およびドイツ軍と対峙し、戦勝国として終戦を迎えた。こうした経緯から、ドイツ軍が駆逐されファシスト政権軍が武装解除されても、王党派政府軍は維持され、共和制移行（1947年）にともない共和国軍へと引き継がれた（日本の自衛隊創設が1954年、ドイツ連邦軍創設が1955年）。

(8) Foradori, P., Rosa, P. (2007), pp. 69-70. もちろん分析枠組の設定次第でより詳細な分類に基づく要因の指摘は可能である。たとえば、Santoro, C. M. (1991), *La politica estera di una media Potenza : l'Italia dall'Unità a oggi*, Il Mulino. p. 322-323. fig. 1.

(9) Garruccio, L. (1982), Le scelte di fondo e il retroterra cultura, *Politica internazionale*, 10 (2), pp. 10-11. また3領域を柱にマーストリヒト条約までの戦後外交史を分析したものとして、Coralluzzo, V. (2000), *La politica estera dell'Italia repubblicana (1946-1992): modello di analisi e studio dei casi*, Franco Angeli.

(10) Alcaro, R., (2010), Catching the change of tide. Italy's post-cold war security policy, *The International Spectator*, vol. 45, no. 1, pp. 132-133.

(11) Panebianco, A. (1982), Le cause interne del basso profilo, *Politica internazionale*, 10 (2), p. 19.

(12) Croci, O., Foradori, P., Rosa, P. (2011), *op. cit*., pp. 83-85.

(13) *Ibid*., p. 82.

(14) 中道右派政権期：1994.5.11-1994.12.22, 2001.6.11-2006.4.27, 2008.5.8-2011.11.12,

中道左派政権期：1996.5.18.-2001.5.31, 2006.5.17-2008.5.6.

(15) Alcaro, R., (2010), *op. cit*., p. 143. 中道右派政権と中道左派政権の安全保障政策の異同およびその解釈については、Walston, J. (2011), Italy as a foreign policy actor : the interplay of domestic and international factors, Carbone, M. (ed.), *op. cit*., pp. 65-79.

(16) 首相は旧共産党出身のダレーマ (M. D'Alema)。コソボ派兵については、Croci, O. (2000), Dovere, umanitarismo e interesse nazionale. L'Italia e l'intervento della Nato in Kosovo, Gilbert, M., Pasquino, G. (a cura di), *Politica in Italia*, edizone 2000, Il Mulino, pp.109-130 ; D'Alema, M. (1999), *Kosovo : Gli italiani e la guerra*, Mondadori.

(17) Jean,C. (2004). *Geopolitica del XXI secolo*, Laterza, p. 26.

(18) Jean,C. (2007). *Geopolitica, sicurezza e strategia*, Franco Angeli. p. 14. なお、9.11後のイラク戦争へのイタリアの対応を詳述・分析したものとして、八十田博人 (2004)「ベルルスコーニ政権の対応外交」櫻田大造・伊藤剛編著『比較外交政策―イラク戦争への対応外交』明石書店 pp. 193-229があり、本稿も多くの示唆を得ている。

(19) Foradori, P., Rosa, P. (2007), *op. cit*., pp. 83-84.

(20) Ministero della Difesa (2002a), *op. cit*., Premessa-para. 4.

(21) *Ibid*. 1-1-paras. 9. 10. 11.

(22) Ministero della Difesa (1985), *Il libro bianco 1985*, p. 4. この段階におけるイタリアの基本的選択として、大西洋同盟、欧州統合、核不拡散、軍備管理、地中海の安定維持が挙げられている (p. 7)。

(23) たとえば Ministero degli Affari Esteri, *Libro bianco 2000 : Nuove risposte per un mondo che cambia*, Franco Angeli, 2000.

(24) Ministero della Difesa (2002a), *op. cit*., Premessa-para. 5.

(25) Foradori, P., Rosa, P. (2007), *op. cit*., pp. 75-80.

(26) *Ibid*. p. 76. tab. 4-1.

(27) ソマリアに関する低い支持率は、アメリカとの意見対立および戦略上の手詰まりに対する否定的評価の表れと考えられる。

(28) Foradori, P., Rosa, P. (2007), *op. cit*., p. 77. tab. 4-3.＝Battistelli, F. (2004), *Gli italiani e la guerra : Tra senso di insicurezza e terrorismo internazionale*, Carocci. p. 147. tab. 7-6.

(29) Ministero della Difesa (2003), *Nota aggiuntiva allo stato di previsione per la Difesa*, anno 2003. I-B/1.

(30) Foradori, P., Rosa, P. (2007), *op. cit*., p. 84.

(31) Ministero della Difesa (2002b), *Nota aggiuntiva allo stato di previsione per la*

第 7 章　イタリアにおける安全保障とテロ対策　*193*

Difesa, anno 2002. I-5-7.

(32)　Legge 31 marzo 2000, n. 78.; Decreto legislative 5 ottobre 2000, n. 297.

(33)　芦田淳（2004）「海外法律情報（イタリア）―徴兵制停止と自発的非軍事役務の実施」『ジュリスト』no. 1261 p. 159.

(34)　Kirchner, E., Sperling, J. (2007), *EU security governance*, Manchester University Press. chap. 1 (pp. 1-24); Sperling, J. (2010), National security cultures, technologies of public goods supply and security governance, Kirchner, E., Sperling, J., *National security cultures: patterns of global governance*, Routledge, pp. 1-18. 後者に言及したものとして、坂井一成（2012）「フランスの対外政策における地中海の存在意義―歴史的文化的背景と安全保障文化」日本国際政治学会編『国際政治』第167号 pp. 102-115.

(35)　以下の叙述は次に拠る。Croci, O., Foradori, P., Rosa, P. (2011), *op. cit.*, pp. 87-97 ; Foradori, P., Rosa, P. (2010), Italy : Hard test and soft responses, Kirchner, E., Sperling, J. (2010), *op. cit.* pp. 66-84.

(36)　Croci, O., Foradori, P., Rosa, P. (2011), *op. cit.*, p. 90.

(37)　寛容な移民政策のもう１つの背景として、少子高齢化や不人気職種への労働力確保というイタリア経済にとっての移民の重要性を指摘できる。移民政策の歴史については、Einaudi, L. (2007), *Le politiche dell'immigrazione in Italia dall'Unità a oggi*, Laterza.

(38)　2011年現在。各派遣任務の概要は、Ministero della Difesa (2011), *op. cit.*, I-B/1-19を参照のこと。

(39)　2010年度の国防機能費のGDP比は、イタリア0.92％に対し、ドイツ1.28％、フランス1.61％、イギリス2.37％と前節「資源配分」の項でみた2001年度と変わりがない。Ministero della Difesa (2011), *op. cit.*, I-C/1.

(40)　陸海空軍の職業軍人数は、たとえば1985年で127,210人、1995年で154,000人、2010年で184,609人となる。International institute for strategic studies, *Military balance 1985-86, 1995-96, 2001*, Routledge より算出。

(41)　Sperling, J. (2010), *op. cit.* p. 10.

(42)　大沢秀介・小山剛編（2009）『自由と安全―各国の理論と実務―』尚学社；同編（2006）『市民生活の自由と安全』成文堂など。

(43)　高橋利安（2009）「イタリアのテロ対策立法について―その歴史的展開を中心に」森英樹編著『現代憲法における安全』日本評論社、pp. 481-510。他に、谷口清作（2004）「イタリアのテロ対策立法―2001年10月19日暫定措置令を中心に―」『警察学論集』57巻12号、pp. 137-156、芦田淳（2006）「海外法律情報（イタリア）国際的テロリズムへの対応」『ジュリスト』no. 1304、p. 139。また、坪郷實・高橋進（2007）

「9.11事件以後における国内政治の変動と市民社会—ドイツとイタリアの比較を中心に」日本比較政治学会編（2007）『テロは政治をいかに変えたか』早稲田大学出版部、pp. 25-51なども参照。

(44)　D. L. 15 dicembre 1979, n. 625. その後1980年2月6日法律第15号（L. 6 febbraio 1980, n.15）へと転換 。

(45)　D. L. 18 ottobre 2001, n. 374. その後2001年12月15日法律第438号（L. 15 dicembre 2001, n.438）に転換。

(46)　Council Framework Decision of 13 June 2002 on combating terrorism [2002] OJ L164/3.

(47)　D. L. 27 luglio 2005, n. 144. その後2005年7月31日法律第155号（L. 31 luglio 2005, n. 155.）に転換。

(48)　法律2001年11月9日第401号（L. 9 novembre 2001, n. 401）。この法律は緊急法律命令2001年9月7日第343号（D. L. 7 settembre 2001, n. 343）を法律へ転換したものであるが、日付から明らかなように9.11の影響を受け、大幅加筆修正が行われている。Grandi eventi の事例としては、ヨハネ・パウロ2世死去（2005年）、トリノオリンピック（2006年）、ラークイラG8（2009年）、イタリア統一150周年記念行事（2011年）などが挙げられる。

(49)　本名はOsama Mustafa Hassan。本人インタビューを含むレポートとして、Amnesty International Italy, (2008), *Abu Omar : ruolo e responsabilità dell'Italia*, 24 giugno 2008. pp. 1-6.

(50)　2009年11月4日、ミラノの裁判所はCIA要員ら22名、米軍将校1名、イタリア軍の情報部員2名に有罪判決を下した。当時のSISMI長官と副長官も起訴されたが、国家機密規定によって免責となっている。なお、この2人に関して2012年9月19日ミラノ破毀院（Corte di Cassazione）は免責には当たらないとの判断を下している。*Coriere della sera*（rendazione online）, 19 settembre 2012.

第 2 部

アジアにおける安全保障とテロ対策

第 8 章　中国の安全保障とテロ対策

柴　田　哲　雄

概　要

　9.11事件後、米中関係は改善が進んだと言われる。中国は米国の対テロ戦争に積極的に協力してきた。その一方で1949年の建国以来続く新疆ウイグル自治区（東トルキスタン）の分離運動に対する弾圧を、対テロ戦争の一環として位置付け直すことにより、少なくとも「東トルキスタン・イスラム運動」に対する「テロ」組織という認定を米国などから引き出すことに成功した（しかしラビア・カーディルが率いる「世界ウイグル会議」に対する「テロ」組織という認定を引き出すことにはなおも成功しておらず、中国側の不満を残す結果となっている）。

　他方で、中国の1998年度版「国防白書」と2010年度版「国防白書」を比較すると、領土・領海問題などにおいて国益を追求する態度がより露骨となり（近年の尖閣問題における中国の強硬な態度は、我々の記憶に新しいであろう）、米国の最新鋭の軍事力に匹敵する軍備を充実させようとする方針がより確固たるものとなっている。鄧小平が敷いた安全保障戦略の路線を一貫して歩み、世界平和を希求する姿勢を一貫して強調してきたにもかかわらず、である。そうした変化の背景には中国の台頭と米国の衰退という歴史的なパワーの移行があるだろう。そうした変化を受けて、昨今米国はアジア太平洋方面に安全保障の比重を置く決定を行ない、米中関係には再び対立の兆しが現われるようになった。

はじめに

　本章では、中国の安全保障とテロ対策について論じる。まずポスト冷戦時代の安全保障戦略について考察するが、主として中国で初めて公表された1998年度版「国防白書」と2010年度版「国防白書」の比較を通して、その間の重複と変化を見ていく。次いでテロ対策の文脈から、ウイグル人の分離運動に対する中国当局の対処について考察する。その際、テロ対策に当たる部隊、テロ対策関連予算、テロ対策のための法の整備状況、並びにその状況がもたらす人権問題についても言及することとしたい。なお、注の引用文献の出典として記載したホームページのアドレスについては、中国の2013年度テロ対策関連予算に関する典拠を除くと、2012年の執筆時にアクセスしたものであることを断っておく。

　ところで、1970年代前半までの毛沢東時期における中国の安全保障戦略について一瞥することにしよう[1]。毛沢東は外交路線を連ソ反米、反米反ソ、連米反ソと目まぐるしく変転させる一方で、軍事的には一貫して人民戦争戦略と最小限核抑止戦略を堅持していた。連ソ反米路線は、1950年の日米同盟に対する共同防衛をうたった中ソ友好同盟相互援助条約の締結によって具体化された。反米反ソ路線は、1956年のフルシチョフによるスターリン批判、並びに平和共存政策を契機としていた。1960年に中ソ両共産党の間で公然とした論争が起こると、中国はソ連から国際共産主義運動の指導権を奪うために、独自の戦略として「中間地帯論」を提起した。1966年の文化大革命の発動以後には、極左路線をさらに強めて、対米対決のみならず、対ソ対決をも公然と掲げるようになった。連米反ソ路線は、1969年の中ソ国境紛争やその前年の「プラハの春」が契機となっていた。中国政府はソ連の本格的な軍事侵攻に備える一方で、「敵の敵は味方」という戦略的判断で対米接近を図り、1972年にニクソン訪中を成功させると、ついに1979年に米中国交樹立を実現した。当時、中国政府が推進していた反ソ統一戦線の戦略は「3つの世界論」に集約されていた。

1 ポスト冷戦時代の安全保障戦略

鄧小平時期の安全保障戦略

　ポスト冷戦時代の安全保障戦略は、基本的には1980年代に鄧小平が策定したそれの延長線上にある(2)。そこで、鄧小平の安全保障戦略を概述することにしよう。毛沢東の死去や「4人組」の逮捕を経て、1977年に鄧小平が主導権を握ると、中国は毛沢東時期の生産関係の変革を目指す極左政策を大転換し、生産力の拡大を最優先する改革開放政策に踏み出した。中国政府は経済建設のために、平和な国際環境の実現を最優先課題とするようになると、その安全保障戦略をも大きく変化させた。すなわち、従来のような米「帝国主義」、あるいはソ連「社会帝国主義」、あるいは両超大国を主要敵と見なし、臨戦態勢をとるといった強硬路線を放棄したのである。中国政府は1970年代に連米反ソ路線をとっていたが、1982年のブレジネフによるタシケント演説を機に対ソ関係の改善を模索し始め、1989年のゴルバチョフ訪中によって関係を完全に正常化した。そして米ソに対して是々非々かつ等距離で臨む「独立自主」の穏健路線を目指すようになった。ちなみに、中国が米国に対して距離を置き、是々非々の姿勢を打ち出した背景には、1979年の米台断交時に、米議会によって制定された「台湾関係法（台湾を国家と同様に扱い、防衛兵器を供与できるとしている）」の存在があるだろう。

　中国政府は米ソ両超大国に対する外交路線の大転換に伴って、世界情勢に対する認識をも大きく変えるに至り、大規模な世界戦争は当分起こり得ないとの判断を示すようになった。戦争を不可避と見なしていた毛沢東時期には、敵を自らの陣営に深く誘い込み、人民の海で包囲殲滅するという人民戦争論に依拠していたことから、三線建設に見られるように、防衛面で安全度の高い内陸部を経済建設の中心地としていた。しかし世界戦争が起こり得ないと見込まれたことから、外敵からの侵略に晒されやすい沿海部を開放して、経済建設の中心地に据えることが可能となった。また長期にわたる平和な国際環境によって、中国は人民解放軍の全面的な近代化、すなわち兵員数の削減や核・通常兵器の改善などにも着手できるようになった。

1998年度版「国防白書」

次いで、冷戦後の世界はしばしば唯一の超大国となった米国による一極体制であると言われるが、そのような国際情勢の下で中国政府はどのような安全保障戦略を策定したのか見ていくことにしよう。ここでは中国で初めて公表された1998年度版「国防白書」に基づいて分析を進めるが、それに先立って1980年代末から1990年代前半にかけての冷戦終結前後における中国をめぐる内外の情勢を概観することとしよう。1980年代を通して中国が享受していた比較的安定した国際環境も、1989年6月の天安門事件を機に、米国をはじめとする西側諸国が中国政府の人権弾圧を激しく非難し、経済制裁を加えたことから、一挙に暗転した。天安門事件を契機とする西側諸国の経済制裁に加えて、同年から1991年にかけての東欧社会主義政権の崩壊とソ連の消滅を導いた「和平演変」は、中国政府に大きな危機感を呼び起こした。

中国政府は鄧小平のリーダーシップの下で、この危機からの活路を高度経済成長に求めることとした。そして1992年の鄧小平による「南巡講話」を機に、中国は再び経済を高度成長の軌道に乗せることに成功し、内外からの民主化圧力をかわし、その正統性を維持することに成功した。また中国政府は国際的孤立からの脱却の糸口を対周辺国外交の強化に求める一方、日欧米諸国とも1992年から翌年にかけて、その潜在的な巨大市場を誘い水として次々に関係を改善していった。ただし米国との関係改善は最後までもつれた。従来からの懸案であった台湾問題に加えて、クリントン政権の時期には人権、武器輸出などの問題が新たに中国に厳しく突きつけられた。だが、最終的に中国はその潜在的な巨大市場や国際的な影響力を切り札にして、クリントン政権から1994年に人権問題と最恵国待遇供与問題の切り離しという譲歩を引き出すことに成功した。

さて、1998年度版「国防白書」は以上のような情勢を受けて、どのような安全保障戦略を描いていたのであろうか[3]。冒頭の「前言」では、中国は経済建設を最優先するために「長期にわたる国際社会の平和的な環境を必要とし、かつ非常に重視している」としていた。そして軍事的には「防御的な国防政策」を奉じており、「国防建設は国家経済建設に従属し、かつ資する」ものでなければならないとしていた。

第8章　中国の安全保障とテロ対策　201

「前言」に続く「国際安全形勢」では、世界情勢の趨勢に関して論じているが、「当面のところ、国際社会における安全保障情勢は全般的に緩和の方向に向かい続けている」と判断していた。米国の一極体制の相対化を意味する「多極化」の趨勢、並びに経済のグローバル化の持続的発展こそがその原動力であった。またアジア太平洋地域に関しても、アジア金融危機にもかかわらず、その「政治や安全保障の情勢は相対的に安定している」としており、「多極化」の趨勢も加速しているとしていた。

もっとも「軍事的な要素は国家の安全保障においてなお重要な地位を占めている」としており、特にハイテク兵器の開発をはじめとする軍事改革の競争が起こっていることに着目していた。さらに「経済的な安全保障が国家の安全保障において日増しに重要になっている」としており、経済力と科学技術力を包含する「総合国力」の競争、並びに市場や資源をめぐる国益の摩擦が激化しているとしていた。こうした軍事・経済面の世界的な競争のトップを走る米国、及びその軍事同盟については、名指しこそしないものの「覇権主義と強権政治は依然として世界の平和と安定に脅威を与える主要な原因となっている…軍事ブロックの拡大や軍事同盟の強化は国際社会の安全保障に対して不安定な要素を増している」と述べて、批判していた。また1998年に前後して実施されたインド、パキスタン両国による核実験に対しても懸念を表明していた。なおテロ活動、兵器拡散、麻薬の密輸、環境汚染などが国際的な安全保障に対する「新たな脅威」となっているとも指摘していた。

白書は、冷戦時代のような軍事同盟に依拠し、軍備増強を手段とする安全保障のあり方では世界に平和をもたらすことはできないとし、新たな安全保障のあり方として、以下の3点を提唱していた。第1に、各国は主権の相互尊重、領土保全、相互不可侵、相互内政不干渉、平等互恵などの基礎の上に国家間関係を構築すべきである。第2に、各国は経済分野における互恵協力を強化し、相互に市場を開放し、貿易における不平等や差別政策を撤廃し、国家間の発展格差を縮小させるなどのことをすべきである。第3に、各国は対話と協力を通して相互の理解と信頼を増し、平和的な方法によって国家間の不和や紛争の解決を図るべきである。中国はこうした新たな安全保障のあり方を実践して、周辺国との間で火種となっている領土・領海問題に対する

対応では「大局を重んじ、交渉によって解決し、国家関係の正常な発展と地域情勢の安定に影響を及ぼさない」ことを方針とした。

一方、1996年に総統の直接選挙が施行され、米中の軍事的衝突も懸念された台湾をめぐっては、白書は中国の立場を次のように明確に打ち出していた。「台湾は中国領土の不可分の一部である」。米国、及び日米同盟を念頭に置いて「直接的であれ間接的であれ、台湾海峡をいかなる国家であれ軍事同盟であれ、安全保障協力の対象に組み込むことは、中国の主権に対する侵犯と干渉である」。中国は台湾統一のためには「武力使用の放棄を承認しない」。米国の「台湾関係法」についても、「いかなる国家であれ台湾に対する武器の売却に反対する」と。

白書は以上のような内容を含む「国際安全形勢」に続いて、「国防政策」について言及していた。中国の「防御的な国防政策」は、近現代における中国人民による反帝国主義・反封建闘争に原点をもち、今日における国防建設の経済建設への従属からくる当然の帰結であり、さらには平和を愛するという歴史的な文化や伝統に根差すものであるとしていた。そして白書は国防政策を次のように5点にわたり挙げていた。第1に「国防を強固にし、侵略に抵抗し、武装転覆を抑止し、国家の主権、統一、領土保全、安全を防衛する」。ここで特に念頭に置かれていたのは「覇権主義」の米国の存在であった。第2に「国防建設は国家の経済建設の大局に従属し資するようにさせ、国防建設と経済建設を協調的に発展させる」。国防の近代化の水準は国家の経済力の増強にしたがって向上すべきであるとしていた。第3に「積極防御の軍事戦略の方針を貫徹する」。この戦略には、毛沢東時期以来の人民戦争戦略や最小限核抑止戦略も含まれていたが、ハイテク兵器開発などの世界的な軍事改革の潮流にも適応すべきであるとしていた。第4に「中国の特色を有した精兵の道を歩む」。「精兵の道」とは、人民解放軍を「数量規模型から質量効能型へ、人力密集型から科学技術密集型へ」と転換することであり、ハイテク兵器の開発などを促進することであった。第5に「世界平和を擁護し、侵略拡大行為に反対する」。ここでも念頭に置かれていたのは「覇権主義」の米国とその軍事ブロック・同盟の存在であった。

総じて言えば、1998年度版「国防白書」は鄧小平の路線を引き継いで、中

国が経済発展や人民解放軍の近代化に専心するために世界平和を望むことを強調しつつも、台湾問題などの国益に関わるケースでは、「覇権主義」の米国を牽制して、強硬な姿勢を示していた。一方、冷戦後のあるべき世界像として、米国の一極体制を相対化する「多極化」された世界を求めており、中国も経済建設や人民解放軍の近代化を通して、その一翼を担おうとする意欲を示していた。

2010年度版「国防白書」

　2010年度版「国防白書」を見るに先立って、2001年の9.11事件以降の中国をめぐる内外の情勢を見ていくことにしよう。同事件直後に、江沢民国家主席はW・ブッシュ大統領に電話をかけ、犠牲者に哀悼の意を表した後、「我々は米国、並びに国際社会との対話を強化し、協力を発展させて、あらゆるテロリズムによる暴力活動に対してともに攻撃することを望む」と述べた[4]。江沢民発言を裏付けるように、中国は事件の翌日に、国連安全保障理事会決議1368に賛成し、アフガニスタンでの有志連合軍の軍事行動を支持するようにパキスタンを説得するなど、対米協力を進めた。同事件直後における中国による一連の素早い対米協力の動機としては、中国が同事件を対米関係改善の好機と捉えたことが指摘されている[5]。

　また対テロ戦争に対する中国の協力のもう1つの動機としては、次のようなことが指摘できるだろう。中国は、建国以来の懸案であった国家統合を揺るがしかねない新疆ウイグル自治区の分離運動による諸活動を、非暴力派のそれをも含めて「あらゆるテロリズムによる暴力活動」と位置付けることにより、それらに対する「攻撃」について、国際社会から承認を取り付けようとしていた。例えば、後述する非暴力派の離散ウイグル人団体の主要な活動拠点となっていたドイツから、ヨハネス・ラウ大統領が同年10月に訪中した際、朱鎔基首相は次のような発言を行なった。

　　中国の「東トルキスタン」テロ勢力に対する闘争は、国際的な反テロ闘争の一部であり、テロリズムに対する攻撃に関して、国際的な協力を強化すべきである。中国とドイツ両国のこの問題における立場は一致しており、中国はドイツ、並びにEUとの

間でこの分野における協力を強化することを望んでいる(6)。

「東トルキスタン」とは中国側によって新疆ウイグル自治区と呼ばれる領域を指しており、ウイグル人活動家はあえて中国語で新たな領土を意味する「新疆」ではなく、「東トルキスタン（ちなみに「トルキスタン」とはチュルク系民族の土地という意味）」という呼称を用いてきた。一方、W・ブッシュ政権は中国の思惑に一定程度応えて、2002年8月に新疆ウイグル自治区の分離独立を目指す武装グループの1つである「東トルキスタン・イスラム運動」をテロ組織に指定した（同年9月には国連もテロ組織に指定した）。このW・ブッシュ政権の決定の背景には、中国のアフガニスタン戦争に対する支持と協力の見返りのみならず、イラク戦争に対する中国の反対姿勢を和らげる目的があったと指摘されている(7)。ちなみに中国は、イスラム原理主義勢力のテロ活動に悩まされてきたロシアや中央アジア諸国といった上海協力機構加盟国とも、対テロ協力を実施していた。

W・ブッシュ政権は9.11事件を機に、中国を「戦略的競争者」から「責任あるステークホルダー」や「建設的パートナー」として位置付け直した。そして米中両国は対テロ戦争（闘争）のみならず、北朝鮮核問題や台湾独立問題などでも緊密に連携し合うようになった。オバマ政権が成立すると、同政権はW・ブッシュ政権よりもいっそう中国に対して融和的になり、「米中戦略・経済対話」の枠組を設けて、広範な諸問題について中国と協議する姿勢を示し、米中「G2」論まで喧伝されるようになった。

こうした米中の協調関係の構築を受けて、中国政府はどのような安全保障戦略を策定したのであろうか(8)。2010年度版「国防白書」の冒頭の「前言」では、世界における中国の使命をうたっていた。国際社会が「開放と協力において発展しつつも、危機と変革において前進している」とした上で、中国はその平和的発展によって、平和と繁栄に満ちた「和諧（調和）」世界を築くべきであると主張していた。一方、中国自身の目標としては、「独立自主の平和的な外交政策と防御的な国防政策を奉じ、経済建設と国防建設を計画的に按配して、小康（ややゆとりがある）社会を全面的に建設する過程で、富国と強兵の統一を実現させる」ことを挙げていた。

次いで「安全形勢」では、全般的な世界情勢に関して「新たな深刻かつ複雑な変化が現われている」としており、その変化には2通りの趨勢があるとした。1つは、経済のグローバル化や世界の「多極化」などによって「平和・発展・協力という時代の流れを阻むことはできない」とするものであった。もう1つは、国際戦略における競争や矛盾、並びにグローバルな規模の挑戦によって「安全への脅威の総合性、複雑性、多変性は日増しに顕在化している」とするものであった。もっとも「世界は総体的に平和で安定した基本的態勢を保持している」と述べていることからも明らかなように、前者の趨勢を主流と見なしていた。それは具体的には、2008年以来の国際的な金融危機に際して、国際社会が共同歩調をとり、また危機への対応のさなかに中国を含む新興経済国が台頭して、米国の一極体制を相対化する「多極化」がよりいっそう推進されたことなどである。後者に関しては、国際秩序や「総合国力」などをめぐる国際戦略競争の激化を指摘する一方、テロリズム、経済の安全保障、気候変化、核拡散、情報の安全保障、国境を越える犯罪などの「非伝統的な安全保障問題」が国際社会に脅威を与えているとした。

なおアジア太平洋地域についても、「安全保障の情勢は総体的に安定している」とする一方で「安全保障の複雑性や多変性は顕著になっている」としていた。前者に関しては、上海協力機構のほか、中国・日本・韓国・アセアン諸国の協力関係もまた地域の安定に寄与しているとした。後者に関しては、朝鮮半島やアフガニスタンの情勢が不安定化し、領土や海洋権益の対立がエスカレートし、テロリズムや「分裂主義」などが蔓延っていることを指摘していた。そのようななかで「米国はアジア太平洋の軍事同盟を強化し、地域の安全保障に介入する力を強めている」として懸念を示していた。

また白書は、国際的な軍事競争が依然として激烈であるとしていた。ここでは特に米国を念頭において、そのハイテク兵器の発展振りについて次のように具体的に記していたのが注目される。

　　一部の大国は宇宙空間、サイバー空間、極地における戦略を策定しており、通常型即応グローバル・ストライク（CPGS）の手段を発展させ、ミサイル迎撃システムの構築を加速させ、サイバー作戦の能力を増強させ、新たな戦略において優位に立とう

と努めている。

　白書は、中国が「依然として発展の重要な戦略的チャンスをつかんでおり、安全保障環境は総じて有利に働いている」という認識の下で、台湾問題に関して「両岸関係の平和的発展という方針・政策を推進する」とうたっていた。こうした台湾問題に関する比較的穏健な筆致の背景には、国民党出身の馬英九政権が「三通（通商、通交、通郵）」の実現に向けて動き出すなど、中国に対して融和的な姿勢を示してきたことがあるだろう。一方、中国が「直面している安全保障上の挑戦はより多元化し、複雑化している」という分析をも行なっており、「台湾独立」「東トルキスタン」「チベット独立」といった「分裂勢力」の策動、米国による台湾への武器供与、並びにエネルギー資源や自然災害などの「非伝統的な安全保障問題」の顕在化が懸念の対象となっていた。

　以上のような「安全形勢」を受けて、白書は「国防政策」を提示していた。まず中国が「防御的な国防政策」をとっていることを強調した上で、それが「中国の発展の道、根本的任務、対外政策、歴史的な文化や伝統」に根差したものであるとした。また改めて台湾との平和的統一を訴えた。白書は国防政策の骨子として4点挙げていた。第1点目は「国の主権、安全、発展の利益を守る」。その具体的な中身に関して、さらに以下のように記していた。

　　　侵略に対して防御と抵抗を行ない、領土、内水、領海、領空の安全を守り、国の海洋権益を守り、宇宙空間、電磁空間、インターネット空間における国の安全と利益を守る。「台湾独立」に反対しそれを抑止し、「東トルキスタン」や「チベット独立」などの分裂勢力に打撃を与え、国の主権と領土保全を保障する。

　第2点目は「社会の和諧（調和）と安定を守る」。人民解放軍や人民武装警察などの「武装力」が国家の経済・社会建設に対して積極的な参加と支援を行なうべきであるとしていた。第3点目は「国防と軍隊の現代化を推進する」。2020年までに基本的に「機械化」を実現し、かつ「信息化（情報化）」

を進展させるべきであるとしていた。第4点目は「世界の平和と安定を守る」。相互信頼、互恵、平等、協力といった「新安全保障観」を堅持し、平和的な手段で紛争を解決すべきであると訴える一方で、米国を念頭に置いて「覇権主義や強権政治に反対する」と主張していた。

　全体的に見て、2010年度版「国防白書」は1998年度版のそれと同様に、中国が平和国家として世界平和を求めることを強調していたと言えるだろう。だが、国益に関わるケースでは、2010年度版の白書は1998年度版のそれ以上により強硬な姿勢を示すようになっていた。例えば上記の「国防政策」の第1点目の引用文に見られるように、領土・領海問題では確固たる防衛を言明しており、1998年度版の白書のような穏健な方針（「大局を重んじ、交渉によって解決し、国家関係の正常な発展と地域情勢の安定に影響を及ぼさない」）を放棄していた。またそれに伴って、2010年度版の白書では、米国の最新鋭の軍事力に匹敵するような軍備の充実を求める姿勢が、1998年度版のそれに比較してよりいっそう鮮明になっていた。こうした中国の姿勢の変化の背景には、中国がその間に経済力と軍事力を拡大させた以外に、アフガニスタン戦争とイラク戦争を同時に抱えた米国が中国への圧力を相対的に低下させたことがあるだろう。また習近平のブレインと目されている劉亜洲が指摘するように、米国が2008年のリーマン・ショック以来「一極主義と西洋中心主義の衰勢に直面して、…一定の調整と譲歩を余儀なくされている」ということもあるだろう[9]。

　その結果、近年、米中関係には9.11事件後の良好な雰囲気とは一変して、再びきな臭さが漂い始めるようになってきた。領土・領海問題については、2010年3月に中国政府は米国政府に対して、ベトナムやフィリピンなどとの間で南沙諸島の領有権問題を抱える南シナ海を「核心的利益」と見なすと通告し、チベットや台湾と同列に扱って、他国との交渉の余地などあり得ないとした。東シナ海においても、ガス田問題、並びに同年9月の尖閣諸島漁船衝突事件に見られるように、日本に対してよりいっそう強い態度に出るようになった。こうした中国の積極的な海洋進出は米国の警戒を招くに至り、オバマ政権は2012年1月に安全保障の重点をアジア太平洋地域に置くとする新国防戦略を発表した。また最新鋭の軍備については、例えば、中国は

米国に対抗して積極的に宇宙空間の軍事的活用を進めており、その一環として2007年1月には衛星破壊実験に成功した。ただしその実験成功はただちに米国に脅威を与えるものとは見なされていないが[10]、将来的には予断を許さないであろう。

2 テロ対策——「東トルキスタン」分離運動に対する対処を軸に

「東トルキスタン」分離運動の概要

　まず、中国におけるウイグル、チベット、モンゴルなどの少数民族の概況について確認しておこう。第1に、人口が多く、合計1億人に達している。第2に、民族自治地方の面積は広大で総面積の64％を占め、また2万キロ余りに及ぶ陸地国境線のほとんどを占めている。第3に、混住の度合いが高くなっている[11]。ここで新疆ウイグル自治区について補足しておくと、漢人の大量移住の結果、同自治区においても混住の度合いが高くなっているが、ウイグル人は今日もなお言語や宗教などの面で民族の独自性を高く保持し続けている。また陸地国境線については、同自治区は以下の国々と国境を接している。すなわちウイグル人と同様のチュルク系民族の国家であるカザフスタン、キルギスのほかに、米国の対テロ戦争の舞台となったアフガニスタンとパキスタン、イスラム原理主義勢力との内戦に疲弊しているタジキスタンなど。こうしたことから、同自治区におけるナショナリズムとイスラム原理主義によって惹起される民族問題が、容易に国際問題に発展しかねない状況であるということが見て取れるであろう。

　次いで、馬大正と許建英が執筆した『「東トルキスタン国」という迷夢の幻滅（"東突厥斯坦国"迷夢的幻滅）』という著書に基づき、「東トルキスタン」分離運動の現代史を4段階に分けて整理することにしよう[12]。第1段階は形成期であり、期間は20世紀初頭から中華人民共和国樹立の1940年代末までである。その間に「東トルキスタン」の思想体系が形成され、さらには外国勢力の影響下で、1930年代と1940年代に2度にわたって建国の試みがなされた。

第 2 段階は国外蔓延期（1949年〜1989年）である。国内の「分裂」勢力は粛清されたものの、国外に逃れた「分裂」勢力がトルコなどの西アジア地域に多くの組織を結成した。1980年代以降になると、中国の改革開放に伴って緩和化された政治・社会環境に乗じて、内外の「分裂」勢力が中国国内で騒乱を起こすようになった。ここでさらに補足すると、第 2 段階の国外における「東トルキスタン」分離運動を指導した中心人物は、エイサ・ユスプ・アルプテキンである。アルプテキンは、中国共産党による政権掌握の直前には、国民党政府の新疆省政府秘書長の地位にあったが、人民解放軍の新疆進駐を目前にトルコに亡命し、「東トルキスタン」分離運動を指導して、世界的に著名なウイグル人民族主義者となった[13]。

第 3 段階は急激な膨張期（1990年〜2001年）である。ソ連解体による中央アジアのチュルク系諸国の独立に刺激されて、「分裂」勢力の活動が内外で活発化するに至った。

ここで第 3 段階に関してさらに補足することにしよう。中国が9.11事件を契機とする反テロ闘争に先立って、本格的に「東トルキスタン」分離勢力と武力衝突するのは、この時期からであった。2002年 1 月に国務院新聞弁公室が発表した「『東トルキスタン』テロ勢力は罪責を免れ難い（"東突"恐怖勢力難脱罪責）」によると、「1990年から2001年までに内外の『東トルキスタン』テロ勢力が中国新疆内で少なくとも200件余りの暴力テロ事件を引き起こし、各民族の大衆・基層幹部・宗教関係者など162名の命を奪い、440名余りを負傷させた」[14]。

第 3 段階において頻発した分離勢力による「テロ」事件の劈頭を飾ったのは、1990年 4 月にアクト県バレン郷（阿克県巴仁郷）で発生した「バレン郷事件」である。中国側によると、同事件は「東トルキスタン・イスラム党」による画策の下で「テロ分子が10名の人質をとって政府を脅迫し、幹線道路で 2 台の自動車を爆破し、 6 名の武装警察隊員を残酷に殺害した」[15]。同党は、先のエイサ・ユスプ・アルプテキンのグループともつながりがあるザイニディン・ユスプ（則丁・玉素甫）によって設立され、「聖戦」を通して漢人を追放し「東トルキスタン共和国」の樹立を目指すとしていた[16]。「バレン郷事件」はまさに「『東トルキスタン』分裂主義勢力の暴力テロ活動が日を

追うごとに深刻化していく」に至る「転換点」になった[17]。

なお「バレン郷事件」は、9.11事件を機に、米国政府や国連によって、離散ウイグル人団体のなかでは唯一テロ組織の指定を受けた「東トルキスタン・イスラム運動」結成の遠因ともなった。同事件による逮捕を免れて国外に脱出したハサン・マフスムを中心とする人々が、その後「東トルキスタン・イスラム運動」を結成したのである[18]。「東トルキスタン・イスラム運動」はアフガニスタンのカブールに本拠を置き、新疆ウイグル自治区、キルギス、ウズベキスタン、パキスタン、サウジアラビアなどに支部を置いている。同組織は国際的なイスラム原理主義ネットワークと連携し合っており、「タリバンやウズベキスタン・イスラム運動を構成する一部となり、その戦闘やテロ活動に参加しており、またビン・ラディンとも密接な関係を築き、その指示を仰ぎ、資金・訓練・武器の面で援助を受け、アルカイダのテロ活動に参加している」と見られている。第3段階の時期には「東トルキスタン・イスラム運動」は、1998年5月にウルムチ駅倉庫爆破放火事件、1999年2月にウルムチで247万元強奪事件、同年3月にホータンで爆破事件などを引き起こした[19]。

第4段階は新たな整合期（2001年以降）である。9.11事件以降、アフガニスタン戦争によって、「東トルキスタン」の「分裂」勢力に大きな影響を及ぼしていたビン・ラディンらのグループが大打撃を被り、また中国と中央アジア諸国、ロシアとの間で反テロ協力が強化されるなどした。その結果、各地域の「分裂」組織は手酷い損害を受けることとなり、新たな整合期に入った。

ここで、第4段階に関してさらに補足することにしよう。非暴力派の結集を目指して、1998年12月にイスタンブールで「東トルキスタン民族センター」が、またその後継組織として1999年10月にミュンヘンで「東トルキスタン（ウイグルスタン）民族会議」が相次いで結成されたものの、その傘下にはなおも中央アジア諸国を拠点とする武装勢力の影がちらついていた。しかし9.11事件を契機として、2004年4月に「東トルキスタン（ウイグルスタン）民族会議」、並びに同じく非暴力を標榜する「世界ウイグル青年会議」が合併して新たに「世界ウイグル会議」が設立されると、同組織はウイグル人の解

放運動とテロ活動が同一視されるのを避けるために、武装勢力とは明確に一線を画すようになった。また「世界ウイグル会議」は少なくとも昨今においては、「東トルキスタン」の分離独立ではなく、中国政府によって制定・批准された法律や国際条約が保障する民族自治の完全履行を求めるようになっている[20]。しかし後述するように、今日「世界ウイグル会議」は中国当局によって「テロ」組織と断定されている。

なお、9.11事件以降「東トルキスタン・イスラム運動」は前述のように米国政府や国連によってテロ組織の指定を受け、米軍の攻撃に遭ってアフガニスタンの根拠地を破壊されたが、その組織は依然として健在であり、活動を継続しているようである。中国公安部によると「2007年以来、『東トルキスタン・イスラム運動』(2002年9月、国連安保理でテロ組織と認定)を始めとする『東トルキスタン』テロ勢力は北京五輪を標的に、中国内外で一連のテロ犯罪活動を計画・組織・実行し、北京五輪の安全と中国社会の安定を深刻に損ない、関係国・地域の安全と安定も脅かした」とのことである[21]。

部隊と予算

次いで、「東トルキスタン」分離を目指す武装勢力に対処する中国の部隊を見ることにしよう。長年にわたって武装勢力と対峙してきたのは、中国人民解放軍の新疆生産建設兵団(以下、兵団)であった。兵団は党、政、軍のほかに、農場や企業などを備えた組織であり、1954年に発足した。文化大革命の際には、兵団の農工業の生産が大きく落ち込み、さらには兵団そのものが撤廃されたが、1981年に鄧小平の下で復活された。昨今、兵団は13の農業師団、1つの建設工程師団、並びに174の農場、517もの独立生計の関連企業などによって構成されている[22]。また人員はその家族を含めると計245万3600人(このうち約220万人が漢人)に上るという[23]。兵団は、1950年代から1960年代にかけて新疆ウイグル自治区で散発的に起こった分離勢力による武装蜂起を鎮圧したばかりでなく、1990年に発生した「バレン郷事件」の際にも活躍した[24]。

武装勢力と対峙してきた部隊には、兵団の他に準軍隊の人民武装警察部隊(以下、武警)がある。武警は人民解放軍の近代化のプロセスのなかで削減さ

れた一部の部隊、並びに元来公安部に属していた一部の部門が合併し、1980年代初頭に設立された。武警は人民解放軍から警備担当部隊や歩兵部隊を編入して、重武装の治安警察部隊としての機能を備えているが、人民解放軍で経済活動を担当してきた部隊も編入されたため、その性格は複雑である。また武警では対テロ部隊も編成されている[25]。なかでも昨今、最も精鋭部隊とされているのは、「雪豹突撃隊」という部隊名を、中央軍事委員会主席をも兼ねる胡錦濤から直々に与えられた武警北京総隊13支隊特勤大隊である[26]。新疆ウイグル自治区における武警の活動について見ると、2002年までの過去10年間で計1000件以上の突発事件や暴動事件に対処してきたとのことである。また中国は2002年から毎年のように上海協力機構加盟国やパキスタンと対テロ合同軍事演習を行なってきたが、こうした軍事演習には人民解放軍とともに武警も参加している。特に2007年9月にモスクワで実施された中ロ両国の演習では、初めて武警（上記の「雪豹突撃隊」）のみの参加となった（ロシア側も準軍隊の内務省軍）[27]。

　ところで、「東トルキスタン」の武装勢力に対する取り締まりに要する予算規模はどれくらいであろうか。周知のように中国の国防関連予算は不明な点が多く、その点についても詳らかにすることは難しい。だが、参考までに中国財政部が公表した2013年度の中央政府の予算案を見ると、主として武警や公安に投じられる「公共安全」の予算は、前年比7.9％増となる約2029億元（1元＝約15円とすると、3兆435億円）であった。一方、国防予算は前年比10.7％増となる約7202億元（10兆8030億円）であった[28]。

問題点―反テロ法の未整備と人権弾圧―

　中国ではテロ対策の法整備はどのような状況になっているのであろうか。その点に関して、2005年8月に『人民日報』は「『9.11』事件後、早々に機を逸せずに『刑法修正案（三）』を採択して、刑法におけるテロ犯罪行為について集中的に修正と補足を行なったが、目下のところなお専門的な反テロ法の制定に向けて大いに検討しているところである」と報じていた[29]。ようやく2011年10月になって、全国人民代表大会において「反テロ工作強化に関連する問題についての決定」が採択されたが、それさえも「中国の反テ

ロ工作を法制化するに当たっての重要な具体案」に過ぎないものであった。全国人民代表大会の関係者によれば「反テロ工作は複雑であり、とりわけ一部の問題に関して各方面の認識が異なっており、目下のところ中国において包括的な反テロ法を制定するには、時期がなおも熟していない」とのことであった[30]。

このように反テロ法が今日に至っても未整備であることから、様々な問題点が噴出してきたようである。取り締まる側からの問題提起としては、例えば2010年3月の『陝西日報』の記事には次のような指摘がなされていた。

> 目下、我が国は中央から地方に至るまでそれぞれ反テロの力を備えているが、その力を定める規模や基準が明確でなく、反テロ闘争に当たる公安、武警、人民解放軍の役割分担も規定されておらず、効果を阻んでいる。

上記の記事は続いて、武警陝西省総隊総隊長である曹建国の次のような発言を紹介していた。「現行の法律はテロ犯罪の概念や種類を確定していない」。そこで「反テロ闘争のための専門的な法律を早々に制定して、…ひとたび有事になれば、『迅速、正確、大胆』にテロ犯罪に対して攻撃を加えられるようにすべきである」[31]。『陝西日報』の記事は次のような現状を示唆していると言えるだろう。すなわち取り締まる側は、「反テロ法」が制定されていないために、有事の際には公安、武警、人民解放軍が行き当たりばったりの対応しかできず、さらには何を以てテロと見なすかという定義が確定されていないために、標的が無限に拡散しかねず、「迅速、正確、大胆」にテロリストに攻撃を与えられないという焦慮感を抱いていると。

一方、取り締まられる側からすると、「現行の法律はテロ犯罪の概念や種類を確定していない」という事態は、とりもなおさず恣意的にテロ組織やテロリストのレッテルを貼られかねないというリスクを抱えることを意味するであろう。実際、ノーベル平和賞にもノミネートされたラビア・カーディル総裁が率いる「世界ウイグル会議」は、今日では平和的な手段で新疆ウイグル自治区の自治の完全実施を求めているに過ぎないにもかかわらず、2009年7月にウルムチで7.5事件と呼ばれる暴動が起きた際、「世界ウイグル会

議」は『人民日報』から暴動を引き起こしたとして非難され、「テロ」組織というレッテルを貼られた。だが、7.5事件は、少なくとも欧米の識者の一部からは、ウイグル人の平和的なデモに対して、中国当局が先に暴力を用いたことによって、暴動が誘発されたと捉えられている。

また平和的な手段でチベット独立を目指している「チベット青年会議」も、2008年3月にチベット自治区、並びに周辺の省で3.14事件と称される暴動が発生した際に、『人民日報』から暴動を画策したと非難され、「テロ」組織とほぼ同様な武装グループであるとされた。さらにはノーベル平和賞受賞者のダライ・ラマまでもが陰で「チベット青年会議」と結託し、一体となっていると糾弾された。しかし3.14事件に関しても、少なくとも欧米の識者の一部は、チベット人の平和的なデモに対して、中国当局が先に暴力を行使した結果、暴動が誘発され、各地に波及していったと分析している[32]。国際的な人権団体であるアムネスティが報告するように「中国当局は国際的な"テロへの戦い"を口実に地域の政治的弾圧を正当化している」というのが実情と言えよう[33]。

(1) 以下、建国の1949年から1990年代前半までの中国の安全保障戦略、並びに中国をめぐる内外の情勢に関する記述は、太田勝洪、朱建栄編『原典中国現代史 第6巻 外交』(岩波書店、1995年) を参照した。
(2) 1980年代の安全保障戦略とポスト冷戦時代のそれとの連続性については、茅原郁生『中国軍事大国の原点』(蒼蒼社、2012年) 517-522頁で詳しく論じられている。
(3) 1998年度版「国防白書」は以下の中国国務院新聞弁公室のホームページを参照した。http://www.scio.gov.cn/zfbps/gfbps/1998/200905/t308295.htm.
(4) 『新華毎日電訊』2001年9月13日付。
(5) 毛利亜樹「主要なイシューと米中関係」畠山圭一編著『中国とアメリカと国際安全保障』(晃洋書房、2010年) 232-233頁。
(6) 『新華毎日電訊』2001年11月1日付。
(7) *New York Times*, September 13. 2002.
(8) 2010年度版「国防白書」については、『2010年中国的国防/中華人民共和国国務院新聞弁公室』(人民出版社、2011年) を参照した。なお、中国国務院新聞弁公室の以下のホームページでも閲覧可能である。http://www.scio.gov.cn/zfbps/gfbps/2011/201103/t883537.htm.

（9）劉亜洲「把握国家安全形勢発展新特点新趨勢加強国防和軍隊現代化建設戦略籌劃」『党政幹部参考』2010年第09期、43頁。なお劉亜洲は2012年8月に軍の最高階級「上将」に昇進し、新たな最高指導者の習近平の有力なブレーンと目されている。『中日新聞（朝刊）』2012年8月2日付。
（10）榊純一「中国の核・ミサイル・宇宙戦力の将来像」茅原郁生編著『中国の軍事力―2020年の将来予測―』（蒼蒼社、2008年）366頁。
（11）李瑞環「要重視民族宗教問題（大序言）」国家民族事務委員会編『中国共産党関於民族問題的基本観点和政策（幹部読本）』（民族出版社、2002年）1‐2頁。
（12）馬大正、許建英『"東突厥斯坦国"迷夢的幻滅』（新疆人民出版社、2006年）2～3頁を参照した。
（13）エイサ・ユスプ・アルプテキンの生涯と思想については、新免康「ウイグル人民族主義者エイサ・ユスプ・アルプテキンの軌跡」毛里和子編著『現代中国の構造変動7』（東京大学出版会、2001年）で詳しく論じられている。
（14）朱培民、陳宏、楊紅『中国共産党與新疆民族問題』（新疆人民出版社、2004年）240-241頁。
（15）同上、241頁。
（16）なお「バレン郷事件」は、イスラムの教えに反する産児制限を押し付けられたと考える宗教指導者が当局に抗議したことが発端になって起こったとする説もある。櫻井龍彦「開発と紛争―中国新疆地区の『西部大開発』と民族紛争をめぐる諸問題から―」平成15-18年度日本学術振興会科学研究費補助金基盤研究（A）「紛争と開発：平和構築のための国際開発協力の研究」編『Discussion Paper for Peace-building Studies』No. 05, Spring 2005、12-13頁。
（17）李琪『"東突"分裂主義勢力研究』（中国社会科学出版社、2004年）251頁。
（18）「東トルキスタン・イスラム運動」の設立については、柴田哲雄『中国民主化・民族運動の現在』（集広舎、2011年）182頁で詳しく論じられている。
（19）前掲、馬大正、許建英『"東突厥斯坦国"迷夢的幻滅』178-179頁。
（20）非暴力派の離散ウイグル人団体については、前掲、柴田哲雄『中国民主化・民族運動の現在』第五章第一・二節で詳しく論じられている。
（21）「人民網　日本語版」http://j.people.com.cn/94474/94737/6519234.html. 2008年10月22日付。
（22）厲声主編『中国新疆歴史與現状』（新疆人民出版社、2006年）270、279頁。
（23）鈴木祐二、駒沢るり子「中国人民武装警察部隊（準軍隊）の将来像」前掲、茅原郁生編著『中国の軍事力―2020年の将来予測―』606頁。
（24）前掲、朱培民、陳宏、楊紅『中国共産党與新疆民族問題』205頁。
（25）浅野亮「中国人民武装警察部隊（武警）」村井友秀、阿部純一他編著『中国をめ

ぐる安全保障』（ミネルヴァ書房、2007年）282頁。
(26) 『人民日報』2010年1月29日付。
(27) 前掲、鈴木祐二、駒沢るり子「中国人民武装警察部隊（準軍隊）の将来像」598-601頁。
(28) 中国財政部の以下のホームページにおける「2013年中央本級支出預算表」と「2013年中央公共財政支出預算表」を参照した。http://yss.mof.gov.cn/2013zyczys/index.html.
(29) 『人民日報　海外版』2005年8月11日付。
(30) 「新華網」http://news.xinhuanet.com/politics/2011-10/29/c_111133010.htm 2011年10月29日付。なお「反テロ工作強化に関連する問題についての決定」とは中国政府のホームページによれば、以下の通りである。

　　　全国人民代表大会常務委員会による反テロ工作強化に関連する問題についての決定
（2011年10月29日第11回全国人民代表大会常務委員会第23回会議で採択）
　反テロ工作を強化し、国家の安全、人民の生命、財産の安全を保障し、社会の秩序を維持するために、特に反テロ工作に関連する問題について以下のような決定を行なった。
1．国家はあらゆる形式のテロリズムに反対し、断固として法律に基づきテロ活動組織を取り締まり、テロ活動を厳しく防止し、手厳しく処罰する。
2．テロ活動とは、社会の恐慌をつくり出し、公共の安全に危害を加え、あるいは国家機関や国際組織を脅迫することを目的として、暴力、破壊、恐喝などの手段をとり、（意図的に）人員の死傷、重大な財産の損失、公共施設の損壊、社会秩序の混乱などの深刻な社会的危害をもたらす行為、及び扇動、出資援助、その他の方法の協力を通して、上述の活動を遂行する行為を指す。
　　テロ活動組織とはテロ活動を遂行するために結成された犯罪グループを指す。
　　テロ活動要員とはテロ活動を組織化し、画策し、遂行する人物、並びにテロ活動組織の構成員を指す。
3．国家の反テロ工作の指導機構は全国の反テロ工作を統一的に指導し指揮する。
　　公安機関、国家安全機関、人民検察院、人民法院、司法行政機関、及びその他の関連する国家機関は各々その職務を司り、密接に協力して、法律に基づき反テロ工作を行なわなければならない。
　　中国人民解放軍、中国人民武装警察部隊、民兵組織は法律、行政法規、軍事法規、国務院や中央軍事委員会の命令に基づいてテロ活動を防止し攻撃する。

4．テロ活動組織及びテロ活動要員のリストについては、国家の反テロ工作の指導機構が本決定の第2条の規定に基づいて作成し調整する。
　　テロ活動組織及びテロ活動要員のリストは、国務院公安部門が公表する。
5．国務院公安部門はテロ活動組織及びテロ活動要員のリストを公表する際に、同時にテロ活動組織及びテロ活動要員に関係のある資金もしくはその他の資産を凍結すると決定しなければならない。
　　金融機関と特定非金融機関は、国務院公安部門が公表したテロ活動組織及びテロ活動要員に関係のある資金もしくはその他の資産を即座に凍結しなければならず、規定に基づき適時に国務院公安部門、国家安全部門、国務院反マネーロンダリング行政主管部門に報告しなければならない。
6．中華人民共和国は締結もしくは加盟している国際条約に基づいて、あるいは平等互恵原則に照らして、反テロ国際協力を展開する。
7．テロ活動組織及びテロ活動要員のリストを作成する具体的な方法については、国務院が定める。テロ活動に関係のある資産を凍結する具体的な方法については、国務院反マネーロンダリング行政主管部門が国務院公安部門や国家安全部門とともに定める。
8．本決定は公布の日より施行する。

http://www.gov.cn/jrzg/2011-10/29/content_1981428.htm.
(31) 『陝西日報』2010年3月11日付。
(32) 7.5事件と3.14事件については、前掲、柴田哲雄『中国民主化・民族運動の現在』第四章第三節、第五章第二節で詳しく論じられている。
(33) http://www.amnesty.or.jp/modules/wfsection/article.php?articleid=477.

第 9 章　韓国の安全保障とテロ対策

　　　　金　　光　　旭

概　要

　戦後、北東アジアにおける安全保障を確保しようとするアメリカの試みは、朝鮮解放が朝鮮半島での米ソ対決として進行していくなかで、ソ連の勢力拡大に対する警戒や朝鮮の政治勢力に対する不信は具体的な措置として現れ、韓国政府を樹立させる過程へと導かれ、朝鮮半島には韓国と北朝鮮の分断国家が出現した。そのような激動のなかでの米韓相互防衛条約の締結によって、朝鮮半島は急速に冷戦体制へ吸い込まれるようになった。

　一方、韓国の歴代政権は、北朝鮮と軍事的に対峙するなかで、その緊張を最小限に留める策を講じてきた。そのような歴史的な過程のなかで生まれたのが、太陽政策という包容政策である。金大中政権の対北包容政策及び盧武鉉政権の平和繁栄政策という北朝鮮に対する和解協力政策は、南北関係を特殊な関係と見なし、北朝鮮に対する支援と経済協力を展開した。しかし、北朝鮮への支援にもかかわらず、北朝鮮の体制に変化が現れなかったため、太陽政策に対する国民からの支持も低迷した。李明博政権に入ってから北朝鮮への支援は急減し、南北関係は膠着状態が続き、改善の見通しが立たないままであった。李明博政権よりバトンタッチされた朴槿恵政権は、膠着状態が続く南北関係を改善するために、北朝鮮との信頼プロセスの稼働を選挙公約に掲げた。しかし、北朝鮮の核実験による国際社会からの厳しい制裁のなかで、韓国政府による北朝鮮への支援措置は制限されている。

　北朝鮮のミサイル発射や核実験のような軍事的な挑発は、この地域の安全を脅かし、周辺国との対立を深めている。このような緊急な事態に万事に優先して対応しなければならない。とりわけ周辺国は相互補完的な協力関係を築いていくことが、今後のために必要である。

はじめに

　冷戦後も韓国と北朝鮮が軍事的に対峙している朝鮮半島の周辺は、米中ソ日の周辺国が自国の安全を優先しながら、協力と対立が共存している地域である。その周辺国の軍事的なプレゼンスは、全世界の軍事費の半分を上回るほどの大規模なものになっている
　韓国は、国防政策と安保政策において、その環境が一触即発の緊張が続いた地域であったからこそ、周辺の情勢に巻き込まれないように工夫してきた。朝鮮戦争後、米韓相互防衛条約[1]によって安全保障の土台を築いてから、韓国に対する攻撃や周辺の紛争に巻き込まれないような防御態勢を整えてきたのである。この条約によって、対立している北朝鮮や周辺国の中国、ロシアの軍事力からくるプレッシャーを減らそうとした。
　韓国の2010年の国防白書には、周辺国家の情勢をどのように理解し、それに対応しようとしているのか、この点について、21世紀に入ってからの白書と比較しながら、その認識と対応の変化の姿を探ってみることにする。朝鮮半島の周辺国の米ロ中日の4か国が、これまでの朝鮮半島の情勢を見極めたうえで、韓国と北朝鮮の様々な局面に深く関わってきたことから、韓国の国防白書も米ロ中日の4か国の軍事的な状況の変化に注目してきた。ここでは今日の世界が関心を抱いてきた北朝鮮の核開発やミサイル問題をめぐっての米朝間の対立を、米中関係のなかではどのように検討されてきたか、またそれを韓国側はどのように認識してきたのかについて分析することによって、朝鮮半島を中心とした同盟関係を念頭に置きながら、安全保障問題を論じていくことにする。

1　和解から対決へ

　朝鮮戦争の休戦後、米韓相互防衛条約を通して、米韓軍事同盟を維持してきたのは、北朝鮮に対する脅威からであった。1953年に締結された米韓相互防衛条約の以降、韓国の歴代政権は米韓関係と米韓軍事同盟を重視してき

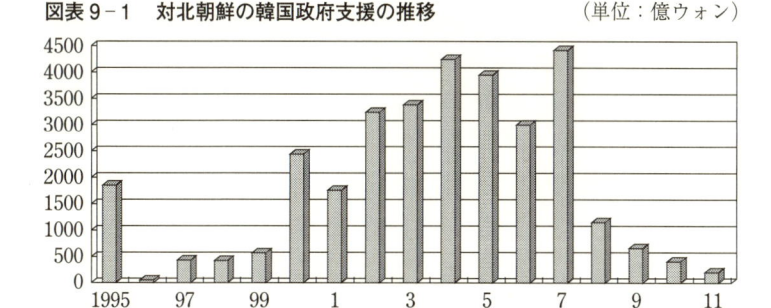

図表 9-1　対北朝鮮の韓国政府支援の推移　　　　（単位：億ウォン）

(資料) 韓国統一院『統一白書』2012年、286頁。

た。しかし、冷戦後、特に金大中政権と盧武鉉政権の10年の間には、太陽政策ともいわれて、北朝鮮に対する協力と支援を通して平和的な統一を目指す対北和解協力政策の展開によって、北朝鮮への警戒が緩められてきた。その影響は米韓同盟にも及んでいた。すなわち、敵の具体的な姿が見えない米韓同盟は弱められてきたのである。その上、米国の世界戦略の一環として適用された駐韓米軍の縮小案は、安保の不安要因となり、盧武鉉政権を悩ませた。新しい軍事戦略上、特に同時テロ以後、米国が同盟国の韓国に求めたのは、韓国の防衛に留まらないで、グローバルな戦略的な観点もしくは地域的な観点から、米国を支援することだったのである[2]。盧武鉉政権が韓米FTAの締結のために取り組んだ背景には、そのような米国の要求を先延ばししながら、米韓同盟の抑止力を確保するという戦略的な目標があった。

金大中政権（1998～2003）の包容政策及び盧武鉉政権（2003～2008）の平和繁栄政策という北朝鮮に対する和解協力政策は、南北関係を特殊な関係と見なし、同じ民族としての北朝鮮の例外性と特殊性を考慮したうえ、北朝鮮に対する支援と南北間の経済協力を強調してきた。このような政策の背景には、北朝鮮を制裁しながら、封鎖・孤立させることよりは、北朝鮮との交流協力が北朝鮮を改革・開放への道へと導き、結局、それは北東アジア地域の安定化にも繋がっていくという望みがあったからだ。

2000年代における韓国からの北朝鮮への支援は、北朝鮮体制の存続性とも関わっている。北朝鮮に対する支援が本格化した金大中政権の3年間（2000年～2002年）は、年平均1億5350万ドルを支援したが、この規模は北朝鮮の

予算の1.6％である。盧武鉉政権に入ってから北朝鮮への支援は拡大し、北朝鮮の予算の9.9％までに達し、年平均2億7250万ドルに至っている[3]。

2006年にはミサイル発射や核実験によって北朝鮮への支援の規模も縮小されたが、2007年には平年値を上回っている。しかし、李明博政権に入ってから北朝鮮への支援が急減し、南北関係は膠着状態が続き、改善の見通しが立たないままである。2008年以降、韓国の北朝鮮への支援の規模は、盧武鉉政権期に比べて10分の1に縮小された。

北朝鮮への支援が縮小されて、2009年1月金正恩の後継体制が進行していくなかで、軍事挑発の頻度も多くなった。2009年4月に北朝鮮は長距離ロケットを発射し、同年5月には第2次核実験を行った。ついに同年11月に韓国と北朝鮮は黄海の海戦で衝突した。

北朝鮮に対する李明博政権の支援規模の縮小は、金大中政権と盧武鉉政権における宥和政策が北朝鮮に変化をもたらさなかったこと、具体的には北朝鮮に改革・開放への変化の兆しが見えてこなかったこと、さらに北朝鮮に対する支援をめぐっての批判が韓国内外から相次いだことなどを原因としていた。但し、国民の望みを受けて、2007年末に行われた大統領選挙の以前、当時、野党であったハンナラ党も前政府の和解協力政策の継承を表明するほどであった。しかし、李明博政権が始まってから、和解協力政策は、以前の政権に比べるとトーン・ダウンされて、国際社会との協力が強調された[4]。北朝鮮への支援縮小の背景には、政府支援が北朝鮮住民の生活改善に肯定的な効果があったかどうか、北朝鮮への韓国政府の支援によって、本来、住民の生活改善のために使われる予算がミサイルや核開発などの軍事費へ転用されていないかという疑念があった。

最近、朝鮮半島の安保と関連して、国際社会が憂慮している点は北朝鮮の核問題である。北朝鮮の核問題をめぐる危機局面が続く背景の1つに、北朝鮮と周辺国との間の信頼の欠如、特に「米朝間の相互不信」が指摘できる。米国の北朝鮮との歪んだ関係は、朝鮮半島の分断と朝鮮戦争以来、冷戦期の対立構造が改善されないまま、確固たる軍事力を維持しながら、北東アジアにおける米国主導の安全保障システムに対抗しつつ、体制変革、市場経済への緩慢な移行しか認めようとしない北朝鮮と、北朝鮮が過度な軍事力を保

有、追求することを防ごうとする米国との対立、緊張、不信として要約される。

北朝鮮の苦境の経済事情のなかで、先軍政治に基づいた過度な軍事費の負担は、結果的に朝鮮半島を劣悪な安保状況に置く要因になっている。安全保障の概念を、防衛のための軍事力の確保だけでなく、経済問題や環境問題をも含む包括的な定義として規定した場合、北朝鮮の困難な経済状況は安全保障にもマイナスの影響を及ぼしている。

対外関係においても、韓国のソ連及び中国との国交樹立は1990年と1992年に成立しているが、北朝鮮は日米との関係が改善されないまま、むしろ経済制裁を受けてきて、悪化の一路を辿ってきた。一方、北朝鮮は韓国軍と米軍のハイテク戦力や現代戦を念頭に置きながら、多様な戦術を選択してきた。それは大量殺傷兵器、特殊部隊、長距離ミサイル、水中戦力、サイバー戦のように非対称戦力に対する集中的な増強としてあらわれた。とりわけ北朝鮮は在来型戦力の選別的な増強に加えて、弾道ミサイルの開発を通して軍事力の強化を図ってきた。

北朝鮮が保有している弾道ミサイルのなかで、韓国の脅威となるミサイルはスカッドBとスカッドC及びノドンミサイルである。1975年より北朝鮮はミサイルを開発して、1986年に改良型スカッドBを試験発射し、1987年から年間50基ほどを生産し、実戦配置している。射程距離を伸ばしたスカッドCを、1988年に開発し、90年の試験発射を通して、91年よりスカッドB水準の生産を継続している。

長距離のノドンミサイルの場合、1989年より開発し、93年に試験発射、97年の実戦配置した。ノドンミサイルは、韓国だけでなく、日本全土も射程に収める核・化学弾頭の装着が可能なミサイルである。

韓国国防部は北朝鮮の長距離ミサイルに対応して、2006年9月北朝鮮の後方基地への打撃が可能な500km級の巡航ミサイルを開発した[5]。同年韓国中部地域で北朝鮮の長短距離ミサイルに対応し、韓国側の中長距離の地対地ミサイルを統制するために韓国陸軍直轄下の誘導弾司令部を設置した。

現在、韓国のミサイル防御体制はパトリオット（PAC-2の改良型）、イージス艦のイージス体系とSM-2ミサイルによって構成されている。PAC-2の

図表 9-2　北朝鮮と韓国・駐韓米軍の軍事力

	北朝鮮	韓国	駐韓米軍
兵力	119万	65万	2万8,500
戦闘機・監視統制機・訓練機	1,350	730	90
攻撃用ヘリ	300	680	20
戦車	4,100	2,400	50
装甲車	2,100	2,600	110
野砲	8,500	5,200	ATACMS/PATRIOT 40/60

（資料）韓国国防部『国防白書2010』2010年12月、271頁。
（注）但し、有事のさい、米軍の増員戦力は、兵力 69万 艦艇 160 航空機 2000 などが投入。

改良型ミサイルは、10～30kmの低高度の弾道ミサイルを迎撃できるが、PAC-3に比べて旧型のミサイルである。さらに2012年4月韓国国防部は、北朝鮮全域を攻撃できる韓国産の巡航ミサイル（玄武-3）と新型の弾道ミサイルを実戦配置した。

一方、駐韓米軍の35防空砲旅団には、PAC-2とPAC-3を運用する2つの大隊戦力を設けている[6]。韓国側は、ミサイル防御体制を駐韓米軍と統合的に運用することによって、北朝鮮のミサイル攻撃に対する防御能力を強化しようとしている。北朝鮮と韓国・駐韓米軍の軍事力は、上のように比較されている[7]。

2　北朝鮮に対する制裁

2009年5月第2回核実験に対する国連の決議案（UNSCR1874）が出されて、経済制裁が続いている。国連の決議案（UNSCR1874）は、国連憲章7章に基づく経済制裁である。主な制裁の内容は、核及びミサイルの拡散に関わる資金を凍結する条項で構成されている。

国際的な非難や経済制裁が続くなかで、金正日は中国やロシアへの訪問を通して、伝統的な友好関係を内外に誇示した。中国へは2010年5月と8月の訪問であり、ロシアへは2011年8月の訪問である。2011年12月金正日の死去

後、国際社会が北朝鮮の軍事的な動きを注目するなかで、発射されたのが2012年4月13日の長距離ロケットである。

　失敗に終った長距離ロケットの発射は、北朝鮮の軍事的な動きに対する国際社会の警戒態勢を一層強める結果となった。一応、北朝鮮と米国は、2012年2月23日から24日まで北京で開かれた会談において、長距離ミサイルの発射及び核実験の猶予、ウラニウムの濃縮活動を含む寧辺地域での核活動に対する猶予、国際原子力機構の査察チームの復帰、24万トン規模の対北朝鮮の栄養支援のための会談の持続などの項目に合意したばかりだった。

　北朝鮮の長距離ロケットの発射後、米政府は北朝鮮に対する独自的な制裁を強化する立場を表明した。その内容は、2月の米朝会談で得られた2月29日の合意を破棄して、北朝鮮に対する栄養支援を中止し、安保理へ北朝鮮の17の機関に対する資産凍結の要求することであった。北朝鮮の核問題を巡る安保イシューは、1993年の北朝鮮の核危機以来、20年間も続いている。その間、国際社会はもう1つの核保有国の登場を防ぐために、北朝鮮に対する硬軟の政策を繰り返してきた。すなわち、北朝鮮が核開発を放棄するように説得し、一方では経済制裁を並行したが、それに北朝鮮は核実験とミサイル発射で答えた。北朝鮮に対する経済制裁が、意味のある成果を上げられなかったのはなぜか。

　朝鮮戦争後、アメリカは北朝鮮に対する様々な経済制裁を実施してきたが、米国と北朝鮮との間の経済交流の規模は小さかったため、それは象徴的な意味しか持たなかった。米国に対する北朝鮮の経済依存度は低く、中国やロシアなどの隣接国家を通して、経済交流を進めたため、北朝鮮に対する制裁と関連した法律は十分な成果を上げられなかった。

　2008年11月米合同軍司令部（USJFCOM : United States Joint Forces Command）が刊行した2008合同作戦環境報告書（The Joint Operation Environment 2008）には、アメリカが直面している脅威を地域別に分析しながら、北朝鮮を核兵器保有国に含めている。この報告書は、既にアジア大陸の沿岸には5つの核保有国があるとしながら、それらを中国、インド、パキスタン、北朝鮮、ロシアを指していた[8]。しかし、北朝鮮の核兵器の保有が明らかな事実であったとしても、米国は北朝鮮を国際法上の正当な核保有国として認めることはな

いだろう。

　2008年アメリカが北朝鮮をテロ支援国から解除した措置は、それほど大きな意味を持たなかった。なぜならテロ支援国に対する制裁となる関連法は、ほかの制裁のための関連法案とも重複して、適用されてきたからである。

　ただ国際金融機関法だけは他の制裁の根拠に基づく法案と重なっていないが、この法の核心内容は国連安保理の決議案1874号に規定された「無償援助と金融支援、借款の新規契約の禁止及び既存契約の減縮規定」に反映されている。またアメリカ政府が北朝鮮をテロ支援国の名簿から外すとき、北朝鮮に対する金融制裁は解除されたが、2005年にアメリカ財務部が北朝鮮と取引をする銀行に出した注意の措置は解除されていない[9]。結局、アメリカが指定したテロ支援国のリストから北朝鮮が外された事実は、北朝鮮に対する実質的な解除内容とは関わらないまま、米北間の関係改善の象徴的な意味に留まっている。

　朝鮮戦争後、北朝鮮はアメリカから様々な経済制裁を受けてきたが、北朝鮮のアメリカとの貿易規模は小さかったため、北朝鮮の経済に決定的な痛手を与えることはできなかった。北朝鮮に対する経済制裁にもかかわらず、貿易量が増えたのは、中国との貿易量が持続的に増加したためである。中国に対する北朝鮮の貿易依存度は、2005年すでに5割を超えたが、2010年には貿易量の83％になっている。さらに2011年の中朝貿易規模は前年比62.6％増の56億2900万ドル（約4000億円）に達した。全体に占める比重も89.1％に達して対中貿易依存は深刻になっている。2011年に中国の対北朝鮮輸出規模は31億6500万ドル、輸入は24億6400万ドルだった。北朝鮮が中国に輸出した主な品

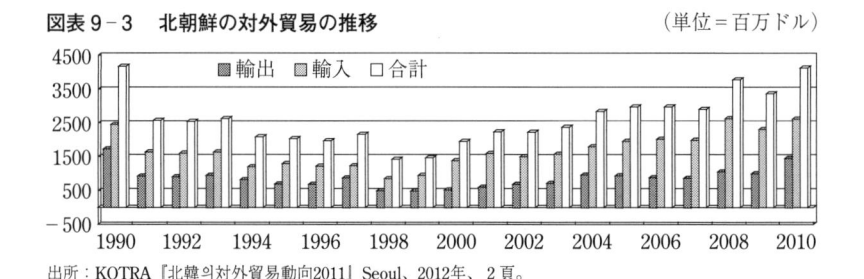

図表9-3　北朝鮮の対外貿易の推移　　　　　　　　　（単位＝百万ドル）

出所：KOTRA『北韓의対外貿易動向2011』Seoul、2012年、2頁。

目は石炭、鉄鉱石などの鉱物資源であり、中国から輸入した主な品目は食糧、原油であった[10]。結局、北朝鮮に対する経済制裁には国際協調体制が重要であり、なかんずく中国の参加が決定的であることを交易の比重の増加が語っている。

　北朝鮮がミサイルの開発に力を入れてきたのは、軍事技術の向上という側面だけでなく、ミサイルの輸出から得た資金を軍部の統制下に確保するためであった。すなわち足りない外貨を稼ぐ商品であった。その流れから、北朝鮮は世界から厳しい経済制裁を受けたとしても、様々な実験を通して、ミサイル開発の速度を落とせなかった。北朝鮮の領域内の実験を済ませなくても、第3国への武器輸出を通して、実際の戦場で使われる北朝鮮のミサイル武器などの性能を確かめてきたのである。武器輸出を通して確保した資金は、軍部の資金となり、再び開発へ投じる仕組みである[11]。

　2012年8月29日韓国国防部が大統領に報告した国防改革の基本計画12-30には、戦闘能力を増強しながら、兵員を削減する方案を提示している。北朝鮮からの脅威に対応して、戦力を増強し、攻撃型の戦闘部隊を創設する内容を含めている。海軍、海兵隊、空軍の兵員を現在の水準を維持しながら、陸軍の兵員を現在の50万から38万7000人まで削減する方向で進められている。その代わりに先端兵器の導入、潜水艦司令部の設置などを通して、戦闘能力を高めようとしている。2013年度の国防予算は前年度に比べて4.2%増額された34兆3433億ウォンで、その中、戦力運営費は5.1%増額の24兆2290億ウォンである[13]。

3　中国の台頭と韓国の対応

　2009年11月の黄海での海戦に続いて、2010年3月には哨戒艦である天安艦の沈没と同年11月の延坪島砲撃の軍事的な衝突は互いの信頼関係を回復しにくいところまで落とした。結果的に南北間には軍事的な危機を増幅させたが、このような危機的な状況は韓国内の対北朝鮮政策の硬化をもたらした。

　中国は、国際社会が警戒している北朝鮮の軍事優先の政策を擁護するかのような立場を取ったため、一層日米韓から圧力を受けてきた。2010年12月に

ワシントンで開かれた米日韓3国外相会談は、天安艦事件の余波の中、3国間の安全保障協力を強化した。同年11月の延坪島砲撃は、日米韓3国が定期的に安全保障対話を開くなど、共通の脅威に対抗する新しい枠組みを樹立する新たなきっかけとなった[13]。南北間の軍事的な衝突の繰り返しは、冷戦期の日米韓対中ロ朝という対立の枠組みを再現し、日米韓と北朝鮮の立場を擁護してきた中国との関係が悪くなる要因になっている。しかしながら、東アジアにおける軍事衝突を憂慮する韓国の世論は、日米韓3国の軍事同盟が冷戦を再現し、中国の反発を招くことなどを意識して、日米韓対中ロ朝という対立の再現を防ごうとする傾向が強い[14]。

　対中国C型アーチとは、中国の成長による台頭が、アジアにおける主要な利益をめぐっての米中の衝突を招いただけでなく、中国と中国の周辺国との間の対立と紛争を拡大していくなかで、アメリカと周辺国が連携して、対中国の包囲網を形成し、それが拡大していく現象である。そのような現象は、米国主導型の2国間同盟を多国間同盟へと拡大する取り組みとしてあらわれている。　最近、アメリカはベトナムやフィリピンと軍事的な提携を強化してきた。また、米日豪の3国間安全保障対話は、軍事情報の共有、合同軍事演習などを制度化しながら、その連携を強化している。

　アメリカはアジア太平洋での役割の増大と関与を強めてきた。2011年11月クリントン国務長官は、フォーリン・ポリシーへの寄稿を通して、アジア太平洋地域への関与は、新規の市場開拓から核拡散の抑止、海上航路の自由通航の確保に至るまで、アメリカの国内市場と安全保障とも深く関わっていると認識している。アメリカは、これまで大西洋で築いてきたものと同等の利益と価値をアジア太平洋で築こうとしている。具体的には米兵たちのイラクとアフガニスタンからの帰還後、彼らの再配置を通して、アジア太平洋地域への介入を拡大していくことである[15]。

　2011年11月16日、オバマ大統領はオーストラリア議会演説で"米国の軍事的最優先順位はアジア太平洋地域である"としながら米海兵隊員2500人をオーストラリア北部に配置するという計画を発表した。引き続き18日～19日インドネシアで開かれた東アジア首脳会議（EAS）へ米大統領として初めて参加することによって、クリントン長官とともに'アジア太平洋地域への復帰'

への決意をみせた。さらに EAS では中国が論じることを避けたイシューである南シナ海問題を公式議題で扱った。また、同じ期間中には安保同盟60周年を記念するためにフィリピンを訪問したクリントン長官は南シナ海を指して'西フィリピン海'と表現しながら、フィリピン海軍の現代化のための物資を支援することを約束した。

米国防部は2012年1月5日"米国グローバル・リーダーシップの持続：21世紀国防優先順位（Sustaining US Global Leadership: Priorities For 21st Century Defense)"という戦略報告書を発表しながら、国防戦略がアジア太平洋を中心に再編されることを強調した。アジア太平洋地域で太平洋戦争や朝鮮戦争を通して安全保障上に深く関わってきたアメリカが再び、アジア太平洋地域に深く関わろうとする背景には、世界で最も早いスピードで成長を続けている地域、巨大な人口を抱える地域、世界の軍事力が集中している地域としての特性に注目したからである。アメリカは自らをアジア太平洋地域から遠く離れている国として認識せず、アジア太平洋地域の一国として認識しているのである[16]。

それに対応するかのように、2001年に設立された上海協力機構は、中国とロシアを主軸とした加盟国が抱える国際テロや民族分離運動、宗教過激主義問題への共同対処のほか、経済や文化等幅広い分野での協力強化を図ってきた。同機構の理事会は、特定の国を対象とした軍事同盟ではないと述べているが、発足から経過するにつれて単なる国境警備の組織としての枠組みを越えつつある。東南アジア諸国連合（ASEAN）も同機構へ客員参加国として参加をするなど、非西欧同盟として成長していくことに関心を持っているが、互いに地域レジームとしての競争も働いている[17]。

一方、在日米軍と在韓米軍にとって、同盟国を守る本来の機能以外にも、グローバルな安全保障をまっとうするための機動性を確保することが狙いである。アメリカは日本と韓国に対して、互いの安全保障の面でのより緊密な協力を求めているが、日韓間の軍事面での協力関係は制限的な範囲に留まっている[18]。最近、米韓軍事演習に自衛隊が参加する背景には、北朝鮮からの脅威に米軍を中心に結束しようとする働きがある。2008年以降、日米韓の3国は定期的に海上訓練を実施してきたが、2010年3月に韓国海軍の哨戒艦

が沈没してから、3国間の海上訓練を強めてきた。2012年の合同訓練が実施される一週間前の同年6月14日、中国は3国間の合同軍事演習に敏感な反応を示し、中国外務部の代弁人の劉為民は、「アジア太平洋の国家は地域の平和と安定のための肯定的なことをしなければならない」と警戒的な内容が含まれた発表をした。翌日アメリカ太平軍司令官のロックリアは、「日韓両国はわれわれの核心同盟だ」と言い返している。

さらに韓国の議会を中心とした野党からの猛反発が予想されるなかで、日韓の政府の間に模索されているのが軍事情報協定である。韓国政府は周辺国の日本との軍事情報上の関係を緊密にすることによって、米国だけに依存する構造から脱皮しようとしている。同時に韓国政府は、野党や市民団体からの憂慮も考慮して、同じ内容の軍事情報協定を中国にも提案した。日米韓3国間の強固な安保ブロックを形成するためには、広くは歴史問題や国民感情まで含めて乗り越えるべき課題が残されている。

日米韓3国間の軍事的なブロックの形成を妨げる要因には、周辺国に対する韓国の安保政策と統一政策の不一致性がある。分断国としての韓国における対外政策は、安保政策と統一政策が同じ目標へ向かって調和され、進行するときもあるが、ときには2つの目標が違った方向へと走ることより、混乱を招くことがある。

ある一方の分断国家が軍事力を増強し、同盟の強化を通して、安保を強化しようとすれば、それは相手の分断国に対する敵対行為として認識され、分断国の間の和解と協力が後退する[19]。それぞれ統一政策を強調した金大中・盧武鉉政権と安保政策を強化した李明博政権の差が、対外政策にもあらわれている。

日本と韓国にとって、米国との同盟関係のなかであらわれた共通点の1つは、軍事力の非対称的な関係にある。米国との同盟を通して日本と韓国は、米国の圧倒的な軍事力に依存している構造である。その代わりに、米国は駐屯する経費の一部の負担を要求してきたが、その経費は毎年のように増額されてきた。さらに21世紀に入ってから世界の安全を確保するための海外派遣という「バーデン・シェアリング」をも要求してきた。

米国防省は国防予算の効率化を図って、国防省の会計年度2012年～2016年

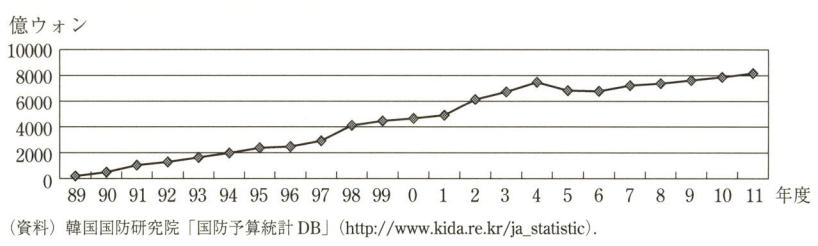

図表9-4　韓国の対米防衛費分担金

（資料）韓国国防研究院「国防予算統計DB」（http://www.kida.re.kr/ja_statistic）．

　の期間に国防予算1780億ドルを削減する計画を樹立した。
　オバマ米大統領は2012会計年度の予算教書の中で、対テロ戦費を含む総額6710億ドルの国防予算を提示した。イラク駐留米軍の撤退を進めて戦費を減縮するとともに、国防予算本体の伸びも抑えた結果、11年度と比べ約5％減となった。2001年の同時テロ以降、膨張し続けた国防費は減少に転じたのである。ゲーツ米国防長官は12年度から5年間で計780億ドルの予算を削減することを表明した。アメリカの国防予算の削減は、2014年以降、新たに調整される韓国の対米防衛費の分担金に影響を及ぼす可能性が高くなった。
　さらに米国防予算の削減計画は、国際平和維持活動、紛争地域の安定化及び再建、人道主義的な支援及び災難救護などの多様な分野で韓国軍の参加を強化する要因として働くと予想される。
　北朝鮮の核問題が大きくなるにともなって、韓国は日米とともに、北朝鮮の軍事的な動向に注目してきたが、その視野を、潜在的には北朝鮮の立場を援護してきた中国にまで広げている。このため中国の成長は、米国の同盟国の日本や韓国の周辺国の安全保障に緊張をもたらしている。その他、日本と中国、日本と韓国は近代期における歴史認識、今日では資源開発の問題を巡っての領土に関する立場の違いを原因として、互いを軍事的な脅威として意識している[20]。
　2013年2月、北朝鮮の第3次核実験の前後、北朝鮮に対する中国政府の立場は大きく変わっている。中国政府は、北朝鮮の核開発が東アジアだけでなく、世界にも大きな脅威になるという認識に基づいて、これまで北朝鮮の核開発に対して、黙認するかのような態度は却って誤ったメッセージを伝える

だけだったという立場に旋回している。

　このような中国政府の立場の変化は、北朝鮮に対する軍事的な制裁をのぞく、国連の制裁決議の同意へ加わる背景になっている。とりわけ今回、中国は北朝鮮に対する独自的な制裁を設けたとしても、これまでの中国と北朝鮮との関係などから、推し測れることは、中国が北朝鮮体制の安定を優先し、北朝鮮への支援を含む協商への道を開くことである。

　中国の軍事力について懸念している周辺国には、日本や韓国以外にも台湾、東南アジアの諸国、オーストラリアやインドがある。そのため冷戦の崩壊以前より中国はソ連、韓国、東南アジアなどの近隣諸国との積極的な関係改善をはかることによって、地域情勢の安定化と自国の経済発展に有利な環境の構築を目指してきた[21]。日本を含むアジアの国々は、中国との緊張関係をつくるよりは、米国がアジアでの安定を維持するために重要な役割を担うことに期待をかけている。日本がアジアでの軍事的な役割を担おうとしても、戦前の歴史的な影が妨げている[22]。最近、尖閣諸島をめぐって、日中の間にあらわれた緊張関係は、米国とも深く関わっていることである。

　日本と中国が対立しているとき、米国側の安全保障の目標は日本を守ることにある。特に、東アジアで中国が成長を続けている状況のなかで、安全保障上、アメリカが、日本とのパートナーシップを維持することは重要な意味をもつ。それは外からの攻撃に対して、日本と自衛隊に対する損害を最小限にくい留めることであるし、適切な制空権と制海権を確保することである。但し、これには米国と日本本土に対する直接の攻撃を含めて、事態を悪化させ、戦火を広げる危険性を含んでいることも考慮しなければならない[23]。

　冷戦後、朝鮮半島に影響を及ぼす勢力は、米ソから米中へと替わりつつある。そのような認識の変化は、2007年中国の国防費が日本の防衛費を上回ってから、2008年イギリスのそれを抜き、世界第2位の軍事費を確保した国として浮かび上がったことからも確認されている。

　2008年と2009年の中国の国防予算は前年に比べて、それぞれ17.5％と18.5％増加した。しかし、中国側による説明は、中国の国防費はGDPに占める比率は低く、軍事費の増加は中国のGDP総量が増えた結果だという。すなわち中国の財政支出のなかで国防費の支出は、2008年は6.68％、2009年は

6.49％に留まっていることを強調している。中国当局は国防費が、2010年には7.5％、そして2011年には12.7％の増加率を示したと発表した。しかし、米国防総省の『中国の軍事・安全保障に関する年次報告書(2011年版)』では、2010年実績で公表額の約2倍(約1600億ドル以上)と見積もっている[24]。さらに今後20年の間に、米国と中国の国防費が逆転する可能性も指摘されている[25]。

公式に発表された統計によると、2011年の中国の国防費は899億ドルである。この規模は2000年(225億ドル)に比べて、4倍に増えている。しかし、ストックホルム国際平和研究所は中国の2011年国防予算が1422億ドルだと推定している。中国は2005年日本を初めて追い越し、世界で中国より国防費支出が多い国家は今年6700億ドルの米国だけである。

日本の国防部門での支出は2000年400億ドルであったが、2011年は582億ドルで45.5％増加している。韓国は2000年170億ドルに比べて、2011年290億ドルまで伸び、70.6％増額した。韓国の経済成長が国防部門への支出に高く反映されていることが確認されている。今後、東アジアでは経済成長が鈍化していくことが予想されるなか、海上の領土紛争のような不確実な安保状況が続く限り、各国の軍費支出は一層拡大していく可能性がある[27]。

2010年の中国の国防白書のなかでも確認できるように、中国は強くなった経済力を背景に軍事部門の現代化を図ってきた。中国の国防白書のなかでは、中国軍の任務が、第1に国家経済及び社会的発展を支援し、第2に中国の地上及び海洋の領土を防衛し、宇宙とサイバー空間での安保利益を支援し、第3に世界の平和と安定を維持するための寄与に重点を置くという項目を設けている。このような中国軍の任務は、過去の量と規模、人力中心から質と効率性、技術に重点を置くように変わってきた。以前の圧倒的な規模による軍事力の運用のイメージを払拭しようとしているのである。

当時、国家主席でもある胡錦濤中央軍事委員会主席は、人民解放軍が担うべき役割として、①党の執政地位を強固にするための力の保障を提供すること、②国家発展のために戦略的チャンス期を守るべき堅強な安全保障を提供すること、③国家利益を守るために有力な戦略的な支えを提供すること、④世界の平和を守り共同発展を促進するために重要な役割を発揮することなど

を挙げている。特に、国家利益の範囲は、領土・領海・領空の安全保障だけでなく、海洋権益、宇宙・電磁空間・インターネット空間における安全保障利益も含まれる。これらを実現するために、中国は、国防費の増額、軍事力の近代化、海洋活動の活発化などに努めてきた[28]。

　2005年に続いて、2011年9月中国の国務院が刊行した『和平発展白書』では、中国の外交政策は独立平和政策であり、同盟政策を実施しないのであるが、これはアジアで同盟国の多いアメリカとは対照的だと主張している。逆にアメリカはアジア・太平洋での同盟国との軍事演習を頻繁に行い、逆に中国に脅威を与えていると批判している。

　2011年の白書では、2005年の白書で表明した和平発展路線を確認しながらも、中国の核心利益についての守護意志を強調している。それは「国際社会が中国の核心利益に危害を加えない限り、和平発展路線を堅持する」[29]という表現にあらわれている。これは一般的に安全保障の定義として設けられているが、その核心利益を強調することによって、周辺国との摩擦が予想される。

4　北朝鮮の新しいテロと米韓同盟

　北朝鮮はテロを支援するために国家自ら深く関わってきた。国家が政策的に工作員を養成し、彼らに適切な任務を付与したのである。彼らを朝鮮半島に留まらず、第3世界や紛争地域にも派遣することによって、テロ支援国家として名付けられてきた。

　北朝鮮の政治体制は、制度上、労働党がすべての政策決定過程に介入して、全般的な政策路線を公式化している。国家機構には労働党の政策路線を忠実に従うことが求められている。2010年9月、30年ぶりに改正された朝鮮労働党規約の前文には、朝鮮労働党の目的が革命を通しての統一であること、さらに最終の目的は主体思想化によって人間の自主性を取り戻すことだと訴えている。これらの目的を達成するために第3世界を中心とした国々との連帯を強調し、それは世界の自主化と平和のためであり、世界社会主義運動の発展のためだと掲げている[30]。

第3世界や紛争地域などの外国へ工作員を派遣することは、国際的な革命の力量を高めるためだとしている。1960年代後半以降、北朝鮮は36か国の56のテロ組織や反政府団体を支援し、訓練してきた。1994年9月まで北朝鮮の軍事顧問団よりテロ教育を受けた要員数は、約8000名になるが、彼らは北朝鮮内の施設で持続的にテロ訓練を受けてきた。北朝鮮は、1966年ベネズエラの民族解放武装軍（FAIN）と1971年のスリランカの人民解放戦線（JVP）など22カ国のテロ団体へ武器と資金を提供した。しかしながら北朝鮮によるテロの直接的な対象は韓国である。過去の韓国に対するテロは、北朝鮮によるテロ行為がほとんどである。

　以前の北朝鮮の国家支援テロが、象徴的な宣伝効果を期待するための銃刀、爆発物などのような従来型の武器を利用し、要人の暗殺、人質の拉致、主要施設の破壊、航空機の爆破などを行うテロだとすれば、ニューヨークの同時多発テロ以降の北朝鮮による新しいテロは、テロの攻撃手段を、大量破壊兵器の確保及びサイバーテロなどに集中している。北朝鮮の権力は労働党と軍の最高位部に集中されているため、テロについての情報も権力の側近である少数者のみに独占され、これを基にテロがひそかに実行される可能性がある。特にこれまでの北朝鮮のテロから韓国が学ぶべき教訓は、軍、警察、司法当局などの国家機関へのサイバーテロに対する防御態勢を強化しなければならないということである。

　韓国は、1990年代における北朝鮮の経済危機と日米との外交関係の閉塞化、金大中政権と盧武鉉政権の宥和政策などによって、これ以上北朝鮮は韓国の脅威にはならないと予測していた。しかし、和解政策の展開は南北間の緊張緩和を導いたが、北朝鮮は核開発にこだわっていたため、核開発をめぐって周辺国との対立は益々深刻化した[31]。

　1980年代初めに北朝鮮は地上軍の兵力の40％を非武装地帯から100km以内の地域に配置していたが、これを、90年代末には65％、21世紀に入ってからは70％以上に拡大した。海軍の戦力も60％が、平壌より元山を結ぶラインの以南に配置されている[32]。北朝鮮は韓国の後方地域をかく乱させるために10万人規模の特殊戦部隊を運用している。それに加えて化学兵器を含む大量殺傷兵器の保有は、周辺国に核兵器以上の脅威を与えつつある。

このような脅威に対応するために、韓国は60年も米韓同盟を維持してきた。朝鮮戦争のさい、32万人であった駐韓米軍の兵力規模は、朝鮮戦争後に6000余人に縮小された。1970年代、カーター政権は駐韓米軍を4万3000人まで減縮した。その後、2003年3万7500人で、2004年3万2500人、2007年2万8500人に段階的に縮小された。米韓両国首脳は2008年4月に駐韓米軍を2万8500人水準で維持することに合意した。2011年10月現在、駐韓米軍は2万6000人の規模である。

冷戦後、韓国政府は米国側との協議を通して、韓国の防衛に関して米軍の主導的な役割を韓国軍への支援的な役割に換える措置として、将来、連合野戦司令部の解体、軍事停戦委員会の首席代表の交替、平時作戦統制権の韓国への移譲などを実行することになる。朝鮮戦争勃発後の1950年7月に韓国軍の平時の作戦統制権及び戦時の作戦統制権は国連軍に移譲された。その後、1978年に駐韓国連司令部の韓国軍に対する作戦統制権は米韓連合軍司令部に移譲されるが、1994年12月、韓国軍は平時の作戦統制権を駐韓米軍より取り戻した。そして2015年12月には戦時の作戦統制権も韓国側に移譲されることが、米韓間で合意されている。しかし、戦時の作戦統制権が韓国側に移譲されても、戦時の韓国海軍と空軍の作戦統制権は米側に属することになる。

2009年6月、米韓両国首脳は、ワシントンで「米韓同盟未来ビジョン」を発表した。米韓同盟未来ビジョンには、米国は核の傘に含まれる拡大抑止力を韓国に提供することによって、強力な連合防衛体制を維持し、自由民主主義と市場経済に基づいた平和統一を推進することが明記されている。また、大量殺傷兵器の拡散、テロ、海賊、組織犯罪と麻薬、気候変化、貧困、人権侵害、エネルギー安保、伝染病など汎世界的な挑戦に対処するために緊密に共助体制を維持することにした[33]。

駐韓米軍の規模とは、韓国軍の約1～2個の師団規模に過ぎないが、現代戦で重要である先端兵器を多く保有している。米8軍の装備は、新型M1戦車とブラッドリー装甲車をはじめとして155mm自走曲射砲、多延長ロケット、パトリオットを含んだ地対空・地対地ミサイル、AH-64ヘリコプターなどを保有している。駐韓米空軍は2個の飛行団で編成されている。飛行団はF-16等最新鋭戦闘機、A-10攻撃機、U-2機をはじめとする各種情報収集

および偵察機、最新輸送機などを保有している。このような最新鋭先端兵器を運用することによって、全天候攻撃および空中支援作戦を遂行できる能力を備えている。駐韓米軍の規模は限られているが、戦時または、朝鮮半島の危機状況の発生のさい、米太平洋司令部の戦力が投入されるようになっている。

　米軍の韓国駐留は、先端兵器を配置するための費用を削減する経済的な効果としてあらわれ、韓国が経済成長に専念する機会を与えた。例えば、もし米軍が撤退していたら、韓国が負担する防衛費は、現在の2倍になると予測されている。これまで米軍の韓国駐留については、経済的な側面より政治、軍事的な側面が重視された。経済的な側面も、米軍の韓国駐留がもたらす効果よりも韓国が負担する駐韓米軍への支援だけが強調された。

　国家安保を重視する側の立場からは、駐韓米軍は韓国の軍事予算の削減だけでなく、国家信認度の向上による加算金利の縮小など国家経済全般に利益を与えているとされている。それらを考慮したとき、米国へ支援している駐留費用を計上しても、国全体の経済的側面は利益になるという判断である[34]。

　なによりも韓国に駐留する駐韓米軍の価値は、朝鮮半島の周辺やアメリカ本国の米軍とも連携して、有事のさい、朝鮮半島へ投入できるシステムを保障する点にある。朝鮮半島の有事のさい、米韓同盟により予想される支援戦力の価値は3870億ドルに達すると見られている。米軍の駐留に対する韓国の負担も少なくないが、それを維持することによって朝鮮半島に悲劇が訪れる確率を限りなく少なくしようとしているのである。

5　北朝鮮の世襲制と韓国の安全保障

　2008年9月に金正日国防委員長の健康が悪化する。金正日が政権創建の60周年記念式に欠席して以後、北朝鮮は後継体制の安定的な基盤作りのために、大規模の人事と組織改編を通して、体制の安定化を図ってきた。2009年1月8日、金正恩を後継者とする内容の文書を李済剛中央党の組織指導部第一副部長に伝えたが、それが内部的には彼を後継者と指名した始点となっ

た。その後、金正恩は、2010年9月に開かれた労働党代表者会議で党中央委員会の委員と党中央軍事委員会の副委員長に選出されることによって、世襲体制を公式化している。

　北朝鮮は最高指導者が3代に渡って、世襲を続けている社会主義国家である。社会主義の国々が公には認めない世襲、北朝鮮はそれを中国やロシアなどの伝統的な社会主義友好国に認めさせようと働きかけてきた。現代の国家において、指導者の権力を承継する世襲制は非民主主義的な形態である。たしかに、それが直ちに不安の要因となって、周辺国に脅威を与えるわけではないが、以下のような理由から周辺国に安全保障上の注意を促すのである。

　まず北朝鮮の国内問題であるが、権力承継の過程における対立や葛藤がやがて闘争としてエスカレートした場合、これが、安全保障上の問題として浮上する可能性がある。北朝鮮が、その最高指導者に血統の承継を強調したのは、それによって、新しい指導者を選出する過程で発生する費用とそこからくる危機的な状況を避けようとする意図が読みとれる。3代も指導者の世襲を、国民が自然的な出来事として受け入れる基盤を作って置くことによって、最高指導者の周辺の支配エリートたちが、彼らの既存の利益を確保しようとしているのである。

　北朝鮮は、今後も世襲の安定化を図るための動きが続けられると予想されるが、そのとき、最高指導者のリーダーシップがいかに発揮できるかによって、世襲の安定化についての評価も分かれる。とりあえず北朝鮮の核問題など安全保障問題に加えて、経済改革への意志に係わる政策の実行は、新しい最高指導者のリーダーシップを評価する尺度になる。

　先述したように、北朝鮮の労働党は全般的な政策路線を公式化する組織であるにもかかわらず、金正日政権のときには、中央人民委員会から分離された独立機関である国防委員会が最高の軍事機関として、国家全般の事業を指導し、実質的な国家の最高機関として働いた。

　しかし、金正恩政権に入って、労働党の機能が回復されるが、それは労働党の中央委員会および政治局の政策決定の機能強化としてあらわれる。金正恩政権期において、党と軍に対する人選の特徴としてもあらわれる。すなわち、党と軍の主要部署である労働党の政治局員と軍事委員会の職責を兼職さ

せることによって、党の権限の強化をはかっているのである。

　また2012年4月19日に金正恩は党中央委員会との談話のなかで、内閣中心の経済事業の展開を強調したが、今後、北朝鮮内閣の権限強化とともに内閣中心の経済改革・開放政策が行われる可能性が潜んでいる。軍事部門が肥大化した北朝鮮では、経済政策の担当する部門から軍事部門を切り離すことが重要な課題の1つである。なぜならば、経済政策は、軍事・安保政策から分離して、自律性をもった改革政策として実施されなければならないからである。そこで、これまで軍事部門の強化を推進してきた北朝鮮でも、党と軍のパワーエリートたちの兼職と世代交代を経た、経済部門の専門家の登場が目だっている。

　同じ社会主義国家である中国やベトナムにおいては、党軍関係の分化の時期などは違った様相を見せているが、どちらの国においても内閣の実質的な権限を強化しながら、経済部署の自律性を拡大してきた。そこで北朝鮮では、内閣中心の経済改革・開放政策を展開したとき、金正恩がいかに効果的なリーダーシップを発揮して、軍と内閣との間の権限競争や役割分担などを調整できるかが、金正恩体制の評価にかかわる問題となっている[35]。

　北朝鮮の核開発は、朝鮮戦争後、核兵器に対する関心から始まって、1970年代に本格的に進められてきた。冷戦中、北朝鮮は社会主義国パトロンの中ソへの依存深化を警戒し、独自的な主体路線と軍事優先政策を維持した。そして核開発は唯一首領体制の理念とアイデンティティーを象徴する核心的な事業となった。現在の首領体制が存続する限り、北朝鮮が核兵器を放棄することを期待することは難しいのである[36]。

　2012年2月29日には北朝鮮は、米朝合意を通して、核実験と長距離ミサイル発射を凍結し、ウラン濃縮活動の一時停止及びIAEAの監視受け入れに同意するとともに、米国は食糧支援の提供に応じて、オバマ政権下で初めて米朝関係が進展する兆しが見えた。しかし、その後、北朝鮮は4月13日に国際社会が憂慮するなかで、衛星軌道へ進入させた光明星3号1号機を発射し、これに対し国連安全保障理事会は国連安保理決議の違反として「ミサイル」発射を非難する議長声明を公表した。なぜ北朝鮮は米朝関係の進展が見込まれるなかで、それに逆行する行動を取ったのか。

中国は、米国の東アジアへの回帰に伴う競争と対決のためにも、同盟国の北朝鮮が安定のなかで成長を続けるように図ってきた。それは羅先特別市[37]、黄金坪、威化島地区での中朝協力を通して、開発の速度をあげようとする動きであった。

社会主義体制とはかけ離れた世襲制を続けて維持させることは、対外関係においても、また国内政治においても、困難な面をもったに違いない。さらに問題は今後、北朝鮮が、同国の国内外からの危機的な問題に直面して、それを乗り越える方案として打ち出すミサイル発射や核実験に対して、国連や周辺国の国際社会がどう対応するかという点である。韓国政府は、米国だけでなく中国や日本の周辺国との緊密な協力関係を通して、北朝鮮の軍部の動向を把握し、北朝鮮からの挑発に対応できる方案を模索する必要がある。

おわりに——韓国の対応

韓国と北朝鮮は軍事会談などを通して、すでに12件の合意書を作ったが、相互信頼を構築するための道から遠ざかっている。李明博政権に入ってから、軍事衝突の回数が多くなった。韓国の安全保障の課題は、一方では、東アジアの脅威勢力としての北朝鮮の軍事力にいかに対応できるかという点と、他方では、長い間友好国として北朝鮮を擁護してきた中国との連携をいかに取りつけるかにまとめられる。

但し、米中間の関係が協力的ではなく、緊張的な局面に陥った場合、東アジアの国々は米中のどちらか1国へ偏ることによって、東アジア地域に中国中心とアメリカ中心の、2つの安全保障レジームが対立する危険性が潜んでいる。すなわち米国と周辺国が、中国の成長に基づく軍事力の強化を憂慮して、中国の周りを2国間または多国間の連携で防いだ場合、中国も一層軍事力を増強していく構えで対応するという、安保ジレンマが想定されるからである。一方、米国と中国もそのような現象を乗り越えるために模索しているのが、米中間の協力である。現在、東アジア地域では、米中間の対立と協力の2つの柱が同時に進行している。

このような構造から抜け出す方案として工夫されてきたのが、日中韓の間

の緊密な協力である。2012年5月に日本、中国、韓国の首脳は、北京での日中韓サミットを通して、3国間の協力を強化し、共通の発展を促進していくことを内容とする共同宣言を発表した。このように日中韓の首脳は、未来志向で包括的な協力パートナーシップを強化することを確認したばかりだったが、その後、領土問題による対立が国家間の協力を妨げている。今後、東アジア地域における国家間の対立を避けるためにも、日中韓の協力は欠かせない事案である。

北朝鮮は2008年3月開城工団の南北経済協力協議事務所の南側当局者を一方的に追放し、さらに板門店の直通電話を断絶し（2008.11.12）、軍事分界線の陸路の通行を遮断する（2008.12.1）など強硬な措置を取ってきた。続いて北朝鮮は第2次核実験を行った2009年上半期には韓国に対する全面対決を宣言し（2009.1.17）、政治・軍事合意の無効化を発表し（2009.1.30）、韓国に対する威嚇と強硬措置を取り続け、2010年には再び軍事的な衝突をエスカレートさせた。

2013年2月に北朝鮮は3度目の核実験を行い、これに対し国連安保理は制裁を決議した。さらに3月から4月にかけて米韓共同軍事演習に反発し、朝鮮戦争の休戦協定の白紙化宣言などの「瀬戸際政策」を展開し、開城工業地区の閉鎖もそのカードとして使われる。4月3日に北朝鮮は韓国人従業員の韓国側からの立ち入りを禁止した。これに対応して4月26日に韓国政府は同地区に残っていた勤労者の全員を撤収させた。現在、同地区での操業は事実上の停止状態となっている。

北朝鮮の強硬姿勢に対して、韓国は軍事技術的な改善を展開する一方、北朝鮮社会の変化を期待しながら対応してきた。軍事技術的な改善とは、韓国を攻撃した軍事拠点を正確に把握し、その箇所を攻撃できる能力を確保することである。この軍事技術と関連して、米韓間の軍事協定によって制限されているミサイルの距離を拡大しようとする交渉を続けてきた。

他方で韓国は、北朝鮮の指導者エリートと住民たちが北朝鮮中心の思考から抜け出し、中長期的には変化を恐れず、改革・開放政策を受け入れることを願っている。このような期待は、決して北朝鮮の崩壊を意味するのではなく、徐々でありながら北朝鮮の指導者と住民たちが漸進的な変化のための適

正な環境を作り上げることを意味している。

　朝鮮半島を取り巻く長期的な安全保障は、北朝鮮の経済をいかに安定化させるかに係わっている。それは北朝鮮の経済改革・経済開放への意志とそれを実行するエリートたちの能力に依存するものである。そのような大きな政策旋回の可能性は低くなったが、それが現実化され、順調に進むように見守ることしかできないのが周辺国の事情である。

（1）　米韓相互防衛条約は、アメリカ合衆国と韓国との間で結ばれた軍事同盟に関する条約である。1953年10月1日調印され、翌年11月18日発効された。朝鮮戦争の休戦協定後、1953年8月3日より協商を始め、8月8日ソウルで仮調印した。
　　　李承晩は、「韓米相互防衛条約が成立することによって、今後代々にかけて多くの恩恵を受けることになるだろう……韓国と米国の今回の共同措置は外部侵略から私たちを保護することによって安保を確保するだろう」という内容の声明を発表した。김창수「韓米相互防衛条約과 韓米行政協定」『歴史批評』第54号、2001年春、430頁。
（2）　韓国国防白書とは、国家の防衛に関する政府の方針と防衛力の現況を国内外に知らせるために作成された文書のことをいう。韓国の国防部は、韓国の軍事力についての幅広い理解と共感帯を形成し、国際的な信頼を造成するために国防政策の方向と推進実績などが含まれた政策資料集を隔年で発刊している。
（3）　Carin Zissis and Youkyung Lee, "The U.S.—South Korea Alliance," on cfr.org website, April 14, 2008.（2008年9月17日アクセス）。
（4）　但し、盧武鉉政権期の増加率は、支援の拡大とともに3分の1以下に縮められた北朝鮮の予算規模の変化も反映されている。韓国統一院『統一白書』2012年、286頁。http:// http://www.unikorea.go.kr/ebook/ebook_20120322/2012back.html。
（5）　「相生과 共栄의 対北政策」韓国統一部政策資料、http://www.unikorea.go.kr（2008年9月22日アクセス）。
（6）　1970年代韓国は米国からのミサイル技術を導入するために、米国との交渉の結果、弾道ミサイルの射程距離は180km、弾頭重量は500kg以内で開発を制限されてきた。以後、韓国は米国とミサイル再協議を行い、2001年金大中政権期にミサイル技術統制体制（MTCR）への加入と同時に弾道ミサイル射程距離を300kmまでに伸ばした。韓国は弾道ミサイルの射程距離が制限されたため、弾頭重量が500kgを超えなければ射程距離に関係なく開発できる、ミサイルの開発指針の制約を受けない巡航ミサイル開発に力を入れてきた。
（7）　朴昌権「北韓의 弾道미사일 威脅과 韓国의 対応体制 발전방향」『国防政策研究』第28巻第2号、2012年夏、40～43頁。

第 9 章　韓国の安全保障とテロ対策　　*243*

(8)　2010年 1 月を基準にした軍事力の比較である；韓国国防部編『国防白書2012』2012年12月、48頁、289頁。http://www.defense.gov/specials/korea/usforces.html#top.
(9)　United States Joint Forces Command, *Challenges and Implications for the Future Joint Force*, p. 32；http://www.jfcom.mil/newslink/storyarchive/2008/JOE2008.pdf.
(10)　朝鮮日報2009年 5 月28日。
(11)　聯合ニュース2012年 1 月31日。
(12)　「박승춘 前合参情報本部長이 본 北韓 미사일 発射」『新東亜』2006年 8 月、242〜251頁。
(13)　韓国国防部編『国防予算各目明細書 1 〜 3 』2013年。
(14)　*Washington Post*, 6 December 2010.
(15)　朝鮮日報2012年 5 月21日。
(16)　Hillary Clinton, "America's Pacific Century," Foreign Policy (November 2011), accesed August 17, 2012, http://www.foreignpolicy.com/articles/2011/10/11/americas_pacific_century.
(17)　2012年 6 月 2 日シンガポールでのシャングリラ会議で行われたパネッタ米国防長官の演説を参照。http://www.iiss.org/conferences/the-shangri-la-dialogue/shangri-la-dialogue-2012/speeches/first-plenary-session/leon-panetta/.
(18)　Keynote Address by Susilo Bambang Yudhoyono, The 11th IISS Asia Security Summit The Shangri-La Dialogue, Singapore, June 1, 2012, http://www.iiss.org/conferences/the - shangri - la - dialogue/shangri - la - dialogue -2012/speeches/opening-remarks-and-keynote-address/keynote-address.
(19)　Seongho Sheen, "Japan-South Korea Relations," in Yoichiro Sato eds., Japan in a Dynamic Asia (Lanham, Md.: Lexington Books, 2006), p. 129.
(20)　엄상윤『韓国의 安保/統一 딜레마와 派生効果 減少方案』世宗研究所、2012년、8 頁。
(21)　日中国交正常化40周年前になる2012年 8 月〜 9 月、日中両国での世論調査によると、日中関係がうまくいっていると思うかという質問に対して、「そうは思わない」が日本では90％中国では83％だった。中国では、野田政権によって尖閣諸島の国有化が野田政権によって閣議決定される以前の調査であった。(朝日新聞2012年 9 月24日)。
(22)　益尾知佐子『中国政治外交の転換点』東京大学出版会、2010年、205頁。
(23)　Yoichiro Sato and Satu Limaye, Japan in a Dynamic Asia : coping with the new security challenges (Lanham : Lexington Books, 2006).

(24) James Dobbins (2012): War with China, Survival: Global Politics and Strategy (London: Routledge), 54: 4, 13.
(25) 米国防総省ホームページ 〈http://www.defense.gov/pubs/pdfs/2011_CMPR_Final.pdf〉.
(26) 東京財団編『政策研究：日本の対中安全保障政策 パワーシフト時代の「統合」・「バランス」・「抑止」の追求』(2011.6) 17頁。
(27) Joachim Hofbauer, Priscilla Hermann, Sneha Raghavan (2012), *Asian Defense Spending, 2000-2011*, Center for Strategic and International Studies, 1-7.
(28) 防衛省防衛研究所編『中国安全保障レポート』2012年12月、12頁。
(29) 『2011年版和平発展白書』2011年9月；http://japanese.china.org.cn/politics/txt/2011-09/22/content_23472005.htm.
(30) 朝鮮労働党規約「北朝鮮Web六法」；http://www.geocities.co.jp/WallStreet/3277/kiyaku2010.html.
(31) 조성훈『韓米軍事関係의 形成과 発展』韓国国防部軍史編纂研究所、2008年、333〜334頁。
(32) 韓国国防部『国防白書2010』25頁；『国防白書2012』25-26頁。
(33) 『国防白書2010』61〜62頁。
(34) 権憲哲「駐韓米軍의 価値推定」『国防研究』第54巻2号、2011年8月、国防大学校、29〜32頁。
(35) 이상숙「金正恩体制의 権力構造 와 経済改革・開放政策 推進可能性」『主要国際問題分析』国立外交院外交安保研究所、2012年7月13日、15頁。
(36) Jonathan D. Pollack, *No Exit: North Korea, Nuclear Weapons and International Security* (Abingdon, UK: Routledge/IISS, 2011).
(37) 北朝鮮の北東部にある羅津、先鋒と並称されていた2つの地域は、2010年1月4日最高人民委員会の政令によって、特別市に昇格された。

第10章　日本における安全保障

倉 持 孝 司

概　要

　日本において、「9.11」は、包括的なテロ対策立法の制定を急ぐ直接の契機となったわけではなく、「冷戦」終結後追求されてきた自衛隊の海外派遣をさらに拡大する「画期」となり、1990年代半ば以降進展したとされる「日米同盟深化のプロセス」を促進したという点に各国と異なる特徴をみることができると思われる。

　「冷戦」期における「安全保障」の中心的課題は、仮想敵国からの日本防衛であり、「西側」の一員として、自衛隊と日米安保条約に基づく駐留米軍とによってその課題に対処した。ここで、自衛隊を違憲でないというために「自衛のための必要最小限度の実力」と説明した政府見解が、今日に至るまで実際上の憲法論議の枠を設定することとなった。

　「冷戦」終結後における「安全保障」の課題は、日本防衛とともに、「日米同盟の深化」に応じて日米安保条約の定める「極東」を超えた「アジア太平洋地域」を対象とした「周辺事態」に対する対応へと展開した。

　「9.11」以後は、この「周辺事態」をはるかに超えたいわば地球的安全保障が問題となっている。「日米同盟」は、それに対応して国際的な安全保障環境の改善へと軍事協力の範囲を拡大して行こうとしている。

　今や、「安保条約を超える安保体制」が展開しているといわれる。

はじめに

　本書においても、「冷戦」終結および「9.11」は、それぞれその前後を分かつ重大な画期であると想定されているが、とりわけ「9.11」は、各国にとって衝撃的なものでありその後の「対テロ戦争」の展開と合わせて安全保障政策の転換を迫るまさに重大な画期となるものであった。

　しかし、日本においては、「日米同盟の深化」との関連での安全保障政策の展開という観点からすると、「冷戦」終結と「9.11」とはいわば連続しており、より重大な画期は「冷戦」終結であり、それ以降行われてきていた安全保障政策の転換を「9.11」およびその後の「対テロ戦争」がさらに「飛躍」させたといえるのではないかと考えられる。というのは、各国にとって「9.11」は、安全保障上の問題の一環として反テロ法の制定を急ぐ画期となり、そうして制定された反テロ法のもつ問題点が民主主義、法の支配あるいは端的には人権保障との関連において論じられてきたが、日本における問題状況はそれとは異なる展開をみせたように思われるからである。

　日本において、「9.11」は、安全保障上の問題の一環として包括的な反テロ法の制定を急ぐ直接の契機となったわけではなく、むしろ「9.11」が「冷戦」終結後追求されてきた自衛隊の海外派遣の「飛躍的な」契機となり、とくに1990年代半ば以降進展したとされる「日米同盟の深化のプロセス」を促進したという点に各国と異なる特徴をみることができると思われる。すなわち、日本は、湾岸戦争時にはできなかった「(人的)国際貢献」すなわち自衛隊の海外派遣の途を1990年代前半には1992年PKO等協力法(国連協力)あるいは同年代後半には1999年周辺事態法(対米軍事支援)などの制定を通して確保してきたが、前者においてはPKO参加5条件という制約、後者においては自衛隊が対米軍「後方地域支援」を実施しうる「周辺」という制約などの限界が存していた。「9.11」は、これら限界を突破して自衛隊の海外派遣の途を将来に向かって大きく開き、「日米同盟の深化」との関わりで自衛隊の安全保障政策における地位・役割を「飛躍的に」拡大する契機とされたのである。したがって、「9.11」直後の憲法上の論点は、包括的な反テロ法にお

けるたとえば執行権の拡大と人権保障の関係ではなく、自衛隊の海外派遣と憲法第9条との関係であった。ここに、包括的な反テロ法の制定を通して執行権の拡大を図った各国と異なる、日本にとっての「9.11」の画期性に関する特徴がみられる[1]。

以下、本章では、「冷戦」終結を画期とする日本における安全保障政策の課題の変遷を「日米同盟の深化」との関係でたどってみることにする。「9.11」以降の国内におけるテロ対策に関する法整備その他の対応策の展開は、本書第11章で扱われる。

1 「冷戦」期における「安全保障」の課題

一般に、日本における「安全保障」の問題を検討しようとする場合、「そもそも日本として何をなすべきか」から始めるのは適当ではなく、「国の最高法規」である日本国憲法を前提にする必要がある[2]。というのは、日本国憲法は、それに先行する大日本帝国憲法の下での「安全保障」についての考え方を根本的に否定するという歴史的意義をもつものだったといえるからである。

大日本帝国憲法は、天皇の陸海軍の統帥権をはじめとして「安全保障」の問題として戦争を前提にした規定を置いており（11、12、13条）、戒厳大権や非常大権の規定も用意していた（14、31条など）。大日本帝国憲法を否定する日本国憲法は、戦争を否定しているとともに国家緊急権の規定を置かないという形でそれを否定している。

では、日本国憲法は、「安全保障」の問題をどのように考えているのだろうか。

日本国憲法の拠って立つ基本的考え方を述べた前文は、「国家安全保障」（national security）については何も述べず、「われらの安全と生存」（our security and existence）を「平和を愛する諸国民の公正と信義に信頼して…保持しようと決意した」と述べている。この前提には、「政府の行為」によって「戦争の惨禍」を二度と引き起こさせないとする主権者としての国民の決意が存する。さらに前文は、「伝統的な国家の自衛権にかえて、国民の平和的

生存権を、国際社会に対する日本の態度の基本においた」[3]。そして、日本国憲法は、以上の前文の基本的考え方を受けて、憲法第9条で、いっさいの「戦争」に加え「武力の行使」「武力による威嚇」の放棄、「戦力」の不保持さらに「交戦権」の否認を規定するという構造になっている。

　こうして、日本国憲法の下での「安全保障」について、たとえば代表的な憲法教科書を参照してみると、「前文で、『平和を愛する諸国民の公正と信義に信頼して、われらの安全と生存を保持しようと決意した』と述べ、国際的に中立の立場からの平和外交、および国際連合による安全保障を考えていると解される。…日本国憲法の平和主義は、…平和構想を提示したり、国際的な紛争・対立の緩和に向けて提案を行ったりして、平和を実現するために積極的行動をとるべきことを要請している。すなわち、そういう積極的な行動をとることの中に日本国民の平和と安全の保障がある、という確信を基礎にしている」と述べている[4]。すなわち、究極的に武力行使を容認する国連憲章とその後に制定された日本国憲法との間にある「安全保障」についての考え方の違いは大きな問題であるが、アジア諸国に対する国際公約文書でもある日本国憲法は武力による「安全保障」の考え方を否定しているところに「普通の国」と異なる大きな特徴がある。したがって、「対テロ」を「安全保障」の問題として考えた場合にも、日本国憲法の下では、武力による対応の有効性などを問題とする以前に、武力によってではなく外交力・警察力等によって対処すべきこととなる[5]。

　しかし、第2次大戦後早くも始まった東西「冷戦」は、1950年朝鮮半島において南北における「熱戦」となって、それが日本国憲法下での「安全保障」政策の「転換」を迫ることとなった。しかもそれは、武力による「安全保障」の考え方を否定した日本国憲法の下で、武力による「安全保障」への「転換」を迫るものであった。

　すなわち、マッカーサーは、当時日本に占領軍として駐留していた米軍が朝鮮戦争に投入されることによって生じた空白を補うために日本政府に対して警察予備隊創設の指令を発したのである。これによって、「冷戦」構造の下で、占領下における日本の再軍備が始められ、その一方で、日本は1951年対日平和条約に署名することによって独立すると同時に日米安保条約に署名

し、「西側」の一員として国際社会に復帰する道を選んだ。

　こうして、米軍は、日米安保条約の下で基地の提供を受け日本に駐留し続けることとなった。その後、日本は、1954年日米相互防衛援助協定に基づき自衛隊を設置することで、警察予備隊、保安隊と展開してきた再軍備を進展させた。

　1957年閣議決定された「国防の基本方針」は、「国防の目的」を達成するため掲げた4つの基本方針において、「自衛のため必要な限度」での「防衛力」の漸進的整備、外部からの侵略に対する「米国との安全保障体制」による対処をあげた[6]。

　1960年には、米軍に対する基地提供と共同軍事行動を柱とする新（現行）日米安保条約が締結された。

　「防衛計画の大綱」が初めて定められたのは「冷戦」期の1976年のことであった。その後、「冷戦」終結後見直しが行われ1995年「大綱」が定められ、「9.11」後の見直しにより2004年「大綱」が定められた。そして、その後のさらなる安全保障環境の変化に応じて2010年「大綱」が定められ今日に至っている。これら「大綱」を中心に時代状況に応じた「安全保障」政策の課題の変遷をたどってみることにする[7]。

　1976年「防衛計画の大綱」は、「国際情勢」について、デタント状況をふまえて、「わが国周辺においては、限定的な武力紛争が生起する可能性を否定することはできないが、大国間の均衡的関係及び日米安全保障体制の存在が国際関係の安定維持及びわが国に対する本格的侵略の防止に大きな役割を果たし続ける」とした。その上で、「防衛の構想」として、日本の防衛力と日米安保体制とによるとした。なお、ここで「防衛力」は、「限定的かつ小規模な侵略までの事態に有効に対処し得るものを目標とする」とされていたが、これは「基盤的防衛力構想」と呼ばれるものであり、「わが国に対する軍事的脅威に直接対抗するよりも、自らが力の空白となってわが国周辺地域における不安定要因とならないよう、独立国としての必要最小限の基盤的な防衛力を保有する」という構想だとされる[8]。したがって、「防衛の構想」は、実際には日米安保体制に大きく依存することになる。

　米国が日本に対して軍事協力の実行を具体的に要求するようになるのは米

国の国力に翳りが見え始める1970年代であり、それは1978年「日米防衛協力のための指針」(旧ガイドライン)の合意として具体化された。「研究・協議事項」としては、①「日本に武力攻撃がなされた場合又はそのおそれのある場合の諸問題」、②「①以外の極東における事態で日本の安全に重要な影響を与える場合の諸問題」、③「その他(共同演習・訓練等)」があげられたが、「指針」では、①のいわゆる「日本有事」における「日米防衛協力」が中心となっており、②の「極東有事」については「情勢の変化に応じ随時協議する」とされるにとどまった。

　以上のように、日本にとって「冷戦」期における「安全保障」の中心的課題は仮想敵国からの日本防衛であり、「西側」の一員として、日本国憲法の下で、自衛隊と日米安保条約に基づく駐留米軍とによって(両者は、盾と矛の関係などと呼ばれる)その課題に対処した。その場合、政府見解は、日本国憲法と自衛隊との関係について、憲法第9条によって「主権国家としての固有の自衛権」は否定されておらず、「その行使を裏づける自衛のための必要最小限度の実力」の保持は憲法上認められると説明した。このように政府見解は、自衛隊を「自衛のための必要最小限度の実力」と説明したことによって、保持できる自衛力の限度、自衛権発動の3要件の設定、自衛権を行使できる地理的範囲の限定(とくに海外派兵の禁止)、集団的自衛権行使の禁止が同じく政府見解として明らかにされ、また、防衛政策の基本として、専守防衛、軍事大国とならないこと、非核3原則、防衛予算のGNP1%枠の設定、武器輸出3原則の設定、文民統制の確保などが述べられてきた[9]。こうした「政府見解」は、自衛隊が日本国憲法に違反しないことを説明するために提示されたものであり、それ故、今日に至るまで実際上の憲法論議の枠を設定するものとなってきた。

2　「冷戦」終結後における「安全保障」の課題

　「冷戦」構造下で「西側」の一員として一方で日米安保条約を締結し他方で自衛隊を維持してきた日本にとって、「冷戦」終結は、日米安保条約および自衛隊の存在根拠を問い直すはずのものであった。

しかし、その時期、湾岸戦争が勃発し、議論は「(人的)国際貢献」すなわち自衛隊の海外派遣をめぐって展開することとなった(「国際貢献論」)[10]。

1990年代前半には、自衛隊の海外派遣の途は国連協力(国連PKO協力)という形で追求された。すなわち、日本は、1990-91年の湾岸戦争の際に、米国および国際的な「人的貢献」を求める声に応えられなかったとして、国連平和協力法案の成立をめざしたが、その廃案後、野党が徹底的に反対する等の政治的対立の中でようやく1992年PKO等協力法を成立させ、実際に自衛隊をカンボジアを始めとして世界各地に派遣した[11]。

1990年代後半には、自衛隊の海外派遣の途は日米安保「再定義」と呼ばれる作業との関連で追求された[12]。1994年北朝鮮核危機、1995-96年台湾海峡危機の際に、日米安保条約の下で地域的緊急事態に十分な日米軍事協力ができない現状が問題となり、日米間で「冷戦」終結後における日米安保体制の強化と拡大の進展が合意された。

1994年「防衛問題懇談会」[13]報告書『日本の安全保障と防衛力のあり方―21世紀へ向けての展望』(「樋口レポート」と呼ばれる)が日米安保の重要性に触れつつも国連協力を重視した「多角的な安全保障協力」(多角的安全保障)[14]を提示したのを経て、「冷戦」終結後の日米安保体制の重要性を再確認する米側の文書が1995年「東アジア戦略報告」[15]であり、それに対応する日本側の文書が1995年「防衛計画の大綱」であった[16]。

1995年「大綱」は、「冷戦」終結後の「国際情勢」について、「最近の国際社会においては、冷戦の終結等に伴い、圧倒的な軍事力を背景とする東西間の軍事的対峙の構造は消滅し、世界的な規模の武力紛争が生起する可能性は遠のいている。他方、各種の領土問題は依然存続しており、また、宗教上の対立や民族問題等に根ざす対立は、むしろ顕在化し、複雑で多様な地域紛争が発生している。さらに、核を始めとする大量破壊兵器やミサイル等の拡散といった新たな危険が増大するなど、国際情勢は依然として不透明・不確実な要素をはらんでいる」とし、「我が国周辺地域において、我が国の安全に重大な影響を与える事態が発生する可能性は否定できない」と初めて「周辺事態」に触れた。

そして、「我が国は、日本国憲法の下、外交努力の推進及び内政の安定に

よる安全保障基盤の確立を図りつつ、専守防衛に徹し、他国に脅威を与えるような軍事大国とならないとの基本理念に従い、日米安全保障体制を堅持し、文民統制を確保し、非核3原則を守りつつ、節度ある防衛力を自主的に整備してきた」という「冷戦」期に確立された基本方針は「引き続きこれを堅持する」とした上で、日米安保体制の重要性を確認した後に、「防衛力の役割」として、第1、「我が国の防衛」について、「日米安全保障体制と相まって、我が国に対する侵略の未然防止に努める」こと（「米国の核抑止力に依存」）、第2、「大規模災害等各種の事態への対応」として①「大規模な自然災害、テロリズムにより引き起こされた特殊な災害その他の人命又は財産の保護を必要とする各種の事態」、②「我が国周辺地域において我が国の平和と安全に重要な影響を与えるような事態」への対応をあげ、最後に、第3、「より安定した安全保障環境の構築への貢献」をあげた。

そして、「東アジア戦略報告」および1995年「大綱」を踏まえて1996年日米安保共同宣言が発表された。この最大の特徴は、日米の「堅固な同盟関係」を確認し、それを日米安保条約に定める「極東」を超えた「アジア太平洋地域の平和と安全の確保」に役立つものとした点と、2国間協力の分野の1つとして、1978年「日米防衛協力のための指針」の「見直し」に合意したとして、「日本周辺地域において発生しうる事態で日本の平和と安全に重要な影響を与える場合」への対処をあげた点である。これに基づき1997年新たな「日米防衛協力のための指針」（新ガイドライン）が合意され[17]、いわゆる「日本有事」と並んで「周辺事態」における「日米防衛協力」のあり方が述べられるとともに、今後の「協議の促進、政策調整及び作戦、活動分野の調整のための」2つのメカニズム（「包括的なメカニズム」、「調整メカニズム」）の構築が述べられた。

新ガイドラインの国内実施のためには法的根拠が必要となることから、「周辺事態」に際して活動する米軍に対する「後方地域支援」等を実行するために1999年周辺事態法等（新ガイドライン実施法）が制定された。

周辺事態法は、「周辺事態」を「そのまま放置すれば我が国に対する直接の武力攻撃に至るおそれのある事態等我が国周辺の地域における我が国の平和及び安全に重要な影響を与える事態」と定義し（1条）、「周辺事態に際し

て日米安保条約の目的の達成に寄与する活動を行っている」米軍に対して日本が実施する「後方地域支援」等を定めるものである。なお、支援措置が実施される「後方地域」は、「我が国領域並びに現に戦闘行為が行われておらず、かつ、そこで実施される活動の期間を通じて戦闘行為が行われることがないと認められる我が国周辺の公海…及びその上空の範囲」と定義されている（3条）。

この周辺事態法は、「周辺事態」において軍事行動を行う米軍に対する支援措置を実施するための法律であることから、政府見解が禁止する集団的自衛権の行使および「武力行使との一体化」に該当すると批判された[18]。これに対して、周辺事態法は、「周辺事態」を「我が国の平和及び安全」との関係で定義した上で、米軍に対する支援措置を「後方地域支援」と呼び、戦闘行為が行われている領域とは概念上区別された「後方地域」（いわゆる「非戦闘地域」）において実施するとし、さらに「物品及び役務の提供には、戦闘作戦行動のために発進準備中の航空機に対する給油及び整備を含まない」（別表第1）などとすることによってその批判を回避しようとした。

以上のように、日本にとって「冷戦」終結後における安全保障の課題は、日本防衛とともに、「日米同盟の深化」に応じて日米安保条約の定める「極東」を超えた「アジア太平洋地域」を対象とした「周辺事態」への対応へと展開した。この点で、周辺事態法は、「冷戦」終結後発生した地域的安全保障問題に対する日米軍事協力の枠組みを構築するもので、「日米同盟の深化のプロセス」において重大な位置を占めるということができる[19]。

3　「9.11」後における「安全保障」の課題

「日米同盟の深化」という観点からすると、日本の「安全保障」の課題は、「冷戦」期はあくまでもいわば国家的安全保障問題である日本防衛が中心であったが、「冷戦」終結後はそれに加えていわば地域的安全保障問題としての「周辺事態」における日米軍事協力へと展開した。しかし、「9.11」およびそれに対する米国による「対テロ戦争」の展開は、周辺事態法の想定をはるかに超えたいわば地球的安全保障問題を提起するものであった。「日米同

盟」は、それに対応して国際的な安全保障環境の改善へと軍事協力の範囲を拡大し、それに伴い自衛隊の地位・役割も拡大して行こうとしている。

「9.11」を受けて、首相は直ちに国家安全保障会議を招集し6の政策を採択し、9月19日には、記者会見において、「米国における同時多発テロへの対応に関する我が国の措置について」を発表した。そこでは、「基本方針」として、テロとの戦いを「[日本]自らの安全確保の問題と認識して主体的に取り組む」ことと「同盟国である米国を強く支持」することが述べられ、「当面の措置」としてあげられた7項目のうち3項目は自衛隊の海外派遣に関わるものであった（すなわち、米軍等への「医療、輸送・補給等の支援活動」、「情報収集」、「避難民支援」であり、合わせて自衛隊による米軍基地の警備をあげた。なお、他の3項目は、国際協力を強調するもので、出入国管理等に関する情報共有、「人道的・経済的その他の必要な支援」および国際的経済システムの混乱回避であった）。また、10月8日の緊急テロ対策本部会議において決定された「緊急対応措置」には、テロ対策特別措置法案の早期成立が含まれていた。

しかし、この段階では、国内の安全保障法制の見直しあるいは包括的なテロ対策立法の制定などはあげられていなかった[20]。こうして、「9.11」への対応策として米国からの「外圧」を受けつつ当時の首相が強いリーダーシップの下で最も重視したのは、自衛隊を海外派遣するための新法すなわちテロ対策特措法の制定による対米軍事支援の実行であった[21]。そして、首相は、10月5日にテロ対策特措法案を提出し、早くも29日には成立させ（改正自衛隊法、改正海上保安庁法とともに）、11月16日基本計画作成、11月25日には海上自衛隊の補給艦、掃海母艦、護衛艦をインド洋に派遣し、米軍等への補給活動を実施した。これは、初めての戦闘継続中の地域への自衛隊海外派遣となった[22]。

テロ対策特措法は、「我が国の平和及び安全の確保に資すること」（傍点、引用者）を目的に掲げた周辺事態法と異なって、「我が国を含む国際社会の平和及び安全の確保に資すること」（傍点、引用者）を目的とし、それに応じて米軍その他の外国の軍隊に対する「協力支援活動」等の「対応措置」を行う地域を「公海…及びその上空」、「外国の領域」（当該国の同意のある場合）とすることで自衛隊の活動領域を拡大した。また、武器使用につき、「自己又は

自己と共に現場に所在する他の自衛隊員」のみならず「その職務を行うに伴い自己の管理の下に入った者」の「生命又は身体の防護」のための武器使用が認めることで（12条）、自衛隊の能力を拡大したと評される[23]。

米国は、「対テロ戦争」を個別的自衛権の行使（国連憲章51条）として正当化したから、それが正しいとしたらその米軍の活動に対する同盟国の支援活動は集団的自衛権の行使と評価されることになる[24]。

しかし、日本のテロ対策特措法に基づく「対テロ戦争」に際しての米軍その他の外国の軍隊に対する支援措置を正当化する論理は、次のように整理される[25]。

第1、一方で、日本国憲法前文が「われらは、平和を維持し、専制と隷従、圧迫と偏狭を地上から永遠に除去しようと努めてゐる国際社会において、名誉ある地位を占めたいと思ふ。…日本国民は、国家の名誉をかけ、全力をあげてこの崇高な理想と目的を達成することを誓ふ」と述べていることに注目し、他方で、国連安保理決議1368に依拠し、それがすべての構成国に対して「国際の平和及び安全に対する脅威」であるテロと闘うため協力を呼びかけていることから、憲法前文は、テロと闘うため国連決議1368に協力することを求めているとした。第2、その上で、国連安保理決議1368がテロを「国際の平和及び安全に対する脅威」としていることに注目し、「9.11」は米国に対してのみならず「国際の平和及び安全」に対する脅威でもあるとし、この「国際の平和及び安全」をテロから守るために行動する米軍を自衛隊が支援することは集団的自衛権の行使にはあたらないとした、と。テロ対策特措法合憲化の論理を以上のように整理できるとすると、それは国連安保理決議に依拠するものとなっていることから、それが存在しない場合には成立しえない論理となっている。

さて、2004年「防衛計画の大綱」は、「大量破壊兵器や弾道ミサイルの拡散の進展、国際テロ組織等の活動を含む新たな脅威や平和と安全に影響を与える多様な事態」という「新たな脅威や多様な事態」への対応が課題となる安全保障環境の中で、「安全保障」および防衛力のあり方について新たな指針を示すものである。

それは、「我が国の安全保障の基本方針」として、日本防衛および「国際

的な安全保障環境の改善」の2つを掲げ、その達成のための3つのアプローチを示し（①「我が国自身の努力」、②「同盟国との協力」、③「国際社会との協力」）これらを「統合的に組み合わせる」とした。そして、右の①につき、「今後の防衛力については、新たな安全保障環境の下、『基盤的防衛力構想』の有効な部分は継承しつつ、新たな脅威や多様な事態に実効的に対応し得るものとする必要がある」（ここで、「新たな脅威や多様な事態」とされているのは、弾道ミサイル攻撃、ゲリラや特殊部隊による攻撃等、島嶼部に対する侵略、領空侵犯や武装工作船等、大規模・特殊災害等である）ことから、「即応性、機動性、柔軟性及び多目的性を備え、軍事技術水準の動向を踏まえた高度の技術力と情報能力に支えられた、多機能で弾力的な実効性のあるものとする」とし、②につき、「米国との安全保障体制は、我が国の安全確保にとって必要不可欠ものであり、また、米国の軍事的プレゼンスは、…アジア太平洋地域の平和と安全を維持するために不可欠である」とし、③につき、「国際平和協力活動」の主体的・積極的実行、日本への海上交通路ともなっている「中東から東アジアに至る地域」の安定化の必要性などを述べた。

　以上のように、「安全保障」との関わりで「日米同盟」は、「冷戦」終結後、1996年日米安保共同宣言において「日米同盟」の重要性を確認するとともに、日米安保条約の「極東」を実質的に「アジア太平洋地域」へと拡大して以降急速に「深化」し、「9.11」後には日米軍事協力の範囲をさらに「国際的な安全保障環境の改善」へと拡大する「日米同盟の深化のプロセス」（「世界の中の日米同盟」）が進行中であり、これに伴い自衛隊の役割も拡大している[26]。

おわりに

　以上概観してきたように、日本は、自衛隊の海外派遣の途をさまざまな機会を利用して確保し自衛隊の役割を拡大してきたが（テロ対策の後は海賊対策のための自衛隊の海外派遣）、これは「日米同盟の深化のプロセス」の中でのことであり、そのためにまず重要なことは、日本による米軍の行動に対する軍事的協力と米軍の地域的・地球的規模での展開のための日本における基地の自

由使用の確保である(27)。

　2012年度『防衛白書』は、「9.11テロや大量破壊兵器の拡散など安全保障環境のさらなる変化を踏まえ、日米両国は安全保障に関する協議を強化してきた」と述べているが、これは2002年12月の日米安全保障協議委員会（SCC［いわゆる「2＋2」］）共同発表において、安全保障全般に関する日米協議の強化を確認して以降行われてきた協議のことである。この協議は、米国では「防衛政策見直し協議」（Defense Policy Review Initiative［DPRI］）と呼ばれるもので（日本では米軍再編協議などと呼ばれている）、新たな安全保障環境の変化に応じて「日米同盟」の一層の「深化」を図ろうとするものである(28)。

　具体的には、その「第1段階」として、「アジア太平洋地域の平和と安定の強化を含む日米両国間の共通戦略目標」を確認し（2005年2月19日）、「第2段階」として、共通戦略目標達成のための「日本の防衛及び周辺事態への対応（新たな脅威や多様な事態への対応を含む）」「国際的な安全保障環境の改善のための取組」の2分野における「日米の役割・任務・能力」の分担が行われ（2005年10月29日中間報告「日米同盟─未来のための変革と再編」）、「第3段階」として、「兵力態勢の再編（在日米軍の兵力構成見直し）」を行い（2006年5月1日「再編の実施のための日米ロードマップ」）、安全保障上の危機に対応する日米両国の能力を拡大しようというものである（以上は、2007年5月1日の「2＋2」で確認され［「同盟の変革：日米の安全保障及び防衛協力の進展」（①共通戦略目標、②役割・任務・能力、③再編ロードマップの実施、④BMD及び運用協力の強化、⑤BMDシステム能力の向上）］、さらに2010年5月28日の「2＋2」で補完された）。2004年「大綱」もこの中に組み込まれている。

　さらに、2009年11月13日の日米首脳会談において、日米安保条約50周年に向け、「日米同盟深化のための協議プロセス（同盟深化のプロセス）」の開始が合意され、日米の「動的防衛協力」に関する議論も行われた。そして、今日の安全保障環境のすう勢を踏まえて策定された2010年「防衛計画の大綱」は、「今後の防衛力」について、「防衛力の存在自体による抑止効果を重視した、従来の『基盤的防衛力構想』によることなく、各種事態に対し、より実効的な抑止と対処を可能とし、アジア太平洋地域の安全保障環境の一層の安定化とグローバルな安全保障環境の改善のための活動を能動的に行い得る動

的なものとしていくことが必要である。このため即応性、機動性、柔軟性、持続性及び多目的性を備え、軍事技術水準の動向を踏まえた高度な技術力と情報能力に支えられた動的防衛力を構築する」とした（この「動的防衛力」の下での「防衛力の役割」は、「実効的な抑止及び対処」［「周辺海空域の安全確保」では、「我が国の権益を侵害する行為に対して実効的に対応する」としている］、「アジア太平洋地域の安全保障環境の一層の安定化」および「グローバルな安全保障環境の改善」とされている）。なお、「我が国を取り巻く安全保障環境」として、とくに北朝鮮の軍事的な動きが「我が国を含む地域の安全保障における喫緊かつ重大な不安定要因」であること、中国の軍事力の近代化・強化の動向が「地域・国際社会の懸案事項となっている」ことをあげている[29]。

以上を前提に、2011年6月21日「2＋2」の共同発表（「より深化し、拡大する日米同盟に向けて：50年間のパートナーシップの基盤の上に」）は、共同訓練・演習の拡大、施設の共同使用のさらなる検討、情報共有や共同の情報収集、警戒・監視・偵察（ISR）活動の拡大などの協力推進に合意し、2012年4月27日「2＋2」の共同発表は、地域における「動的防衛協力」を促進する新たな取組みを探求するとした[30]。

新ガイドラインが当時新たに提起した「周辺事態」での「日米防衛協力」という名の日米軍事協力自体、日米安保条約を超えるものであった。しかし、その後の「日米同盟の深化のプロセス」は、この新ガイドラインをも超えた日米軍事協力の枠組みを必要とするものとなっている。このような事態は、「安保条約を超える安保体制」の展開だと批判される[31]。日本国憲法の「武力によらない平和主義」からすれば軍事同盟条約である日米安保条約は違憲であり、それをも超える安保体制の展開も違憲である。その下での「日米同盟の深化のプロセス」には法的基礎付けが必要だとしたら、それは新・新ガイドラインの合意では足りず、新・新日米安保条約の締結、したがって憲法改正が問題とされることになるだろう。

（1）日本における議論は、主権国家が地球的規模での「対テロ戦争」において行うことができる「適切な軍事的貢献」とは何かという問題として展開されたが、これは、実際には、海外における反テロ作戦における自衛隊の役割の限界設定を意味したとされる（M. Fenwick, "Japan's response to terrorism post-9/11" in V. Ramraj et al.

eds., *Global Anti-Terrorism Law and Policy*, 2nd. ed. (Cambridge U. P., 2012), p. 390.).
（２）　内閣総理大臣が、2004年「防衛計画の大綱」の見直しのために開催した「新たな時代の安全保障と防衛力に関する懇談会」の報告書『新たな時代における日本の安全保障と防衛力の将来構想―「平和創造国家」を目指して―』(2010年) は、「国の防衛や同盟の維持の必要性から出発して柔軟に解釈や制度を変え、日米同盟として深刻な打撃となるような事態が発生しないようにする必要がある」、そのためには、「憲法論、法律論からスタートするのではなく、そもそも日本として何をなすべきかを考える」べきだとした (39-40頁)。
（３）　樋口陽一『憲法Ⅰ』(青林書院、1998年) 450頁。本稿の一部は、倉持孝司「改憲論における『安全』」森英樹編著『現代憲法における安全』(日本評論社、2009年) 733頁以下、「日米安保50年と『二つの法体系』論」杉原＝樋口＝森編『戦後法学と憲法』(日本評論社、2012年) 815頁以下でも扱った。
（４）　芦部信喜（高橋和之補訂）『憲法（第5版）』(岩波書店、2011年) 55-56頁。
（５）　深瀬忠一「テロ対策特別措置法と日本国憲法の平和主義（上）」ジュリスト1213号 (2001年) 8頁以下。
（６）　「国防の基本方針」は、第1項で、「国連中心」路線、第2項で、「自主防衛」路線（第3項で、「自主防衛」路線の具体化）、第4項で、「安保重視」路線という三つの方向性を示しているとした上で、現実の防衛政策は、「自主防衛」路線と「安保重視」路線（後者の最大のテーマは、在日米軍基地問題）であったが、その後、1970年代後半以降（とくに1978年ガイドライン）、「安保重視」路線が優位したと整理される（柴田晃芳『冷戦後日本の防衛政策』(北海道大学出版会、2011年) 39-41、46頁。
（７）　和田進「今こそ、憲法第9条の原点を見つめ、語ろう」中村＝湯山＝和田編著『権力の仕掛けと仕掛け返し』(文理閣、2011年) 75頁以下。
（８）　2011年度版『防衛白書』151頁。
（９）　政府見解については、2012年度『防衛白書』107-110頁による。なお、同書「資料」編、『防衛ハンドブック』(朝雲新聞社、2012年) 参照。
（10）　井上典之「テロ対策特別措置法と日本国憲法」法学教室257号 (2002年) 47頁。
（11）　田所昌幸「日米同盟と2つのガイドライン」国際法学会編『安全保障』(三省堂、2001年) 71-72頁。
（12）　井上・前掲注 (10) 47頁。
（13）　細川首相の下で設置された首相の私的諮問機関であり、2度の政権交代を経て報告書は村山首相に提出された。「防衛問題懇談会」について、柴田・前掲注 (6) 87頁以下。
（14）　報告書は、「第2章　日本の安全保障政策と防衛力についての基本的考え方」に

おいて、「総合的な安全保障政策の構築が必要」だとして、第1に、「世界的ならびに地域的な規模での多角的安全保障協力の促進」を先にあげてから、第2に、「日米安全保障関係の機能充実」をあげた。

(15) 後の米・クリントン政権下の国防次官補ジョセス・ナイの名をとって「ナイ・イニシアティブ」と呼ばれる東アジアに対する米国の安全保障政策の検討プロセスの成果であり、「ナイ・レポート」と呼ばれる。以上、およびこの「東アジア戦略報告」と「樋口レポート」との関係について、柴田・前掲注（6）109頁以下。

(16) 「東アジア戦略報告」およびそれに対応した1995年防衛計画の大綱と続く「一連のプロセスは、日米双方の防衛コミュニティの緊密な連携にもとづく、いわば日米合作の筋書きだった」といわれる（田所・前掲注（11）74頁）。

(17) 新ガイドラインの作成に中心的な役割を果たした防衛協力小委員会（SDC）と、それに付随する下位の日米協議機関について、柴田・前掲注（6）182頁以下。

(18) 井上・前掲注（10）50頁、山内敏弘編『日米新ガイドラインと周辺事態法』（法律文化社、1999年）。

(19) 2012年度『防衛白書』233頁。

(20) 日本は、「9.11」以降、各国が「9.11」を契機に包括的な反テロ法の制定を急いだのと対照的に、「テロ対策の要諦は未然防止にある」として2004年「テロの未然防止に関する行動計画」を策定し、それに基づいて入管法の改正、旅券法施行規則の改正などの法整備を個別的に行うとともに各省庁においてそれぞれテロ対策の具体化を図ってきている。こうして、右「行動計画」が述べるように、「欧米諸国等で整備・強化されているテロ対策法制のような、テロ未然防止のための積極的な法整備」は、「今後検討を継続すべきテロの未然防止対策」の課題とされたままである。

(21) テロ対策特措法の立法過程の状況について、谷勝宏「テロ対策特別措置法の政策過程」国際安全保障30巻1＝2号（2002年）127頁以下。

(22) テロ対策特措法は、「実質上、戦時の米軍活動支援法の性格をもっている」とされる（水島朝穂「『テロ対策特別措置法』がもたらすもの」法律時報74巻1号2頁）。

(23) 水島・前掲注（22）2-3頁、井上・前掲注（10）48-50頁。Fenwick, above note (1), pp. 411-412. 本法について、青木信義「テロ対策特別措置法の概要」ジュリスト1213号（2001年）25頁以下。

(24) 小泉内閣総理大臣答弁（第153回国会衆議院本会議録第5号（2001年10月10日））。当時の内閣参事官は、「政府としても、米英両国による軍事行動は、自衛権行使の要件を満たしたものと考えており、国際法に違反（しない）」と解説した（青木・前掲注（23）26頁）。しかし、国連憲章51条にいう「武力攻撃」については、「テロ組織などの私人による攻撃行為はここに言う『武力攻撃』には該当しない」とされる（松田竹男「テロ攻撃と自衛権の行使」ジュリスト1213号（2001年）19頁）。

(25) 以下、合憲化の論理の整理は、C. W. Hughes, *Japan's Re-emergence as a 'Normal' Military Power* (Routlegde, 2006), pp. 127-128, 131. などに拠った。Fenwick, above note (1) p. 413. 当時の首相は、「本法案は、関連の国連安保理決議を踏まえ、国際的なテロの防止及び根絶のための国際社会の取り組みに積極的かつ主体的に寄与することを目的としているものであり、日米安保体制を基軸とする日米同盟関係と直接に関係するものではありません」と述べ（小泉内閣総理大臣答弁（第153回国会衆議院本会議録第5号（2001年10月10日）)、当時の内閣参事官が整理したように、「本法は憲法9条に抵触しない範囲内において、憲法の前文及び98条の国際協調主義の精神に沿って我が国が実施し得る措置を定めたものとするのが政府の立場である」とした（青木・前掲注（23）26頁）。この点につき、深瀬・前掲注（5）9頁以下、谷・前掲注（21）134-135、140頁、神保謙「『対テロ戦争』と日米同盟―米安全保障の再構築と同盟関係の再定義？―」日本国際問題研究所編『9・11テロ攻撃以降の国際情勢と日本の対応』（日本国際問題研究所、2002年）142頁以下。

(26) 日米同盟について、松田竹男「集団的自衛権論の現在」法律時報増刊『安保改定50年―軍事同盟のない世界へ』(2010年) 64頁以下、浦田一郎「『日米同盟』論の矛盾」同前92頁以下、倉持・前掲注（3）「日米安保50年と『二つの法体系』論」。

(27) 倉持・前掲注（3）「日米安保50年と『二つの法体系』論」。

(28) この協議については、2005年10月29日「日米同盟：未来のための変革と再編」において触れられている。DPRIについて、C. W. Hughes, *Japan's Remilitarisation* (Routledge, 2009), pp. 91-98 ; Y. Tatsumi, 'The Defense Policy Review Initiative : a reflection', PacNet No. 19 (2006)。

(29) 2012年度版『防衛白書』111頁以下。

(30) 2012年度版『防衛白書』241頁。こうして、日米両国の能力強化、指令部間の連携向上、相互運用性（インターオペラビィティ）の向上等がうたわれ、在日米軍の再編とともに自衛隊の再編によって自衛隊と米軍の連携強化が目指されている（同前、227頁）。具体的には、キャンプ座間では在日米陸軍司令部と陸上自衛隊の中央即応集団司令部を併置し連携強化を図るとされ、在日米空軍司令部がある横田基地では、航空自衛隊の航空総隊司令部の移転にあわせ2011年度末に共同統合運用調製所を設置し、これらによりBMD（弾道ミサイル防衛）における情報共有をはじめとする司令部組織間の連携強化が可能になったとされる（同前、251-252頁）。これらの重要性について、C. W. Hughes, above note (25), pp. 92-94 ; C. W. Hughes, Japan, "Constitutional Reform, and Remilitarization" in B. Wakefield ed., *A Time for Change ?* (Woodrow Wilson International Center for Scholars, 2012), pp. 28-30.。

(31) 森英樹「『60年安保』から50年」法時82巻7号（2010年）2頁、倉持・前掲注（3）「日米安保50年と『二つの法体系』論」。

第11章　日本におけるテロ対策法制

渡名喜　庸安

概　要

　テロリズムは平和で安全な社会に対する挑戦であり、民主主義に対する挑戦でもある。日本社会においても過去に数々のテロ行為が行われ、今後もまたそれと無縁ではない。世界諸国の中には、テロ行為に対処する基本法制を整備し、あるいは安全保障政策の一環として「テロとの戦争」＝軍事行動を展開する国もある。ひるがえって、日本では「テロ対策基本法」が制定されているわけでもなく、もとより軍事行動として「テロとの戦争」が行われている状況にあるわけでもない。

　世界諸国と異なり、日本ではテロ対策基本法は未だ制定されていない。しかし、日本に「テロ対策法制」がないわけではなく、むしろ微に入り細に入り「包括的なテロ対策法制」が整備されている立法状況にある。では、日本では、テロリズム・テロ行為はどのように定義され、これに対する対策法制はどのような内容から成り、どのような特徴をもっているのだろうか。日本のテロ対策法制は、とくにテロ対策のためにどのような機関に対してどのような権限を授権しているのだろうか。本章は、主に2001年9月11日に起きた米国の同時多発テロ事件以降の日本におけるテロ対策法制の内容について、わが国おけるテロ行為の法的規制が人権の保障や民主主義（法の支配）とどのように調和しているかという視点から、法的に分析し、検討するものである。

はじめに

　日本では、1980年代の極左集団による企業連続爆破事件や日航よど号事件等のテロ事件および1990年代のオウム真理教による地下鉄サリン事件等を受けて、その都度、法的整備が行われてきたが、これらの立法は、主に警察中心の広域組織犯罪や組織的犯罪対策という観点からの対処法制であって、テロ対策立法としての性格は希薄であった[1][2]。日本政府が、テロ対策を政府全体として取り組む課題に据え、関連する法整備や運用面における取り組み強化によって必要な措置を講じてくるのは、2001年9月11日に起きた米国の同時多発テロ事件（以下「9.11事件」という）後のことである。ところで、テロを防止するためには、一方では国際協力が不可欠であり、他方では国内テロ対策の強化が必要である。

　政府は、まず前者に関しては、9.11事件直後に「同盟国である米国を強く支持」する立場から、具体策として、①後方支援活動目的で自衛隊を派遣するための所要の措置、②米軍施設及び重要施設の警備を強化するための所要の措置、③情報収集のための自衛隊艦艇の派遣、④出入国管理等に関する情報交換等の国際協力の強化のための措置を打ち出した。そのうち特に①については、「国際テロリズムとの闘いを我が国自身の安全確保の問題」、すなわち国の安全保障問題と捉えつつ、米国等による反テロ軍事行動に協力するため、いわゆるテロ対策特別措置法を制定し、2001年9月から同法に基づき海上自衛隊の艦船をインド洋に派遣し、海上阻止活動参加艦船への補給支援活動を実施してきた[3]。また同法は、米軍の軍事行動に対する支援協力の地理的範囲を「外国の領域」へ格段に広げることを主眼とするものであった[4]。

　政府は、他方で後者に関しては、従前のテロ対策が警察中心に進められてきたのに対し、9.11事件以降は、政府全体で関係官庁が連携しながら総合的な施策を打ち出してきた。まず、総理官邸の中に危機管理センター（24時間体制）を設置し、内閣危機管理監の下に官邸対策室を設置するとともに、総理官邸が従来のテロ等の突発的緊急事態に対する対策を見直す観点から2001年10月に決定した「緊急対応措置」の中で、NBC（生物化学）テロへの対策

の強化、ハイジャック防止のための空港の保安体制・警備の強化等を決定した。さらに、包括的な国際テロ対策の必要性が高まる中で、2004年8月には政府内に「国際組織犯罪等・国際テロ対策推進本部」が設置され、同推進本部は、課題に据えた国際テロの未然防止対策の検討を経て同年12月に「テロの未然防止に関する行動計画」（以下「行動計画」という）を策定した。この行動計画には、主要国が採用しているテロの未然防止策を範とした16項目が盛り込まれ、政府全体でテロの未然防止のための対策を推進することが謳われ、爾後、この行動計画に基づきテロ対策の立法化が順次進められ、運用面の取り組みが強化されてきた[5]。

　ところで、そもそもテロリズムあるいはテロ行為がいかなるものであるのかについては、国際的に受け入れられる一般的定義が合意されることなく今日に至っており、国際社会において明確な統一的定義といえるものは未だ存在しない[6]。その点、アメリカにおけるテロ対策は、「テロ組織」の指定要件の1つに「その組織の活動は、合衆国国民の安全あるいは合衆国の国家安全保障（国防、国際関係、経済的利害関係）を脅かすものでなければならない」という要件が入っていることからも明らかなように、「テロとの戦争（war on terror）」として軍事活動が展開されてきた。これに対して、日本のテロ対策は、軍事活動としてではなく、治安維持活動として行われているところに大きな特徴がある。ちなみに、日本の国内法ではいくつかの法令においてテロ行為に関する規定が置かれているが、それによれば、テロ行為とは、「政治上その他の主義主張に基づき、国家若しくは他人にこれを強要し、又は社会に不安若しくは恐怖を与える目的で多数の人を殺傷し、又は重要な施設その他の物を破壊する行為」（自衛81条の2第1項）または「広く恐怖又は不安を抱かせることによりその目的を達成することを意図して行われる政治上その他の主義主張に基づく暴力主義的破壊活動」（警察庁組織令39条4号）などと定義されている。

　テロリズムは、平和で安全な社会に対する重大な脅威であり、まさに民主主義に対する挑戦ともいえるものである。しかるに、日本でこの間制定されてきたテロ対策法制はどのような内容から成り、これに基づきテロ行為に対してどのような法的規制が行われてきたのだろうか。本稿は、主に9.11事件

以降の日本のテロ対策法制の内容と課題について、我が国におけるテロ行為の法的規制が日本国憲法の価値原理である人権の尊重や民主主義（法の支配）とどのように調和しているのかという視点から、主に行政法学の立場から分析し、検討するものである。

1　テロの未然防止に関する法制

　テロ対策は、一般に、「テロの未然防止」と「テロ発生時の対処」に大別される。この点に関し、日本政府が2004年に策定したテロ対策の指針とされる「行動計画」においては「テロ対策の要諦はその未然防止にある」とされ、テロ行為に関しては、犯罪の抑圧や鎮圧にも増して、予防的な政策的観点に立った未然防止措置といったものが重要視され、この「行動計画」に基づき「テロの未然防止に関する法制」が順次整備されてきた。この未然防止に関する法制は、「行動計画」に従えば、(1) テロリストを入国させないための対策法制、(2) テロリストを自由に活動させないための対策法制、(3) テロに自由に使用されるおそれのある物質の管理に関する対策法制、(4) テロ資金を封じ込めるための対策法制、(5) 重要施設等の安全を高めるための対策法制および (6) テロリスト等に関する情報収集能力の強化に関する法制に分類することができる。以下では、この6分類のうち(1)から(4)までの対策法制を「テロ行為の未然防止対策法制（テロ活動を封じ込める対策法制）」に括り、(5)をテロの攻撃対象の防護法制（攻撃対象の安全性を高める対策法制）に置き換え、また(6)を両者に共通する取組みとしての警備情報収集活動（テロ関連情報の収集・分析）に関する法制に分類し直し[7]、この3つの分類に即して日本における対策法制の内容と特徴を概観する。

テロ行為の未然防止対策法制（テロ活動を封じ込める対策法制）

**テロリストを入国させ
ないための対策法制**

　法務省は、2006年に出入国管理及び難民認定法（以下「入管法」という）を改正し（平成18年法律第43号）、出入国管理の強化を図り、テロの未然防止策、具体的にはテロリストを入国させないための施策として、①外国人の入

国審査時における個人識別情報の提供義務、②外国人テロリストの退去強制および③日本に入る船舶等の長に対する乗員・乗客に関する事項の事前報告義務に係る規定を次のように整備した。

　まず①に関し、日本に入国する外国人（特別永住者等を除く〔6条3項但書〕。以下同じ）は、上陸審査時において、入国審査官に対し電磁的方式によって顔写真および指紋等の「個人識別情報」を提供しなければならず（6条3項）、その提供を拒んだ場合には、特別審理官による口頭審理を経て日本からの退去を命ぜられる（10条7項）。なお、入国審査時における個人識別情報の提供義務化は、テロの未然防止のみならず、不法滞在者の摘発や一般の外国人犯罪捜査にも利用する方針とされる[8]。

　次に②に関し、同法は、テロ行為等を行うおそれがある者を「テロリスト」として退去強制の対象とするという考え方の下に、「公衆等脅迫目的の犯罪行為のための資金の提供等の処罰に関する法律」（平成14年法律第67号。以下「テロ資金供与処罰法」という）第1条の規定する「公衆等脅迫目的の犯罪行為」[9]、その「予備行為」、そしてその「実行を容易にする行為」という3つの行為を「行うおそれがあると認めるに足りる相当の理由がある者として法務大臣が認定する者」または「国際約束により我が国への入国を防止すべきものとされている者」に該当する外国人を新たに退去強制の対象に追加し（24条に3号の2、3号の3を追加）、これを収容した上で本邦外に強制送還することができることとした。

　さらに③に関し、日本に乗り入れる航空機や船舶の長は、あらかじめその航空機等が到着する出入国港の入国審査官に対し、その乗員・乗客名簿の提出が義務付けられることになった（57条1項）。警察、税関、入国管理局の法執行機関が保有する要注意人物リストと自動的に照合しテロリスト等を割り出すこの事前旅客情報システム（Advance Passenger Information System : APIS）は、2005年から航空会社等の任意の協力による情報提供を受けて運用されてきたが、2006年改正入管法により当該情報提供が義務付けられ、この義務に違反した場合には、50万円以下の過料に処され（77条2号）、また、航空会社等に対し乗客の旅券等の確認も義務付けられ（56条の2）、これに違反した場合にも同様の過料に処せられることになった（77条1号の2）。さらに、他人

を不法入国させる目的で偽造・変造された旅券などを所持、提供、譲り受けた者を「3年以下の懲役又は300万円以下の罰金」とする不正受交付罪が創設された（74条の6の2）。

なお、前年の2005年にも入管法の重要な改正がなされている。すなわち、同改正法は、テロ対策として、運送業者の旅券等の確認義務（56条の2）および確認を怠った場合の過料に関する規定（77条）のほか、外国入国管理当局に対する情報提供規定（61条の9）を新設した。従来から日本の入国管理当局と警察などの関係法執行機関との協力は規定されていたが（61条の8）、新設された61条の9は、法務大臣は外国の入国管理当局に対して入管法所定の出入国管理等の「職務の遂行に資すると認める情報を提供することができる」（同条1項）と定めたうえ、政治犯罪等を除いて、提供した情報を一定の場合に犯罪捜査目的へ流用することについて同意することができる旨を規定している（同条3項）。逆にアメリカの入国管理当局が集めた日本人の顔写真や指紋は日本の警察にも提供されることとなり、各国の法執行機関間における情報の共有化が進められることによって、入管行政と警察の垣根が国境を超えて融合化しつつある[(10)]。

テロリストを自由に活動させないための対策法制

テロリストを国内で自由に活動させないための対策として、まず、旅館業法施行規則が改正された。旅館業法（昭和23年法律第138号）によれば、「営業者は、宿泊者名簿を備え、これに宿泊者の氏名、住所、職業その他の事項を記載し、当該職員の要求があつたときは、これを提出しなければならない」（6条1項）とされている。しかし、同法同条で作成が義務づけられている宿泊者名簿は、感染症が発生しまたは感染症患者が旅館等に宿泊した場合において、その感染経路を調査すること等を目的として、営業者に対して宿泊者の氏名等を記載させる趣旨によるものであり、宿泊する外国人の国籍や旅券番号は記載事項とされておらず、また本人確認も義務付けられていない。

そこで、同法の所管省である厚生労働省は、近年の諸外国におけるテロ事案の発生を受け、テロ活動を国内で自由に活動させないための施策として、治安立法ではない旅館業法を改正するのではなく、同法施行規則を改正（平

成17年厚生労働省令第7号)することにより[11]、日本国内に住所を有しない外国人が旅館等に宿泊する場合には、宿泊者名簿に国籍および旅券番号を記載することとするとともに(4条の2)、厚生労働省から都道府県知事宛に通達を発出し[12]、宿泊者名簿の記載の正確を期するという名目で、外国人宿泊者に旅券の提示を求めて写しを保存すること、捜査機関からの名簿閲覧請求に対して協力することを旅館業者等に対して周知を図り指導することを求めるなど、外国人宿泊客の本人確認の強化策を講じてきている。

テロに自由に使用されるおそれのある物質の管理に関する対策法制

財務省は、テロに使用されるおそれのある物質の管理を強化するために、2005年に、関税定率法を一部改正し(平成17年法律第22号)、国民の健康・安全、社会秩序の維持といった社会公共の利益の保護の観点から既に輸入禁制品とされてきた麻薬・大麻・覚せい剤やけん銃・小銃・機関銃等の社会悪物品(21条1号・2号)に加え、テロ対策の観点から、国内でテロに使用されるおそれのある爆発物、火薬類および化学兵器の製造の用に供されるおそれが高い毒性物質やその原料物質を輸入禁制品に新たに追加し(同条3号~5号)、日本に爆発物等を持ち込ませないための措置を講じた。関税定率法に基づく輸入禁制品制度は2006年の法改正(平成18年法律第17号)により関税法に移管され(69条の8)、その中で「生物テロに使用されるおそれのある病原性微生物」として感染症法(後述)に規定する1種病原体等および2種病原体等(後述)が輸入禁制品に新たに追加された(69条の8第5号の2)。輸入禁制品を輸入する行為に対する罰則規定も新設された(109条)。

なお、日本では従前、感染症の病原体の適正な管理体制は必ずしも確立していない状況にあったが、9.11事件を契機に、2006年に「感染症の予防及び感染症の患者に対する医療に関する法律」(以下「感染症法」という)が改正され(平成18年法律第106号)、生物テロに使用されるおそれのある病原体であって国民の生命・健康に影響を与えるおそれがある感染症の病原体等の管理体制の確立を図るという観点から、病原体等の所持、輸入、運搬そのほかの取扱いが法令で定められるようになった。同法で病原体等とは、感染症を発生させる生物および物質であり「感染症の病原体及び毒素」と定義され(6条

17項)、病原体等の感染性や重篤度等に応じて、1類感染症(エボラ出血熱・ペスト等)、2類感染症(結核・ジフテリア等)、3類感染症(コレラ・腸チフス等)および4類感染症(E型肝炎・マラリアなど)等に分類して特定され(6条)、その分類に応じてその所持や輸入等について原則禁止、許可制、届出制、基準の遵守の適用等の規制が講じられている[13]。

テロ資金を封じ込めるための対策法制

テロ資金を封じ込めるための対策法制も順次整備されてきた。まず、2002年に、9.11事件を機に締結された「テロリズムに対する資金供与の防止に関する国際条約」を受けて「テロ資金供与処罰法」(前述)が制定され、公衆等脅迫目的の犯罪行為の実行を容易にする目的で行う資金(いわゆる「テロ資金」)の提供や収集が刑事処罰の対象(犯罪化)とされた(2条・3条)。また、同年に、外国為替取引においてテロリスト等の資産凍結を迅速かつ有効に実施するために、「外国為替及び外国貿易法」(以下「外為法」という)の一部を改正し(平成14年法律第34号)、資産凍結の対象の指定に必要な関係省庁(外務省、法務省、警察庁等)による情報提供の根拠となる規定を整備し(69条の4)、「テロリスト等に対する資産凍結等に係る関係省庁連絡会議」の議を経て指定された資産凍結対象の個人・団体の送金や資本取引を主務大臣による許可制によらしめる規定を新設した(16条1項・3項、21条1項、24条1項)。さらに、この資産凍結措置の実効性を確保するため、これまでの外為法では努力規定であった送金等に係る顧客等の本人確認を義務付ける改正が行われている(18条)。

金融機関における本人確認については、従来「金融機関等による顧客等の本人確認等及び預金口座等の不正な利用の防止に関する法律」(平成14年法律第32号。以下「本人確認法」という)により金融機関に対し本人確認が義務付けられてきた。しかし、2007年3月には、マネー・ロンダリング対策やテロ資金対策を求めるFATF[14]勧告を実施するため、本人確認法を廃止して新たに「犯罪による収益の移転防止に関する法律」(平成19年法律第22号。以下「犯罪収益移転防止法」という)が制定された。同法は、テロ資金を封じ込めるための対策として、既に金融機関等に対して義務付けられている顧客の本人確認(6条)、取引記録の作成・保存義務(7条)および疑わしい取引の届出の義務

（9条）を課する範囲を宝石・貴金属商、不動産業の職業的専門家等に拡大（2条2項）するとともに、テロ資金の提供・収集のほか資金洗浄行為等を刑事処罰の対象としている（27条）。

テロの攻撃対象の防護法制（攻撃対象の安全性を高める対策法制）

9.11事件を契機に、日本における同様の攻撃等への備えを万全に期するという観点から、自衛隊施設や原子力発電所のような重要施設等に対する自衛隊や警察の警戒警備を強化する法制が整備されてきた。

自衛隊施設等に対する警護出動

日本国内にある自衛隊施設は従前は警察によって警護されてきたが、政府は、2001年に自衛隊法を一部改正（平成13年法律第115号）し、自衛隊施設および在日米軍施設への自衛隊の警護出動に関する規定（81条の2）を新設した。この規定によれば、内閣総理大臣は、国内にある自衛隊の施設や在日米軍の施設・区域において、政治上その他の主義主張に基づき、国家若しくは他人にこれを強要し、又は社会に不安若しくは恐怖を与える目的で多数の人を殺傷し、又は重要な施設その他の物を破壊する行為が行われるおそれがあり、かつ、その被害を防止するため特別の必要があると認める場合には、当該施設及び区域の警護のため自衛隊の部隊等の出動（警護出動）を命ずることができる（81条の2第1項）。内閣総理大臣は、警備出動を命ずる場合には、あらかじめ、関係都道府県知事の意見を聴くとともに、防衛大臣と国家公安委員会との間で協議をさせた上で、警護を行うべき施設又は施設及び区域並びに期間を指定しなければならない（同条2項）。この自衛隊の警護出動条項は、前述のように「同盟国である米国を強く支持」する立場から、自衛隊の施設のみならず在日米軍の施設・区域についても、自衛隊が警護に当たるものとして新設されたものである[15]。

このように警護出動とは、日本国内の自衛隊施設等が破壊されるおそれがある場合に、これを警護するため内閣総理大臣の命令により行われる自衛隊の部隊の出動であるが、この自衛隊の警護出動は、治安出動の一環として位置づけられている。自衛隊の警護出動条項の新設が自衛隊の治安出動態勢の整備を含意するものであることは、この警護出動条項が自衛隊法上「命令に

よる治安出動」(78条)、「要請による治安出動」(81条)等の後に追加され、また「警護出動時の権限」規定(91条の2)が「治安出動時の権限」規定(89条～91条)の後に追加されていることからも明らかである。したがって、警護出動を命ぜられた自衛官は、当該施設の警護に当たっては警察官職務執行法(昭和23年法律第136号。以下「警職法」という)を準用して警護任務を遂行することになる(91条の2第1項、同条第4項)。

しかしながら、警護任務における自衛官の武器の使用については、警職法第7条[16]が準用されるとはいうものの、「職務上警護する施設が大規模な破壊に至るおそれのある侵害を受ける明白な危険があり、武器を使用するほか、他にこれを排除する適当な手段がないと認める相当の理由があるときは、その事態に応じ合理的に必要と判断される限度で武器が使用できる」(91条の2第2項・第3項)こととされ、この要件を満たす場合には、正当防衛または緊急避難の要件を満たす場合でなければ人に危害を加えてはならないという警職法7条の定める限定は取り払われる形になっている。また、武器の使用に際してはあらかじめ相手方に警告することが原則であるが、「事態が急迫して警告する暇がない場合には」警告なしに使用することができることになっている(自衛隊の警護出動に関する訓令〔防衛庁訓令第77号〕11条4項但書)。

重要施設に対する警戒警備　自衛隊の施設や在日米軍の施設・区域以外にも、テロの未然防止の観点から、テロの標的となる可能性のある重要施設に対する警戒警備が行われている。例えば、内閣総理大臣官邸、原子力発電所、空港等の重要施設、米国関連施設や公共交通機関等の警戒対象施設については、警察が、当該施設の管理者や関係省庁等と緊密な連携を図りつつ、警戒警備を実施している。とくに原子力発電所については[17]、都道府県警察警備部の機動隊内に置かれている銃器対策部隊[18]が常駐し、海上保安庁の巡視船とともに24時間体制で警戒警備を実施している。

そのほか、新幹線等の鉄道についても、鉄道警察隊や機動隊員による列車警乗が、国内主要航路についても、旅客船・カーフェリーへの海上保安官の警乗などが実施されている。大規模・無差別化する最近のテロの特徴に照らして、警戒対象施設は上記のような多数集合施設のほか大規模イベント会場

などにも拡大・多様化しており、施設管理者に対しても自主警備や不審物の所有者確認等の協力要請が行われている。

　なお、これら警戒対象施設の警備に当たる警察官等がテロの未然防止のために行う職務質問や車両検問等は、警察の組織規範である警察法第2条のほか、根拠規範である警職法2条や銃砲刀剣類所持等取締法（昭和33年法律第6号）24条に基づいて任意手段として行われるものであり、武器の使用についても、自衛隊の警備出動時における場合と異なり、警職法7条の定める法定要件の下で、正当防衛または緊急避難の要件を満たす場合でなければ人に危害を加えてはならない。

ハイジャック等の防止対策　国土交通省は、9.11事件がハイジャックされた民間航空機が利用されたことに鑑み、日本でのハイジャックテロの発生を防止するため、2002年に、航空機内への持込禁止物件の範囲を拡大する省令改正を行った。日本では、従来から航空法（昭和27年法律第231号）に基づき各空港において金属探知器等を用いた保安検査を実施し、銃砲刀剣類等の持ち込みを防止してきたところであるが、旅客による危険品等の持込禁止措置を定めた従来の航空法施行規則（昭和27年運輸省令第56号）では、銃砲刀剣類所持等取締法上の銃砲刀剣類等（「凶器、鉄砲、刀剣その他人を殺傷するに足るべき物件」の刀剣とは刃体の長さが6cmを超えるナイフ）に限って持ち込みが禁止されてきたところ、同年にこの省令を改正し（平成14年運輸省令第114号）、従来の機内持込禁止物件の範囲を拡大し、小型ナイフ・アイスピック等の刃物類、強打すること等により凶器となり得る物、先端が著しく尖っている物、その他凶器となり得る物品すべてに関し、航空機内への持ち込みを禁止することとした（194条1項10号関係）[19]。

警備情報収集活動（テロ関連情報の収集・分析）
　日本でも、先述のテロの未然防止およびテロの攻撃対象の防護に共通する取組みとして、テロ行為者の意図と能力を適時適切に把握する警備情報収集活動が重視され、取り組まれてきた。警備情報収集活動には、具体的に公安秩序を害する事態はないが、そのようなおそれが生じた場合に備えて平素から警備事件に関係を有するおそれのある団体・個人等に対して行う動向調査

(一般情報)と、具体的に公安を害する事態が生ずるおそれがある場合にその予防鎮圧に備えて行う情報収集(事件情報)が含まれ、その手法としては、協力者からの情報収集、張込・尾行、写真撮影、通信傍受等が一般に用いられる[20]。

ところで、こうした警備情報収集活動そのものに関する明文の規定は、治安出動下令前の情報収集活動を授権する自衛隊法79条の2の規定[21]と公安調査官の調査権を授権する破壊活動防止法27条の規定を除いて、存在しない。犯罪捜査のための通信傍受に関する法律(平成11年法律第137号)に基づく通信傍受も、対象の罪種が薬物と銃器犯罪に限定されて、テロ関係の罪種については適用の対象外におかれている。しかし、警備情報収集活動を授権する根拠規範(作用法)が殆どないにもかかわらず、実際には、情報機関の重要な一角を占める警察を中心に、テロ関係の情報収集が幅広く行われていることは周知の事実である。この点に関し、警察実務は、警備情報の収集が警察庁の所掌事務とされている(警察24条、警察庁組織令38条)ことを強調し、これが相手方・関係者に対し命令や強制を伴わない任意の手段として行われている限り、法令に定めのない行為もなし得るとし、その法的根拠を組織規範たる警察法2条の責務規定に求めている[22]。

ところで、わが国において警備情報収集を行う情報(諜報)機関には次のようなものがある。まず、警察においては、従前は警察庁警備局が企画・立案を担当し、警視庁公安部を筆頭に各道府県警察の警備部が実務の調査活動を行ってきたが、2004年の警察法改正(平成16年法律第25号)による警察庁の組織改正において、警備局に外事情報部が新設された(24条2項)。この外事情報部は、国際テロ対策およびカウンターインテリジェンス(諜報事案対策)を所掌するとともに、爆弾テロ、NBCテロ等の重大テロや国外で日本国民が被害者となるテロへの国の関与を強化するという趣旨によって設置されたものである[23]。新設された外事情報部は、外国治安機関との情報交換を任務とする外事情報部長の下に、外国人に係る警備犯罪(諜報活動)の取り締りを所掌する外事課と国際テロ対策に関する情報収集・分析機能を所掌する国際テロリズム対策課の2課により構成され(警察庁組織令36条2項)、前者の外事課は全国の警察を統括して事件捜査や警備情報収集を行っている。後者

の課には国際テロリズム情報官が配置され、わが国を対象としたテロの実行に係る具体的な情報だけでなく、テロを行うおそれのある組織の活動の方針・目標、手法、構成員の動向等についての警備情報収集・分析を行っている（警察庁組織令39条・41条）。都道府県警察においてもテロ対策部門の増員措置が講じられ、国内におけるテロ関連情報の収集態勢が全国的に強化されてきている。

警察法の定める警察組織のほかにも、テロ関連情報およびその他の公安情報を収集・分析するために、外務省に総合的観点から国際情勢分析を行う国際情報統括官（外務省組織令第89号）が、海上保安庁に海上関係の公安情報を扱う警備救難部警備情報調整官（海上保安庁組織令第46条の2）が、防衛省に北朝鮮問題など近隣諸国における安全保障問題などを担当し電波傍受に当たる防衛省情報本部（防衛省設置法4条1号～3号・28条）が、法務省外局の公安調査庁においても国内のテロ活動などに対して調査活動を行う公安調査管理官（公安調査庁組織規則8条・12条）が設置されるなど機構整備が行われてきた。

そして、これら各情報機関で把握した重要情報や分析結果は、内閣官房におかれる内閣情報調査室（内閣官房組織令1条・4条）に集約され、政府全体として警備情報を総合的に分析・評価する体制が確立されてきたといわれる[24]。しかし、日本の情報機関については、テロ情報に関する中枢神経のような機関がどこなのか法令上も明確でなく、実際上も警察庁、防衛省、外務省など主要機関の「縦割り意識」が強く、それぞれが持つ情報を内閣情報調査室に上げるだけで必要な指示も下りてこないなど、国として統一された組織活動ができるようにはなっていない[25]。

2　テロの発生時の対策法制

国民保護法による警察等の緊急対処保護措置

日本のテロ対策の要諦はその未然防止にあり、9.11事件以降、そのための多くの対策法制が立法化されてきたが、テロ行為が現に発生した場合には、現行法上は「武力攻撃事態等における国民の保護のための措置に関する法律」（平成16年法律第112号。以下「国民保護法」という）等に基づいて対応するこ

とになろう。なぜなら、「武力攻撃事態等における我が国の平和と独立並びに国及び国民の安全の確保に関する法律」（平成15年法律第79号。以下「武力攻撃事態対処法」という）において、大規模テロ等に係る事態が緊急対処事態[26]として位置づけられた（25条1項）ことから、国民保護法に基づく国民保護計画等の作成や訓練の実施というものがテロ発生後の対処態勢の整備という側面も有するようになったからである[27]。

　国民保護法によれば、政府は「国民の保護に関する基本方針」を策定し（32条）、指定行政機関、地方公共団体等は「国民の保護に関する計画」を策定することになっているが（33条～35条）、政府が2005年に作成した「国民の保護に関する基本方針」においては、①原子力事業所、石油コンビナート等の破壊等、危険性を内在する物質を有する施設等に対する攻撃が行われる事態、②ターミナル駅や列車等多数の人が集合する施設および大量輸送機関等に対する攻撃が行われる事態、③炭素菌やサリンの大量散布、多数の人を殺傷する特性を有する攻撃が行われる事態および④航空機による自爆テロ等破壊の手段として交通機関を用いた攻撃が行われる事態が緊急対処事態として想定されており、当該事態が安全保障会議の議を経て閣議で緊急対処事態としての認定がなされると、緊急対処事態対策本部が設置される。同本部が設置されると、国は、地方公共団体および指定公共機関等と連携協力して、国民保護法に基づく緊急対処保護措置を実施することになる。緊急対処保護措置については、「国民の保護に関する基本方針」の第1章から第4章までに定める基本的な方針等についてこれに準じた措置が講じられる[28]。

　国民保護法における緊急対処保護措置で注目されるのは、警察の役割である。当該事態が閣議において武力攻撃事態（日本有事）と認定されると、この事態における侵害排除に関する措置は自衛隊の役割となり、警察の役割は国民保護に関する措置（武力攻撃事態等保護措置）にとどまるのに対し、緊急対処事態における攻撃は、外部からの攻撃ではなく国内において発生する大規模テロ等として位置づけられることから、この事態に対しては治安に関して責任を有する警察が第一義的に対処することになる[29]。したがって、緊急対処事態において、警察は、武力攻撃事態の場合と同様に国民保護に関する措置（緊急対処保護措置）を実施するにとどまらず、侵害排除に関する措置に

ついての主要な実施主体となる。

　都道府県警察が緊急対処事態に対処する事務は、地方自治法上自治事務として整理されているが、これらの活動は「国の公安に係る警察運営」(警察5条)として警察庁の所掌事務と位置づけられていることから(同17条)、警察庁長官の直接の指揮監督を受けることとなり(同16条2項)、あるいは緊急事態の布告[30]が発出されると内閣総理大臣および警察庁長官の指揮命令の下に置かれることになる(同71条~73条)。すなわち、緊急事態の布告が発出された場合、警察に係る指揮命令系統が変更され、内閣総理大臣が警察庁長官を指揮監督し(72条)、警察庁長官及び管区警察局長が布告地域の警視総監又は道府県警察本部長に対し指揮・命令を行うことになる(73条)。なお、国会は、緊急事態に当たって、事態発生に係る認定、布告の確認及び事態終了の段階において、その統制を及ぼすことができるが、緊急事態布告の効果は警察に係る指揮命令系統の変更に過ぎず、これに対する特別な統制権限を有しない。

　他方で、国民保護法においては、自衛隊の「国民保護等派遣」という行動類型も設けられている。ちなみに、緊急対処事態(または武力攻撃事態)において、防衛大臣は、都道府県知事からの要請を受けた場合において事態やむを得ないと認めるとき、または緊急対処事態対策本部長(または武力攻撃事態対策本部長)から求めがあったときは部隊等を派遣することができる(自衛77条の4)。派遣を命ぜられた自衛隊には、警察官がその場にいない場合に限り、警職法4条(避難等の措置)ないし7条(武器の使用)の諸規定が準用され、現場の自衛官が警察官の担うべき機能を補完することになっている(自衛92条の3)。このように自衛隊の「国民保護等派遣」にあっては、警察が第一義的に治安の維持に当たるという原則が維持されながらも、警察官がその場にいない場合には自衛隊が補完的に治安維持に係わるという局面が想定されている。

自衛隊法による自衛隊の治安出動

　テロ等不測の事態に際しては、上述のように、国民保護法に基づき、治安の維持に第一義的な責任を有する警察が中央集権的に対処することになって

いるが、一般の警察力をもって治安を維持することができないと認められる場合には、自衛隊法により自衛隊に治安出動が命ぜられ（命令による治安出動〔自衛78条〕、要請による治安出動〔同81条〕）[31]、警察と自衛隊は連携して対処することとされている。

　治安出動を命じられた自衛官の職務の執行（治安出動時の権限）については、警職法の諸規定が準用され（自衛89条）、不審者検束の強力な権限は授権されていない。しかし、武器の使用に関しては、「小銃、機関銃（機関けん銃を含む。）、砲、化学兵器、生物兵器その他その殺傷力がこれらに類する武器を所持し、又は所持していると疑うに足りる相当の理由のある者が暴行又は脅迫をし又はする高い蓋然性があり、武器を使用するほか、他にこれを鎮圧し、又は防止する適当な手段がない場合」（同90条1項3号）には、「その事態に応じ合理的に必要と判断される限度で武器を使用することができる」（同90条1項柱書）こととされている。したがって、同条には「平時」における武器の使用を認める自衛隊法95条但書がないことから、正当防衛または緊急避難の要件を満たす場合でなければ人に危害を加えてはならないという警職法7条の定める限定は取り払われる形になっている。

　治安出動時において警察と自衛隊は連携して対処することとされている。その任務分担については、2001年に「自衛隊の治安出動に関する訓令」の一部が改正（平成12年防衛庁訓令第20号）され、これを受けて両者間に、新たに「治安出動の際における治安の維持に関する協定」（平成12年12月4日。以下「本協定」という）が締結されている。「事態の対処」を定める本協定第3条によれば、①「治安を侵害する勢力の鎮圧及び防護対象の警備に関しおおむね警察力をもって対処することができる場合においては、自衛隊は、主として警察の支援後処として行動するものとする」（第1項第1号）、②「治安を侵害する勢力の鎮圧に関しおおむね警察力をもって対処することができるが、防護対象の警備に関し警察力が不足する場合においては、自衛隊は、警察力の不足の程度に応じ、警察と協力して防護対象の整備にあたるものとする」（同項第2号）ほか、③「治安を侵害する勢力の鎮圧に関し警察力が不足する場合においては、自衛隊及び警察は、協力してその鎮圧に当たるものとし、この場合の任務分担は、治安を侵害する勢力の装備、行動態様等に応じたもの

とする」(同項第3号) こととされている。このように、「事態の対処」における自衛隊と警察の任務分担を規定した本協定において、自衛隊と警察の治安出動対象を「暴動」としていた旧規定 (1954年9月30日締結) を改めて「治安を侵害する勢力」と概念規定しつつ、「治安を侵害する勢力」の武装によっては、例えば警察力で対処できない殺傷力の強い武器などを所持した武装ゲリラなどに対しては、最初の段階から自衛隊が治安出動することが明記されている[32]。

なお、関係都道府県警察は、2002年4月以降、本協定第6条に基づき各陸上自衛隊師団等との間で「治安出動の際における治安の維持に関する現地協定」を締結し、陸上自衛隊との間で「治安出動共同図上作戦」を実施しているほか、海上保安庁 (管区海上保安本部) との間でも、原子力発電所の警備に係る共同訓練を実施している。2006年には、警察庁と防衛庁 (現防衛省) との間で「治安出動における武装工作員等事案への共同対処のための方針」が作成されるなど、9.11事件以降、治安出動に係る警察と自衛隊の連携が大幅に強化されてきている[33]。

おわりに

日本では、とくに9.11事件以降、「テロの未然防止に関する行動計画」(2004年12月) に基づき、多くのテロ対策法制が整備されてきた。しかし、一連のテロ対策法制を通じても、容疑者の拘束、所持品検査、通信傍受の拡大といった治安機関・情報機関の直接的な権限が授権されてきたわけではない。そのため、政府は2006年初頭に、実際に国際テロの攻撃に曝された米英などのテロ対策法制と比べて不十分であるという問題意識から、包括的・一般的なテロ対策基本法の策定に着手する方針を固めた経緯がある。この基本法は、テロ行為を「集団が政治的な目的で計画的に国民を狙って行う暴力行為」と定義し、その未然防止を目的として、テロ組織やテロリストと認定しただけで、①一定期間の拘束、②国外への強制退去、③家宅捜索、④通信傍受等の強制捜査権を行使することを内容とするものであった[34]。しかし、まだ制定には至っていない。テロ対策基本法が未制定という立法状況の下

で、日本では未だにテロリズムに対する国家の基本戦略が策定されておらず、基本方針すら明確にされていないとして、テロ対策基本法の制定によるテロ組織の指定制度等の重要性を指摘する議論がある一方、前記「行動計画」は日本のテロ対策を包括的に提示したものであり、この内容を1つの法律として取り纏めれば実質的には「包括的テロ対策法制」が確立されている立法状況にある、団体や組織を指定するよりもむしろ行為を取り締まる方が有効であるとする議論がある[35]。

アメリカのブッシュ政権（2001年1月—2009年1月）のテロ対策が、安全保障政策の一環として軍事を基軸とした「テロとの戦争」として展開されたのと異なり、日本のテロ対策は、必ずしも安全保障政策の一環としてではなく、軍事力よりもむしろ司法・法執行（犯罪対策）として、さらには、テロの未然防止がテロ対策の要諦とされたことに示されるように、犯罪対策よりも政府諸機関の予防的な事前規制による治安対策として展開されてきたところに大きな特徴がある。そして、テロが発生した場合の対処法制にあっては、治安の維持に第一義的な責任を有する警察がまず対処し、警察がカバーできないところは軍事組織なり他の組織が補完するという、特に警察と自衛隊との連携を中核とした仕組みの形成が目指されている。その中にあって、治安維持は警察が行うのが原則という任務分担論を基軸にしながら、自衛隊の治安出動下令前の情報収集活動（第79条の2）や警護出動（第81条の2）等の規定の新設に見られるように、自衛隊の治安維持機能の拡大・国内治安行動態勢づくりが進行している。冷戦終結後において、軍事立法である自衛隊法が治安立法化し、自衛隊が当面の主任務を「有事下に出動する軍隊」から「平時・非常時に治安出動する軍隊」へと転換し、警察機関に代わり「国家の危機管理」を軍事的に担う実力組織へと移行していることが顕著となっている。

ところで、法治国家においては、一般に、「テロ行為に対するいかなる措置といえども、予防的措置も含めて、法の支配、人権の尊重、社会正義などといった民主主義の諸原則に合致するものでなくてはならない」[36]。しかるに、日本のテロ対策法制にあっては法の支配や民主主義の原則が貫かれ、人権に対して十分な配慮が払われているであろうか。

この点に関し、例えば、1980年代前後から、警察組織には強力な武器を保

有し事態対処に備えた各種専門部隊[37]が整備されてきており、テロの未然防止と鎮圧のために重要な役割が期待されてきた。しかし、これら専門部隊の任務、組織、活動内容、装備については制定法上何らの定めもなく、「法の支配」の埒外に置かれている。自衛隊と警察の連携による共同訓練の実施も法的コントロールの埒外にある。現行憲法が採用する法治主義＝法律による行政の原理に従えば、強度に武装され集団的職務執行に当たる法執行機関＝実力行使機関の組織・活動内容に関する規律は、国民代表機関（国会）による議会制定法をもって定めることが求められてよい。

また、テロ行為に対する法的規制は、特に相手方の思想信条の自由、プライバシーの権利、表現の自由、集会結社の自由などといった人権に影響を与えるところ、例えば、日本に入国する全ての外国人に対する「個人識別情報」の提供義務化は、入国時に取得した生体情報を全て保管してデータベース化し、一般の犯罪捜査や在留管理にも利用しようとするものである。導入された生体認証システムは、人の移動を監視するシステムであって、前述のように、生体認証による国境管理が強化されることにより、外国人と日本人に等しく向けられ、外国人だけでなく日本人の移動の自由、肖像権、プライバシー権、自己情報コントロール権を侵害するおそれがあるものである[38]。また、テロの未然防止のために警察その他の情報機関によって行われている警備情報収集活動は、法形式的には非権力的活動として行われているといえども、それが思想信条の自由に対してもつ冷却的効果ははかりしれないものがある。

テロ行為に対処するために国家が人権を侵害することは、テロ行為自体に勝るとも劣らない問題を引き起こすことになる。テロ行為に対する法的規制により得られる公の利益とそれによって侵害される個人の人権の間にいかなる衡量を行うべきか、テロ行為に対する法的規制の適法性の限界をどのように画するのか、重要な法的課題が提起されている。

（1）木下智史「憲法とテロ対策立法」法律時報78巻10号8頁。なお、9.11事件以前の国内におけるテロ事件および国外で発生した日本に係わる国際テロについては、安部川元伸『国際テロリズム101問』（立花書房、2007年）172頁以下、板橋功「テロリズ

ムと日本」大沢秀介・小山剛編『自由と安全―各国の理論と実務』(尚学社、2009年) 4頁以下を参照されたい。

(2) 1994年の松本サリン事件や1995年の地下鉄サリン事件は、オウム真理教が大量破壊兵器を用いた世界でも未曾有のテロ事件であったが、この事件を契機に日本政府が採った対処措置は、①「サリン等による人身被害の防止に関する法律」(平成7年法律第78号)、②広域組織犯罪対策のための警察法の一部改正(平成8年法律第57号)、③「無差別大量殺人行為を行った団体の規制に関する法律」(平成11年法律第147号)および④いわゆる組織的犯罪対策3法(「組織的な犯罪の処罰及び犯罪収益の規制等に関する法律」〔平成11年法律第136号〕、「犯罪捜査のための通信傍受に関する法律」〔平成11年法律第137号〕、「刑事訴訟法の一部を改正する法律」〔平成11年法律第138号〕)の制定であった(吉田尚正編「組織犯罪・テロ対策法制の回顧」警察政策第5巻第2号〔2003年〕72頁以下参照)。しかし、これらの立法は、主に広域組織犯罪や組織的犯罪対策という観点からの対処法制であって、その後の大量破壊兵器テロ防止に向けた対処措置を講じたものではなく、テロ対策立法としての意識は希薄であった。「日本で最も不足してきたのが、この事件を、世界で初めて実行された大量破壊兵器テロとして、その実態を検証し防止策を検討する視点であ」ったといわれる所以である(飯山雅史「オウム真理教と大量破壊兵器」読売新聞2012年6月13日付)。

なお、破壊活動防止法(昭和27年法律第240号)11条に基づく公安調査庁長官のオウム真理教に対する解散指定処分請求は、公安審査委員会において「〔本教団が〕継続又は反復して将来さらに団体の活動として破壊活動を行う明らかなおそれがあると認めるに足りる十分な理由があるとは認められない」(同法第7条)として棄却された。この棄却を受けて、政府は、同教団の活性化による不法事案を未然に防止することを目的として、前述の「無差別大量殺人行為を行った団体の規制に関する法律」を制定し、同法に基づき、公安調査庁長官は、公安審査委員会に対し観察処分の請求を行い、公安審査委員会は教団に対する観察処分を決定した(同法5条参照)。同法に基づく観察処分は、その後も更新され、公安調査庁は教団施設への立入検査等の観察処分(7条)や施設の取得・使用禁止等の再発防止処分(8条)を実施してきている。

(3) テロ対策特措法の正式名称は、「平成13年9月11のアメリカ合衆国において発生したテロリストによる攻撃等に対応して行われる国際連合憲章の目的達成のための諸外国の活動に対して我が国が実施する措置及び関連する国際連合決議等に基づく人道的措置に関する特別措置法」(平成13年法律第113号)である。同法は、期間2年の時限立法であったが、期間経過後も「対応措置を実施する必要がある」とされれば2年ごとの延長ができることとされ(附則3―5項)、2003年の10月の改正で2年延長、2005年10月の改正で1年再延長、2006年10月の改正で1年の再々延長が行われた。

2005年以降は、同法に基づく自衛隊のインド洋派遣は半年単位で延長されてきたが、2007年11月1日に期限切れで失効した。同法の失効後は、「テロ対策海上阻止活動に対する補給支援活動の実施に関する特別措置法」（平成20年法律第1号）が制定され、海上自衛隊のインド洋派遣により海上阻止活動参加国艦船に対する補給活動が「再開」され、同法も法改正により1年ごとの延長がなされてきたが、2010年1月15日に期限切れで失効し、補給支援活動は終了した。

（4）テロ対策特措法の特徴と問題点を指摘するものとして、深瀬忠一「テロ対策特別措置法と日本国憲法の平和主義（中）」ジュリスト1219号123頁、水島朝穂「『テロ対策特別措置法』がもたらすもの」法律時報74巻1号3頁、井上典之「テロ対策特別措置法と日本国憲法」法学教室2002年2月号48頁などを参照されたい。

（5）「テロの未然防止計画」の「第3 今後速やかに講ずべきテロの未然防止対策」は、「テロリストを入国させないための対策の強化」「テロリストを自由に活動させないための対策の強化」「テロに使用されるおそれのある物質の管理の強化」「テロ資金を封じ込めるための対策の強化」「重要施設等の安全を高めるための対策の強化」「テロリスト等に関する情報収集能力の強化等」の6項目からなり、その中に16の対策強化策が盛り込まれている。なお、「第4 今後検討を継続すべきテロの未然防止対策」としては、①テロの未然防止対策に係る基本方針等に関する法制、②テロリスト及びテロ団体の指定制度、③テロリスト等の資産凍結の強化の3つが挙げられている。なお、9.11事件以降の日本のテロ対策の概略については、河村憲明「日本におけるテロ対策法制」大沢秀介・小山剛編『市民生活の自由と安全―各国のテロ対策法制』（成文堂、2006年）271頁以下、大石吉彦「我が国の総合的なテロ対策」警察政策第10巻（2008年）130頁以下を、また、とくに警察のテロ対策については、大鳳正洋「わが国の警察における国際テロ対策について」警察学論集第59巻第12号50頁以下、鎌田聡「日本におけるテロ対策の現状と課題」警察学論集第63巻第8号100～110頁、吉田尚正「国のテロ対策と警察」安藤忠夫・國松孝次・佐藤英彦編『警察の進路～21世紀の警察を考える～』（東京法令出版、2008年）325頁以下を参照されたい。

（6）初川満「序文」同編『テロリズムの法的規制』（信山社、2009年）viii頁。テロリズムの概念および我が国の実定法で用いられているテロの概念については、松本光弘「国際テロリズムとの闘い」安藤・國松・佐藤編・前掲注（5）291頁以下、阿久津正好「諸外国及び我が国の法制における『テロ』の定義について（下）」警察学論集第60巻第1号39以下を参照されたい。

（7）大石吉彦「日本のテロ対策の現状」国際交通安全学会誌32巻2号25頁以下は、日本のテロ対策を「未然防止」と「発生時の対処」に大別し、「未然防止」対策を「テロリストを封じ込める対策」、「攻撃対象の安全性を高める対策」および「警備情報収集の強化」の3つに分類している。本稿における日本のテロ対策法制の分類も基本的

にはこれに拠っている。
(8) 2007年11月から個人識別情報を活用した新しい出入国審査が始まったことについては、根岸功「出入国管理とバイオメトリクス」法律のひろば2008年10月号23頁以下参照。また、2006年には、入管法改正と並んで関税法も改正され、外国から日本に到着する外国貿易船や外国貿易機の船長等は、当該外国船等の積荷のほか、旅客および乗組員に係る氏名その他の事項を報告しなければならないこととされた（同法15条1項及び7項）。
(9) いわゆる「テロ資金供与処罰法」において「公衆等脅迫目的の犯罪行為」とは、公衆または国もしくは外国政府等を脅迫する目的をもって行われる犯罪行為であって、①殺傷行為や誘拐行為等、②航行中の航空機または船舶の航行に危険を生じさせる行為やこれらの強取行為、航空機または船舶の破壊行為等、③電車・自動車等の公用または公衆の利用に供する運送用車両、道路等の公衆の利用に供する施設、燃料関連施設を含む基盤施設、その他の建造物の破壊行為をいうものとされている（同法1条参照）。これらの犯罪行為は、通常いわゆるテロ行為と観念されているものを全て含んでいる。
(10) この点については、海渡雄一「国境を超えて移動する者を潜在的犯罪者・テロリストとみなす国境管理—監視されている者は誰か」法律時報第78巻第4号57頁参照。
(11) 山田英雄「憂いあれば備えなし」警察政策第10巻306頁。
(12) 平成17年2月9日付け健発第0209001号厚生労働省健康局長通知。
(13) 感染症法は、このように病原体等について基本的な規制の枠組みを設けるとともに、その扱う病原体に応じて、施設基準、保管等の基準、感染症発生予防規程の作成、病原体等取扱主任者の選任、施設に立ち入る者に対する教育訓練、使用および滅菌等の状況の記帳の義務、病原体等が不要になった場合の処理滅菌等、事故届出および災害時の応急措置、病原体等の規制の施行に必要な限度での報告徴収および立入検査、改善命令などの幅広い規制手法を設けている。
(14) FATFとは、Financial Action Task Force on Money Launderingの略称であり、マネー・ロンダリング対策やテロ資金対策のための国際的な政府間機関（金融活動作業部会）である。FATFでは、2001年に「テロ資金供与に関する特別勧告」を策定しており、そのうち「電信送金に関する特別勧告VII」において、金融機関が行う1,000米ドル又は1,000ユーロを超える金額の電信送金について、送金人の本人確認の強化等を2006年末までに行うことをFATF参加国に対して求めていた。我が国では、2007年1月4日から、10万円を超える現金送金などを行う際に、送金人の本人確認等が行われることになった。
(15) 2001年の改正自衛隊法で自衛隊の警備出動条項が新設されたのは、日本が同年のテロ対策特別措置法によって米軍の戦闘活動へ軍事支援を行うことが、日本への「テ

ロ」攻撃のおそれを招いているということに対する対応として法整備が必要とされたからである（倉持孝司「『テロ対策の強化』と刑事手続の保障」法律時報第79巻第8号97頁参照）。テロ対策特別措置法と抱き合わせで一部改正された自衛隊法は、その限りで、実質的なテロ対策立法としての側面を併有しているといえる。なお、自衛隊の警護出動の対象には、当初は自衛隊施設や在日米軍の施設・区域だけでなく、皇居、内閣総理大臣官邸、国会、原子力発電所等も含まれていたが、国家公安委員会・警察庁の反対によって、この２つに限定されたという経緯がある（小西誠『自衛隊の対テロ作戦』〔社会批評社、2002年〕13頁参照）。

(16)　警職法7条によれば、警察官の武器の使用は、犯人の逮捕もしくは逃走の防止、自己もしくは他人に対する防護または公務執行に対する抵抗の抑止のため必要であると認める相当な理由のある場合において、その事態に応じ合理的に必要と判断される限度において認められるが、刑法に定める正当防衛もしくは緊急避難に該当する場合その他特別の場合を除いて人に危害を与えてはならないとされている。

(17)　政府は、9.11事件以降、国際原子力機関（IAEA）が核物質防護の指針を強化したのに合わせて、国内の原子力施設の核物質防護を強化する必要があるとして、2005年に原子炉等規制法（昭和32年法律第166号）を改正し、施設の防護体制を審査する専門の検査官を設け、施設への侵入や破壊工作を防ぐ核物質防護規定の遵守状況について、国の検査官が定期的に行う検査を受けなければならない制度を新設（12条の2）するとともに、主務大臣は核物質防護規定を認可するに際しては予め国家公安委員会等の意見を聴かなければならず、また国家公安委員会等は公共の安全の維持のため特に必要があると認めるときは意見を述べることができ、これに必要な限度において警察庁職員に原子力事業者の事務所等に立入り、帳簿・書類その他必要な物件を検査させ、又は関係者に質問させることができることとされた（72条）。

(18)　機動隊は、警察の中でも最も強力な装備をもつ警備警察の実力部隊であり、元々極左集団による不法行為等への対処が主任務であったが、国際テロ情勢の高まりを受け、原子力発電所を初めとする重要施設等への警戒警備の実施を担うなど「テロの未然防止」へとその役割をシフトさせてきている。機動隊には、テロ対策に万全を期するとして、銃器対策部隊やNBCテロ対応専門部隊等の機能別部隊が設置されている（吉田尚正「国のテロ対策と警察」安藤忠夫・國松孝次・佐藤英彦編『警察の進路～21世紀の警察を考える～』（東京法令出版、2008年）336頁以下参照）。そのうち銃器対策部隊は、1977年のダッカ事件（日本赤軍による日航機乗っ取り事件）を教訓に、SAT（注(37)参照）の設置と併せて、銃器等を使用した事案への対処や原子力発電所等の重要施設の警戒警備を主たる任務として全国の都道府県警察に配備されている。現在の体制は、全国で約1700人であり、主な装備は、サブマシンガン、ライフル銃、防弾衣、防弾盾などであり、耐爆・耐弾性能を有する装甲警備車を有する（河村

憲明・前掲注（5）303頁参照）。
(19) なお、政府の国際組織犯罪等・国際テロ対策推進本部は、2004年12月に、成田空港を擁する千葉県警および関西国際空港を擁する大阪府警の機動隊に恒久的なスカイ・マーシャル（航空機の飛行中におけるハイジャック犯の制圧等を任務とする法執行官の警乗）組織を設置している。
(20) 警備情報収集活動の対象は、警察実務によれば、公安の維持という目的を達成する上で必要と認められる限り、社会事象の全般にわたり、あらゆる事項の調査を行うことができるとされている（中津川彰『新訂実務の警備警察─判例を中心として』〔令文社、2005年〕15頁）。
(21) 自衛隊の警護出動条項を設けた2001年の改正自衛隊法は、「治安出動待機命令」を定める79条の後に「治安出動下令前の情報収集」に関する規定を新設した（79条の2）。これにより、治安出動の待機命令以前に、すなわち「平時」から「情報収集」という名目で自衛隊の部隊が出動できることになった。治安出動下令前に行う情報収集活動の範囲は、「当該者が所在すると見込まれる場所及びその近傍」とされ、場所的限定はない。さらに留意すべきは、この「治安出動下令前の情報収集」活動を行う自衛隊の部隊に治安出動時におけると同様な武器の使用が認められていることである（92条の5）。
(22) 中津川彰・前掲注（20）15頁。
(23) 五十嵐邦雄「外事情報部の設置について」警察学論集第57巻第7号132頁。
(24) 日本経済新聞2009年4月2日付け、河村憲明・前掲注（5）282頁参照。
(25) 米国では、9.11事件を妨げなかった反省から、中央情報局（CIA）や連邦捜査局（FBI）など情報機関を統括する国家情報長官というポストを新設し、全ての国家情報機関が総力を結集する体制を構築すべく、テロ情報に関する中枢神経のような存在として「国家テロ情報センター」が強化された（ジョン・ネグロポント〔元米国国家情報長官〕「重要性増す『諜報力』」日本経済新聞2009年4月4日付）。しかし、日本の主要諜報機関は「縦割り」の現状にあり、主要機関同士の「コミュニティ」としての連携が未だ弱いと指摘されている（土屋大洋「インテリジェンス活動と情報の提供」警察政策第10巻294頁・300頁）。
(26) 武力攻撃事態法25条で規定する「緊急対処事態」とは、端的に「武力攻撃の手段に準ずる手段を用いて多数の人を殺傷する行為が発生した事態」で、「国家として緊急に対処することが必要なもの」であり、「大規模テロ等と呼ばれるものにおおよそ対応する概念」であるとされる（緊急対処事態の例については、五十嵐邦雄「警察における危機管理の現状と課題」警察学論集第57巻第12号10頁参照）。その意味において、武力攻撃事態法は、大規模テロ等の分野において犯罪の鎮圧などの「侵害排除活動を総合的に推進するための法律」としての機能も併せもっている（磯崎陽輔『国民

保護法の読み方』〔時事通信社、2004年〕393頁以下参照)。
(27) 河村憲明・前掲注（5）276頁。
(28) 「国民の保護に関する基本方針」の第4章「国民の保護のための措置に関する事項」には、住民の避難に関する措置、避難住民等の救援に関する措置、武力攻撃災害への対処措置、国民の保護のための措置全般についての留意事項、国民生活の安定に関する措置、武力攻撃災害の復旧に関する措置、訓練及び備蓄に関する措置が定められている。
(29) 海上における不審船対応については、海上の警察機関たる海上保安庁が第一次的に対処し、海上保安官では対処することが不可能又は著しく困難と認められる場合には、海上警備行動に基づき自衛隊が対処することとされている（自衛82条）。海上保安官の武器使用については、1999年の能登半島沖不審船事件を契機に、内水・領海で立入検査目的による停船命令を拒否して逃亡する場合に船舶を停止させるための武器使用（危害射撃）が可能となった（海上保安庁法19条・20条）。
(30) 緊急事態の布告については警察法に定めがある。これによれば、内閣総理大臣は、大規模な災害又は騒乱その他の緊急事態に際して、治安の維持のため特に必要があると認めるときは、国家公安委員会の勧告に基づき、適用地域、事態の概要及び布告の効力発生時期を明記した緊急事態の布告を発することができる（71条）。この布告は、これを発した日から20日以内に国会に付議してその承認を求めなければならず、承認を得られない場合、内閣総理大臣は、速やかにこの布告を廃止しなければならない（74条）。
(31) 自衛隊法78条は、命令による治安出動について、「内閣総理大臣は、間接侵略その他の緊急事態に際して、一般の警察力をもつては、治安を維持することができないと認められる場合は、自衛隊の全部又は一部の出動を命ずることができる。この命令は、出動を命じた日から20日以内に国会に付議してその承認を得なければならず、承認を得られない場合、内閣総理大臣は、速やかに、自衛隊の撤収を命じなければならない」と規定し、同法81条は、要請による治安出動について、「都道府県知事は、治安維持上重大な事態につきやむを得ない必要があると認める場合には、当該都道府県の公安委員会と協議の上、内閣総理大臣に対し、部隊等の出動を要請することができ、内閣総理大臣は、上記の要請があり、事態やむを得ないと認める場合には、部隊等の出動を命ずることができる。都道府県知事は、治安出動の要請をした場合には、事態が収つた後、速やかに、その旨を当該都道府県の議会に報告しなければならない」と規定している。
(32) 旧協定においては、自衛隊と警察との間の「暴動の直接鎮圧及び防護対象の警備」に関する任務分担について、自衛隊は警察の支援後拠、拠点防護、そして警察に代わる直接制圧のように段階的に逐次移行することになっていたが、本協定では、こ

のような段階的移行も確認されているものの、「治安を侵害する勢力」の武装いかんによっては、最初の段階から自衛隊が治安出動することができることとされている。

(33) 河村憲明・前掲注（5）304頁、鎌田聡・前掲注（5）108頁参照。
(34) 毎日新聞2006年1月7日付、木下・前掲注（1）7頁参照。
(35) こうした議論については、板橋功「テロリズムと日本」大沢秀介・小山剛編『自由と安全―各国の理論と実務』（尚学社、2009年）27頁、鎌田聡・前掲注（5）108頁以下、片山善雄「国民の理解と協力の確保」警察政策第10巻289頁など参照。
(36) 初川満「序文」同編『テロリズムの法的規制』〔信山社、2009年〕x頁、初川満「序文」同編『国際テロリズム入門』〔信山社、2010年〕v頁。芹田健太郎「テロリズムの法的規制と日本」初川満編『国際テロリズム入門』（信山社、2010年）166頁、木下・前掲注（1）7頁も同様の指摘を行う。
(37) 「NBCテロ対応専門部隊」は、地下鉄サリン事件を教訓にNBC（生物化学）テロへの対処体制の強化を目的に2000年に設置された。現在では、9都道府県警察（北海道、宮城、警視庁、千葉、神奈川、愛知、大阪、広島、福岡）の機動隊の下に約200人の隊員が組織されている。この専門部隊は、NBCテロが発生した場合に、迅速に発生現場に臨場して、関係機関と連携を図りながら、情報収集、原因物質の回収・検知、被害者の避難・誘導等に当たることを任務とする。主な装備は、化学防護服、生化学防護服、生物・化学剤検知器等で、NBCテロ対策車両を保有している。特殊部隊（略称SAT〔Special Assault Team〕）は、1977年のダッカ事件後に極秘裏に設置され、オウム事件などを受けて1996年に正式に設置された特殊部隊であり、ハイジャック、重要施設占拠事案等の重大テロ事件、強力な武器が使用されている事件に出動し、事態を鎮圧して、被疑者を検挙することを任務とする。当初は「緊急対応措置」として警視庁と大阪府警に設置されたが、現在では、8都道府県警察（北海道、警視庁、千葉、神奈川、愛知、大阪、福岡、沖縄）に約300人体制で設置されている。主な装備として、自動式拳銃、ライフル銃、サブマシンガン、自動小銃等の特殊銃、特殊閃光弾、ヘリコプター等を保有している（警察庁『平成16年版警察白書』236頁）。なお、銃器対策部隊については、前掲注（18）を参照されたい。
(38) 日本弁護士連合会「入管法『改正』法案の徹底した審議を求める会長声明」参照。海渡・前掲注（10）59頁以下は、導入された生体認証システムは、人の移動そのものを敵視し、監視するシステムであって、生体認証による国境管理が強化されることにより、さまざまな人権侵害が引き起こされることは不可避であるとし、特に、このシステムは外国人に対してだけ向けられているのではなく、日本人と外国人に等しく向けられた国境を超えた人の移動に対する全面的な監視システムであることを強調している。

執筆者一覧（掲載順）

堅田研一（かただ けんいち）	愛知学院大学教授
佐藤信一（さとう しんいち）	静岡大学教授
梅川正美（うめかわ まさみ）	愛知学院大学教授
John McEldowney（J. マッケルダウニー）	英国ウォリック大学教授
倉持孝司（くらもち たかし）	南山大学教授
西村　茂（にしむら しげる）	金沢大学教授
中谷　毅（なかたに つよし）	愛知学院大学教授
鈴木桂樹（すずき けいじゅ）	熊本大学教授
柴田哲雄（しばた てつお）	愛知学院大学准教授
金　光旭（キム コァンウク）	岐阜経済大学兼任講師
渡名喜庸安（となき ようあん）	琉球大学教授

比較安全保障
主要国の防衛戦略とテロ対策

2013年9月1日　初版第1刷発行

編著者　　梅　川　正　美

発行者　　阿　部　耕　一

〒162-0041　東京都新宿区早稲田鶴巻町514
発行所　　株式会社　成　文　堂
電話03（3203）9201代　FAX03（3203）9206
http://www.seibundoh.co.jp

製版・印刷　シナノ印刷　　　　　製本　弘伸製本
©2013 M.Umekawa　　Printed in Japan
☆乱丁・落丁本はおとりかえいたします☆

ISBN978-4-7923-3313-3 C3031　　　検印省略

定価（本体5700円＋税）